熱帯農学概論

江原　宏・樋口　浩和　共編

培風館

執筆者一覧

編者

江原　　宏	名古屋大学アジア共創教育研究機構／農学国際教育研究センター教授, 学術博士	[3.4, 4.6節, 8.2.2項, 8.3節, 8.4.2, 8.4.3項, 11.1節]
樋口　浩和	京都大学大学院農学研究科准教授, 博士(農学)	[1.2.4, 1.2.5, 4.6.2(1), 6.2.1, 7.1.1～7.1.4項, 7.2, 7.3, 10.1～10.3節]

執筆者

本間　香貴	東北大学大学院農学研究科教授, 博士(農学)	[1.1節]
倉内　伸幸	日本大学生物資源科学部教授, 博士(農学)	[1.2.1～1.2.3項]
真常　仁志	京都大学大学院農学研究科准教授, 博士(農学)	[2.1節]
矢内　純太	京都府立大学大学院生命環境科学研究科教授, 博士(農学)	[2.2, 2.3節]
縄田　栄治	京都大学大学院農学研究科教授, 農学博士	[3.1, 3.2節]
林　　久喜	筑波大学生命環境系教授, 農学博士	[3.3節]
及川　洋征	東京農工大学大学院農学府講師, 博士(農学)	[1.2.3(1)項, 4.1節]
竹田　晋也	京都大学大学院アジア・アフリカ地域研究研究科教授, 農学博士	[4.2節]
田中　　樹	総合地球環境学研究所客員教授／フエ大学名誉教授, 博士(農学)	[4.3節]
大山　修一	京都大学大学院アジア・アフリカ地域研究研究科准教授, 博士(人間・環境学)	[4.4.2～4.4.5項]
岡田　謙介	東京大学大学院農学生命科学研究科教授, 農学博士	[4.5節]
遠城　道雄	鹿児島大学農水産獣医学域教授, 博士(農学)	[4.6節]
宮川　修一	岐阜大学名誉教授, 農学博士	[5.1節]
坂上　潤一	鹿児島大学農水産獣医学域教授, 博士(農学)	[5.2節]
根本　和洋	信州大学農学部助教, 博士(農学)	[6.1, 6.2節]
志和地弘信	東京農業大学国際食料情報学部教授, 博士(農学)	[6.3節]
柏木　純一	北海道大学大学院農学研究院講師, 博士(農学)	[6.4節]
髙垣美智子	千葉大学国際教養学部／大学院園芸学研究科教授, 博士(農学)	[7.1.5, 7.1.6項]
道山　弘康	名城大学農学部教授, 農学博士	[8.1節]
川満　芳信	琉球大学農学部教授, 農学博士	[8.2.1項]
池田奈実子	農研機構果樹茶業研究部門上級研究員	[8.4.1項]
中島　千晴	三重大学大学院生物資源学研究科教授, 博士(農学)	[9.1節]
緒方　一夫	九州大学熱帯農学研究センター教授, 農学博士	[9.2節]
落合久美子	京都大学大学院農学研究科助教, 博士(農学)	[10.4, 10.5節]
東　　哲司	神戸大学大学院農学研究科教授, 学術博士	[10.6節]
槇原　大悟	名古屋大学農学国際教育研究センター准教授, 博士(農学)	[4.4.1項, 11.2節]
入江　憲治	東京農業大学国際食料情報学部教授, 博士(農学)	[11.3節]

本書の無断複写は, 著作権法上での例外を除き, 禁じられています。
本書を複写される場合は, その都度当社の許諾を得てください。

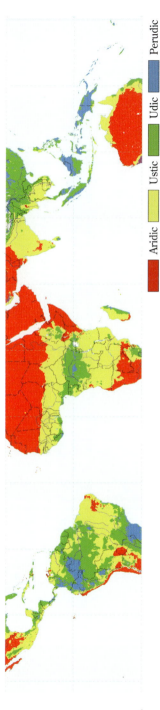

図 1 南北の緯度 30 度以内の地域の土壌水分レジーム
(出典：http://soils.usda.gov/use/worldsoils/mapindex/smr.html から転載)

左から順に乾燥から湿潤な状態を表し、有効水の存在する「湿」が 90 日以下しかないアリディック (Aridic)、明瞭な雨季と乾季があり有効水が存在しない「乾」が 90 日以上あるが「湿」も 90 日以上あるアスティック (Ustic)、「乾」の期間が 90 日以下のユーディック (Udic)、年中下方への水分移動が起こっているパーユーディック (Perudic) となる。[2.1 節]

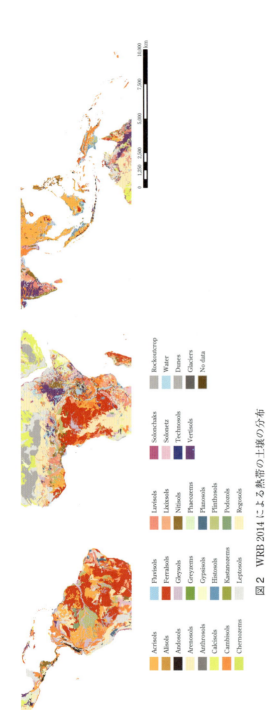

図 2 WRB 2014 による熱帯の土壌の分布
(出典:IUSS Working Group WRB 2015 : World Reference Base for Soil Resources 2014, update 2015. International soil classification system for naming soils and creating legends for soil maps. World Soil Resources Reports No. 106. FAO, Rome. より引用)[2.1節]
(http://www.fao.org/soils-portal/soil-survey/soil-maps-and-databases/harmonized-world-soil-database-v12/en/)

図3 大地溝帯にあるマラウイ湖の断層崖。高低差は約500 m。[2.1節]

図4 熱帯雨林(カメルーン)(荒木茂氏提供)[2.1節]

図5 フェラルソル(カメルーン)(舟川晋也氏提供)[2.1節]

図6 アリソル(インドネシア)(舟川晋也氏提供)[2.1節]

図7 アユタヤ遺跡の寺院。硬化したプリンサイトが建造物に利用されている。(矢内純太氏提供)[2.1節]

図9 塩類化の進んだ土地の表土(塩性植物がわずかに育つ)(カザフスタン)[2.2節]

図8 アレノソル(ニジェール)[2.1節]

図10 熱帯のシロアリ塚(タンザニア)[2.2節]

図11 植え付け数年以内のパラゴム園にはパイナップルなどがよく混作され空間の有効利用がはかられる(タイ)。[3.3節]

図12　プランテーション作物の栽培　左：サイザルアサのプランテーション(タンザニア)。右：ワタ(内藤記念くすり博物館附属薬用植物園(各務ケ原))[3.4節]

図13　スマトラ島南部の *Shorea javanica* の林。樹幹の傷からダマール樹脂が採取される。[4.1節]

図14　左：カムの焼畑の伐開。若い休閑地ではまずヒマワリヒヨドリ(*Chromolaena odorata*)が一面に生えてくる。このヒマワリヒヨドリの休閑地を伐開することで3年程度の短い休閑期間で再び耕作が可能となっている。右：陸稲の収穫は素手でこき上げるようにして行い，腰に付けたカゴに入れる。(ラオス北部)[4.2節]

図 15 カルダモンとコショウの栽培 [4.3 節]

図 16 サヘル地域で連作されるトウジンビエに寄生する *Striga* spp. *Striga* 属の寄生植物はピンクのきれいな花を咲かせるが,トウジンビエの収量は激減する。(ニジェール) [4.4 節]

図 17 フォーレストマージン。樹高の高い原生林と低い二次林,焼けた倒木,収穫期のトウモロコシ,陸稲,キャッサバがみられる。(ブラジル,リオブランコ) [4.5 節]

図 18-1 左:タロパッチで栽培されるジャイアントスワンプタロ(高さ2m以上)。右:チーフに献上するために収穫されたダイジョ(1束が1株)。[4.6 節]

図 18-2 貯蔵穴から取り出した「マル」を石の上で伸ばす。[4.6 節]

図 19 タロイモ栽培(フィジー，ビチレブ島) [4.6 節]

図 20 湛水条件下でのタロ栽培(カウアイ島，ハナレイ)[4.6 節]

図 21 陸稲栽培での除草作業(左)，登熟期のイネ(右)(ラオス北部山地)[5.1 節]

図22 棚田の灌漑水路(左),盆地の移植期の水田(右)(ラオス北部)[5.1節]

図23 浮稲田(左)と登熟期の浮稲(右)(タイ,アユタヤ周辺)[5.1節]

図24 ジャワ島の畦塗りのなされた水田と水路(左),バリ島の棚田(右)(インドネシア)[5.1節]

図25 穂摘み(左)と穂束の運搬(右)(タイ南部)[5.1節]

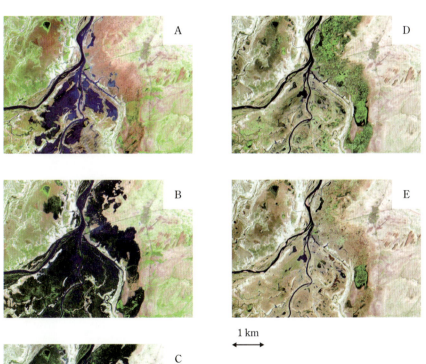

1 km

図26 ニジェール河内陸デルタ地域の氾濫原の変遷(A:7月河川氾濫開始,B:8月河川流域氾濫拡大,C:9月イネ分げつ盛期,D:12月イネ収穫期,E:1月乾季)[5.2節]

図 27　洪水常襲地域のアフリカイネの生育（登熟期）（マリ，モプティ）[5.2 節]

図 28　ギニア深水地帯の品種 Ballawe の生育 [5.2 節]

図 29　キャッサバの草姿（ナイジェリア）[6.2 節]

図 30　ヤムイモ市場（ガーナ）[6.2 節]

図 31　サツマイモとトウモロコシの間作（インドネシア）[6.2 節]

図 32　水田で栽培されるタロイモ（台湾）[6.2 節]

図33 タロイモの苗の植え付け(パラオ)[6.2節]

図34 キマメ(左から時計回りに,植物体,莢(さや),花)(インド)[6.3節]

図35 ヒヨコマメ(*desi*,釣鐘状のものが莢(さや))(インド)[6.3節]

図36 ソルガム−ヒヨコマメ−ベニバナの間作(インド)[6.3節]

図37 左:山岳地帯の焼畑が常畑化され，野菜（ジャガイモ）の商業生産が行われている（タイ北部）。右:山地で大都市向けに商業生産されるキャベツ。乾季に谷地を利用した灌漑農業が行われている（タンザニア）。[7.1節]

図38 ジャワ島の高地チアンジュールの市場。多様な野菜（一部果物もある）が並ぶ。（インドネシア）[7.1節]

図39 商業生産されるイヌホウズキ（タンザニア北部）。[7.1節]

図40 チャオプラヤデルタにみられる栽培様式。熱帯低湿地に水路を掘削し土手を築いて，そのなかで野菜や果物が高畝栽培される（タイ）。[7.1節]

図41 高畝を造成し直すことで持続的な農業生産につながる(タイ)。[7.1節]

図42 熱帯低地におけるアスパラガス栽培。水路の水を利用する灌漑システムである。(タイ)[7.1節]

図43-1 タンザニアのホームガーデン(ジャララ)。パンノキ・ココヤシ・バナナ・パパイアなどの熱帯果樹が香辛料作物や野菜などとともに多層に植栽されている。[7.2節]

図 43-2　インドネシア中部のホームガーデン（プカランガン）。さまざまな熱帯果樹が野菜や観賞用植物とともに多層に植栽されている。[7.2節]

図 44　左：タイ南部の熱帯果樹の混植園地。国立公園に隣接し，ドリアン・マンゴスチン・ロンコン・バナナなどが植栽されているが，熱帯雨林のような景観を形成している。中央の高い樹はドリアンの在来品種。上：標高900 m くらいにあるベトナム南部のコーヒー園。ドリアンがコーヒーの庇蔭樹として混植されて，無駄なく空間を利用する。自然林のような景観をみせている。[7.2節]

図 45　左：整然と単植され集約的に管理されるドリアン園（タイ），右：整然と単植され集約的に管理されるマンゴー園（ベトナム）。[7.2節]

図46　右：中国向け輸出果実のパッキングハウス。輸出量の増大にともない国道沿いに林立する。作業は収穫後の夜間に行われる。左：中国向けに大規模に輸出されるドリアン。（タイ）[7.2節]

図47　リュウガンの低樹高整枝。塩素酸カリウムの散布で開花させることができるようになって，本来栽培が難しかった東南アジアの低地でも栽培が成立している。低樹高に仕立てることで一斉に萌芽させるとともに薬剤の効果を高めている。無剪定の大木では十分な開花は得られない。（タイ東部）[7.2節]

図48　左：世界でも最大の袋掛けはジャックフルーツであろう。害獣（コウモリやネズミなど）対策という（インドネシア中部）。右：グアバには，害虫除けのビニール袋と日射を遮る新聞紙の両方を使う。消費者は色の薄い果実を好む傾向があり，袋掛けをしない濃い緑の果実は売値が低くなるという（タイ中部）。[7.2節]

図49 熱帯果実の果物ではない利用法。右上はスナックとしての焼きバナナ(異なる3品種を焼いている)(タイ)。左上は焼き肉とともに食べる焼きバナナ(タンザニア)。左下：若いジャックフルーツの煮物(タイ)。右下：パンノキの果実。主食としての利用(タンザニア)。[7.2節]

図50 ココヤシ・レイシ・バナナの高畝栽培(タイ)。[7.2節]

図51 花芽分化促進のためにパクロブトラゾール(PBZ)を与えたマンゴー(タイ中部)。[7.2節]

図52 世界のさまざまなバナナ。
左上：調理用バナナ（AAB, Mkono wa Tembo），右上：生食用（AAA, Hom），右下：生食用（ABB, Namwa）[7.3節]

図53 キハンバとよばれるホームガーデンに多数植栽されたバナナ。地域の重要な商品作物である特産品キリマンジャロコーヒーの庇蔭樹としての機能も兼ねる。煮物，揚げ物，酒の醸造用など，用途に応じてさまざまな品種がある。右下は調理用の東アフリカ高地バナナ（EAHB）の煮込み用品種ウガンダ（AAA）。（タンザニア，キリマンジャロ）[7.3節]

図54 奴隷貿易時代にインドの商人によってもたらされたと考えられる古い品種のマンゴーが巨木となって，街道筋に今も残る。果実は小さいが，食味は甘い。繊維が多く，路上に多くの果実が落果しているが，顧みられることはない。(タンザニア)[7.3節]

図55 世界には無数のマンゴー品種がある。[7.3節]

図56 パパイアは，条件さえよければ次々と開花して次々と成熟するので，つねに収穫可能な状態で結実している。青取りして野菜としても利用できるので，家庭菜園によく植えられる。(写真の個体はウイルスに罹病しているようである。ウイルスは最も大きな脅威である。)[7.3節]

図57 生食用の完熟したパパイア果実(タイ中部)[7.3節]

図 58　アブラヤシ［8.1 節］

図 59　ココヤシ［8.1 節］

図 60　ゴマ［8.1 節］

図 61　ヒマ［8.1 節］

図 62　ナンヨウアブラギリ（ジャトロファ）
　　　［8.1 節］

図 63　ホホバ（上左），シアーバター（上右），
　　　ワサビノキ（モリンガ）（下）［8.1 節］

図64 品種多様性による増収効果を期待した混植の取り組み。同一圃場にNiTn18を1列,Ni22を3列で交互に配列した栽培例。(種子島)(寳川拓生氏提供)[8.2節]

図65 南東スラウェシのサゴヤシ林(インドネシア)[8.2節]

図66 パラゴム(左:パラゴム林,中:芽接ぎ苗,右:乳液の採取)[8.3節]

図67 アッサム変種三倍体品種(UPASI3)の新芽(インド)[8.4節]

図68 手鋏によるチャの収穫(左:インド,右:ケニア)[8.4節]

図69 マメ科樹種とともに栽培されるコーヒー栽培圃場(インドネシア)[8.4節]

図70 カカオの着果。カカオのように幹や枝に直接実がなる果実は幹生果とよばれる。(インドネシア)[8.4節]

(a) べと病　(b) そうか病　(c) 炭疽病
(d) 疫病　(e) さび病　(f) モザイク病
(g) 青枯病　(h) 新パナマ病　(i) シガトカ病

図71　[9.1節]

図72 アカシアの乾燥サバンナ林帯は，乾季には極度に乾燥するが，雨季には湛水しやすく，土壌も肥沃である。水田耕作のための畔が見える。年降水量は300 mmに満たない。（タンザニア）［10.3節］

図73 塩田水害。塩が析出した地点で苗が枯死している。地表面に塩が白く析出。地域では製塩業もさかんである。（タイ東北部）［10.4節］

図74 インレー湖におけるトマトの浮島栽培（ミャンマー）［10.6節］　　図75 洪水後の浮稲［10.6節］

「熱帯農学概論」の刊行にあたって

　熱帯・亜熱帯は生物資源の多様性に富み，農業生産のポテンシャルが高い地域です。世界の人口問題がますます深刻になるなかで，熱帯農業の生産性を向上させることは地球規模の食料安全保障強化にきわめて重要であることはまちがいないでしょう。近年，食品の安さの追求と大量生産の結果，食の多様性は危機に瀕しているとの指摘もあります。日本では人口減少により，食料需要は減少しつつも，高齢化の進行にともなって食品の新しい形態が求められるなど，質の変化がみられるようになりました。また，開発途上国では，急速な経済成長等により需要が拡大するとともに，食生活が変化し，食資源の需給が逼迫しつつあります。今後，さらに増え続ける世界の食料需要にこたえ，熱帯地域の持続的な発展を実現するには，乾燥地や洪水多発地など環境的に厳しい地域での農業生産を安定化するとともに，酸性土壌，塩害土壌などいわゆる問題土壌の活用も図らなければなりません。

　本書では，熱帯の気象や土壌などの環境，耕地生態系における物質の循環や熱帯農業の形態，熱帯各地の農業を概説するとともに，主要な作物や資源植物の生産生態，乾燥，塩害，酸性土壌などの環境ストレスに対する成長反応や病虫害および国際協力について最新の研究事例を交えて解説しています。また，各章に適宜コラム欄を設け，熱帯で栽培，利用されている作物群の現状や，熱帯地域における作物栽培，関連産業等の活力にあふれる実態がいきいきと伝えられるように工夫しました。

　本書の編集にあたっては，作物学，園芸学，栽培学などの概論のような専門科目の入門書の上に位置する専門書として，学部の授業で使えるようにと考え，教科書として採用しやすいと思われる文章と図表の量を心がけています。しかしながら，最新の成果も盛り込むことで，農学，環境科学および関連分野を学ぶ大学院生，あるいは研究者・技術者の方々にもお使いいただけるような，時代のニーズにあった定番の専門書をめざしました。

私たちを含む現在の各大学の教授層や研究機関の上席の方々が学生のころには，日本熱帯農業学会創立25周年記念出版「熱帯農業の現状と課題」(日本熱帯農業学会，1982)で熱帯地域の生態環境や農耕の特徴などを学びました。その後，熱帯の農業や土壌に関する書籍がいくつか出版されましたが，ここしばらくは教科書的な出版がみられないとの声が聞かれます。熱帯農業学会の会合などでも新たな教科書出版の企画が望まれるとのご意見をうかがっておりました。そこでこの度，日本熱帯農業学会および関連学協会において各分野を代表する研究者の方々にご相談しながら教科書の編集を進めることにしました。多くの皆様に執筆の労をお執りいただき，「熱帯農学概論」と題してとりまとめることができました。学会活動としての日本の熱帯農業研究も60年という一つの節目を経過したこのタイミングで，本書の出版に向けてご尽力いただきました皆様には，深甚なる感謝の意を表します。また，日本学術会議において大学教育の分野別質保証のための教育課程編成上の参照基準が検討されたことを機に，農学分野の参照基準を考慮した教科書編集にいち早く取り組むなかで，本書の出版企画にご理解をいただき，さらに編集の段階では辛抱強く編者，著者の意を汲んでいただきました培風館の皆様に心より感謝いたします。

　熱帯における地域資源の保全と持続的利活用による生産安定化の技術開発に向けた要件を学ぶ学習書として，本書を活用していただければ幸いです。

　2018年9月

江原　宏・樋口浩和

目　　次

1. 熱帯の気候と自然環境 —————————————————————— *1*

　1.1　気　候　区　分　**1**
　　　1.1.1　気　　温　1
　　　1.1.2　降水パターン　3
　　　1.1.3　乾　　燥　3
　　　1.1.4　熱帯の気候を特徴づける要因　5
　　　1.1.5　気候変動の影響　6

　1.2　生態環境と農業生態　**8**
　　　1.2.1　地　　質　8
　　　1.2.2　地　　形　9
　　　1.2.3　植　　生　10
　　　1.2.4　農　業　生　態　13
　　　1.2.5　熱帯農業生態と農業環境保全　14

2. 熱帯の土壌 ————————————————————————————— *16*

　2.1　熱帯土壌の種類と分布　**16**
　　　2.1.1　熱帯土壌の特徴　16
　　　2.1.2　熱帯土壌の種類と分布　20

　2.2　熱帯土壌の理化学性　**25**
　　　2.2.1　物　理　性　25
　　　2.2.2　化　学　性　27
　　　2.2.3　鉱　物　性　29
　　　2.2.4　生　物　性　31

　2.3　熱帯土壌の潜在生産力の特徴とその管理　**33**
　　　2.3.1　熱帯の台地土壌の潜在生産力　34
　　　2.3.2　熱帯の低地土壌の潜在生産力　35
　　　2.3.3　熱帯土壌の持続的管理へ向けて　36

3. 農業形態の発展と展開 ————————————————————— *37*

　3.1　土　地　利　用　**37**
　　　3.1.1　近代以前の土地利用　38

3.1.2　近代以降の土地利用　40
　　　3.1.3　土地利用の変容と課題　42
　3.2　農業の発展段階(焼畑〜集約農業)　**42**
　　　3.2.1　焼畑と伝統的常畑　43
　　　3.2.2　水田稲作　44
　　　3.2.3　プランテーション　44
　　　3.2.4　焼畑から常畑への展開　45
　　　3.2.5　熱帯農業の変貌　46
　3.3　作付体系　**47**
　　　3.3.1　作付順序　49
　　　3.3.2　作付様式　51
　3.4　プランテーション農業　**53**
　　　3.4.1　プランテーション農業の歴史　53
　　　3.4.2　プランテーション農業における労働力　54
　　　3.4.3　プランテーション作物　54

4. 農耕文化圏と熱帯各地の農業 ——————————— *57*

　4.1　東南アジア島嶼部　**57**
　　　4.1.1　島嶼部の概要　57
　　　4.1.2　東南アジア島嶼部の農耕文化　59
　　　4.1.3　東南アジア島嶼部農業の地域的特徴　59
　　　4.1.4　近年の農業の変容と農業生産の課題　62
　4.2　東南アジア大陸部　**63**
　　　4.2.1　大陸部の概要　63
　　　4.2.2　在来型農耕文化と生業　64
　　　4.2.3　変化と課題　68
　4.3　南アジア　**70**
　　　4.3.1　地域の概要　70
　　　4.3.2　農耕文化と生業　72
　　　4.3.3　各地の作物や農法　73
　　　4.3.4　社会経済状況の変化と問題　75
　4.4　アフリカ　**75**
　　　4.4.1　アフリカにおける農業の現状　76
　　　4.4.2　アフリカの耕地——アフリカ大陸は広大か？　76
　　　4.4.3　アフリカの伝統的生業　78
　　　4.4.4　ユニークな農耕文化：西アフリカとエチオピア　79
　　　4.4.5　人口増加と農業生産の課題　81
　4.5　中・南米　**82**
　　　4.5.1　中・南米の自然環境　82
　　　4.5.2　新大陸起源の農作物と食文化　83
　　　4.5.3　中・南米の農業と牧畜　84

目　次　　　　　　　　　　　　　　　　　　　　　　　　　　　　　　　　v

　　　4.5.4　農業の今後の課題と環境保全　87
　4.6　大洋州（オセアニア）　**89**
　　　4.6.1　大洋州の概要　89
　　　4.6.2　農耕文化と作物の栽培　90
　　　4.6.3　大洋州各地の農業　92
　　　4.6.4　大洋州の農業の諸問題　95

5. 熱帯の稲作　　　　　　　　　　　　　　　　　　　　　　　　　　　*97*

　5.1　アジアの稲作　**97**
　　　5.1.1　熱帯アジアのイネの生産　97
　　　5.1.2　立地条件と稲作　97
　　　5.1.3　大陸部山地の稲作　98
　　　5.1.4　大陸部平原の稲作　99
　　　5.1.5　大陸部デルタの稲作　100
　　　5.1.6　島嶼部の稲作　101
　　　5.1.7　熱帯アジアの稲作の今後の展望　103
　5.2　アフリカの稲作　**103**
　　　5.2.1　アフリカ稲作の生態系　104
　　　5.2.2　NERICA 稲の育成と課題　107
　　　5.2.3　アフリカイネとアジアイネの比較　109
　　　5.2.4　アフリカ稲作の新技術研究開発の可能性　110

6. 熱帯の畑作　　　　　　　　　　　　　　　　　　　　　　　　　　　*113*

　6.1　穀　類　**113**
　　　6.1.1　雑穀とは　113
　　　6.1.2　雑穀の種類と起源地　113
　　　6.1.3　雑穀の有用性　116
　6.2　熱帯で栽培される穀類　**116**
　　　6.2.1　トウモロコシ　116
　　　6.2.2　モロコシ（ソルガム）　117
　　　6.2.3　シコクビエ　117
　　　6.2.4　トウジンビエ　118
　　　6.2.5　ア　ワ　118
　　　6.2.6　キ　ビ　119
　　　6.2.7　アマランサス　119
　　　6.2.8　キノア　120
　6.3　イモ類　**120**
　　　6.3.1　キャッサバ　121
　　　6.3.2　ヤムイモ　122
　　　6.3.3　サツマイモ　123
　　　6.3.4　タロイモ　124

6.4 マメ類 **125**
    6.4.1 ダイズ 125
    6.4.2 キマメ 126
    6.4.3 ヒヨコマメ 127
    6.4.4 レンズマメ(ヒラマメ) 128
    6.4.5 エンドウ 128
    6.4.6 ソラマメ 128
    6.4.7 ササゲ 129
    6.4.8 ラッカセイ 129
    6.4.9 インゲンマメ 130

7. 熱帯園芸 — *133*

7.1 熱帯の野菜と花卉 **133**
    7.1.1 熱帯の野菜栽培の成立と発展 133
    7.1.2 熱帯の野菜の多様性 133
    7.1.3 熱帯の在来野菜と導入野菜 134
    7.1.4 熱帯における野菜の利用 134
    7.1.5 熱帯各地の野菜生産 138
    7.1.6 熱帯における花卉の施設栽培 139

7.2 熱帯果樹園芸 **140**
    7.2.1 熱帯果樹園芸の発展 140
    7.2.2 熱帯果樹栽培の技術展開 142
    7.2.3 熱帯果樹の多様性 143
    7.2.4 熱帯果樹の季節性 144
    7.2.5 熱帯果樹の環境要求性 145
    7.2.6 早期出荷や周年栽培の新技術 147
    7.2.7 熱帯の果樹栽培と農村開発 148

7.3 園芸作物 **148**
    7.3.1 バナナ 148
    7.3.2 マンゴー 150
    7.3.3 パパイア 152

8. 工芸作物 — *154*

8.1 油料作物 **154**
    8.1.1 アブラヤシ 155
    8.1.2 ココヤシ 156
    8.1.3 ダイズ 156
    8.1.4 ワタ 157
    8.1.5 ラッカセイ 157
    8.1.6 ゴマ 157
    8.1.7 ヒマ(トウゴマ) 158
    8.1.8 ナンヨウアブラギリ(ジャトロファ) 158

目　次　　　　　　　　　　　　　　　　　　　　　　　　　　　vii

　　8.2　糖料・デンプン料作物　**159**
　　　　8.2.1　サトウキビ　159
　　　　8.2.2　サゴヤシ　163

　　8.3　ゴム料作物　**166**
　　　　8.3.1　パラゴム　166

　　8.4　嗜好料作物　**169**
　　　　8.4.1　チャ　169
　　　　8.4.2　コーヒー　173
　　　　8.4.3　カカオ　177

9. 熱帯の植物防疫 ─────────────── *183*

　　9.1　病　　害　**183**
　　　　9.1.1　病気と病害　184
　　　　9.1.2　病原の種類　184
　　　　9.1.3　病気の発生の仕組み　184
　　　　9.1.4　熱帯における病害の特性　185
　　　　9.1.5　収穫後病害（ポストハーベスト病害）　187
　　　　9.1.6　病　害　防　除　187

　　9.2　虫　　害　**189**
　　　　9.2.1　加害様式による分類　190
　　　　9.2.2　熱帯の昆虫の特性　191
　　　　9.2.3　収穫後の被害　192
　　　　9.2.4　害虫防除と害虫管理　193

10. 環境ストレスと農業生産 ─────────── *197*

　　10.1　光　**197**
　　　　10.1.1　光　阻　害　198
　　　　10.1.2　光阻害の回避　198

　　10.2　温　　度　**199**
　　　　10.2.1　作物の成長と温度　199
　　　　10.2.2　高温による生理障害のメカニズム　200
　　　　10.2.3　温度に対する光合成と呼吸の反応　200
　　　　10.2.4　高温ストレスに対する器官の反応　201
　　　　10.2.5　葉温の上昇と回避　201
　　　　10.2.6　高温耐性のメカニズム　201
　　　　10.2.7　熱帯農業と低温ストレス　202

　　10.3　乾　　燥　**203**
　　　　10.3.1　水の移動と水ポテンシャル　204
　　　　10.3.2　土壌水分と根による吸水　206
　　　　10.3.3　水ストレスの日変化　208
　　　　10.3.4　水ストレス応答と適応　208

10.3.5　耐乾性のメカニズム　209

　10.4　塩害・アルカリ土壌　**212**
　　　10.4.1　塩類集積土壌　212
　　　10.4.2　アルカリ性土壌　213
　　　10.4.3　農地の塩類集積　214
　　　10.4.4　作物の耐塩性　215

　10.5　酸性土壌　**217**
　　　10.5.1　土壌の酸性化　217
　　　10.5.2　作物の生育阻害機構・耐性の機構　219

　10.6　湿害・洪水　**222**
　　　10.6.1　土壌の酸素欠乏　223
　　　10.6.2　過湿条件での作物の対応　224
　　　10.6.3　湿害に対する根の構造適応　226
　　　10.6.4　イネの洪水耐性　227
　　　10.6.5　深水稲・浮稲の洪水適応　229

11. 熱帯農業と国際協力　　*232*

　11.1　熱帯における農業・農村開発　**232**

　11.2　国際農業協力における日本の役割　**233**
　　　11.2.1　国際農業協力の枠組み　233
　　　11.2.2　日本の国際農業協力　234
　　　11.2.3　国際機関による協力と日本のかかわり　236

　11.3　遺伝資源の保全と国際協力　**237**
　　　11.3.1　植物遺伝資源の持続的利用　237
　　　11.3.2　植物遺伝資源保全に対する日本の取り組み　238
　　　11.3.3　遺伝資源の持続的利用のためのネットワークの構築　240

　11.4　今後の国際農業協力の方向性　**242**

本書を読むにあたっての基本的な参考図書一覧　　*243*
演習問題の解答例　　*245*
用語説明　　*251*
索　引　　*255*

1

熱帯の気候と自然環境

　本章では，熱帯の気候と自然環境を，気候区分をもとに紹介するとともに，その特徴を農業に関する視点から解説する。

1.1 気候区分

　気候区分とは気象観測値をもとにその特徴に応じて区分けしたもので，おもに植生の違いを示すものとなる。また，農業などを介して生活に影響を与えるため，習慣や社会様式にまで結びつくものである。たとえばアジアとヨーロッパの差異は，歴史や人種に起因したものと考えられるが，その背景には夏期の湿潤気候に適した稲作と冬期の湿潤気候に適した小麦作の関与が否定できない。

　最も一般的に用いられているのは，中学校の地理などでなじみのあるケッペンの気候区分である（表1.1.1）。これはドイツの気候学者ケッペンが記したものであり，月平均気温と月降水量で定義される。本書でも断りのない限り，ケッペンの気候区分に従う。本節では，気候区分法をもとに，熱帯を中心とした気候の特徴とそれに関する諸問題を紹介する。

1.1.1 気温

　本書が対象とする熱帯(tropics)は，地理的には，南北二つの回帰線(tropic)に挟まれた地域と定義される。一方，ケッペンの気候区分では，乾燥限界以上の降水量があり最寒月の平均気温が18℃以上と定義され，地理的な定義よりは狭い。これはヤシに代表される熱帯的な植生をもつ地域が気候的に区分されるためである。ズーパンの定義では熱帯は年平均気温が20℃以上とされ，この定義に従う記述も多い。

表 1.1.1 ケッペンの気候区分

降水量　多 ←――――――――→ 少

気温					年降水量 r以下	年降水量 r/2以下
高　最寒月平均気温 18℃以上	**A (熱帯)**	Af (熱帯雨林気候)	Am (熱帯モンスーン気候)	Aw (サバナ気候)	**B (乾燥帯)** BW BWh	BS BSh ／年平均気温 18℃以上
↑　最寒月平均気温 -3℃以上	**C (温帯)**	Cf　Cfa (温暖湿潤気候)　Cfb, Cfc (西岸海洋性気候)	Cw　Cwa, Cwb, Cwc (温帯冬期少雨気候)	Cs　Csa, Csb, Csc (地中海性気候)	(砂漠気候) ／ (ステップ気候)	
↓　最暖月平均気温 10℃以上	**D (亜寒帯)**	Df　Dfa, Dfb, Dfc, Dfd (亜寒帯湿潤気候)	Dw　Dwa, Dwb, Dwc, Dwd (亜寒帯冬期少雨気候)	Ds　Dsa, Dsb, Dsc, Dsd (高地地中海性気候)	BWk	BSk ／最暖月平均気温 0℃以上
低　最暖月平均気温 10℃未満	**E (寒帯)**	ET (ツンドラ気候) EF (氷雪気候)				

A (熱帯) の分類
f：最少雨月降水量 60 mm 以上　　m：最少雨月降水量が $100 - 0.04 \times$ 年降水量 (mm) 以上　　w：最多雨月が冬にあり、$10 \times$ 最少雨月降水量＜最多雨月降水量　　s：最多雨月が夏にあり、$3 \times$ 最少雨月降水量＜最多雨月降水量

C (温帯)，D (亜寒帯) の分類
f：w でも s でもない　　w：最多雨月が冬にあり、$10 \times$ 最少雨月降水量＜最多雨月降水量　　c：最寒月平均気温 -38℃以上
a：最暖月平均気温 22℃以上　　b：月平均気温 10℃以上の月が 4 か月以上
a〜d は a, b, c の順に判断され、それ以外は d に分類される。温帯については定義から必然的に d は存在しない。

B (乾燥帯) の判定
乾燥限界量 (r) = $20(t + x)$ と年降水量を比較して求める。t は年平均気温。x は降雨パターンを温帯・亜寒帯の分類から求め、f のとき $x = 7$，w のとき $x = 14$，s のとき $x = 0$ を用いる。

1.1　気候区分

　一方，よく使われる**亜熱帯**という言葉はケッペンの気候区分には存在しない。しかし，地理的には回帰線から緯度30度あたりをさす場合が多い。トレワーサの気候区分では，平均気温10℃以上の月が8カ月以上と定義される。本書ではトレワーサによる亜熱帯の定義に従う。厳密には一致しないものの，ケッペンの気候区分における温帯のCfa・Cwa・Csaの気候分類が亜熱帯をおもに構成すると考えられる。

1.1.2　降水パターン

　降水パターンは，**植生に大きな影響を与えるため各温度帯を分類する際の重要な指標である。**熱帯では，乾期が存在するかどうかが分類のポイントである。最少雨月降水量が60 mm以上の場合は乾期がないと判断され，**熱帯雨林気候**（Af）に分類される。乾期の影響が明瞭であれば**サバンナ気候**（Aw）に分類され，それ以外は**熱帯モンスーン気候**（Am）に分類される。AwとAmを判定する最少雨月降水量の閾値は，年降水量が多ければ低下する。年降水量が2500 mm以上の場合，その閾値は0 mm以下となり，必然的にすべて熱帯モンスーン気候に分類される。年降水量が多ければ乾期の影響が相対的に小さくなるためである。

　亜熱帯では乾期の有無に加え，その時期が重要となる。ケッペンの気候区分では，乾期がない場合がf，冬に乾期がくるとw，夏に乾期がくるとsに分類される。夏は高温により蒸発要求量も多くなるため，同じ100 mmの降水量でも年間の湿潤程度に与える影響は異なるからである。表1.1.1においてwとsの閾値が異なり，乾燥限界量算出の係数が異なるのは，蒸発要求量の違いに基づく。この降雨パターンの違いは植物の生理生態にも大きく影響する。日本で秋から春に栽培される作物に夏少雨の地域（地中海沿岸地域など）原産のものが多いのは，こうした気候特性を反映している。

1.1.3　乾　　燥

　植物にとっては気温とともに生育を制限する因子である乾燥については，さまざまな式が定義されている。水の短期的な過不足は降水による供給と蒸発散による損失のバランスによって決まる。蒸発散は最も単純な水面からであっても飽差*や日射量，風速によって変わるうえ，こうした気象項目を観測している地点は少ないため，限られた情報のなかから乾燥を定義する必要がでてくる。ケッペンの気候区分の場合，年平均気温と降水パターンから乾燥限界量を求め，年降水量で判定する（表1.1.1）。乾燥限界量以下の降水量では**ステップ気候**

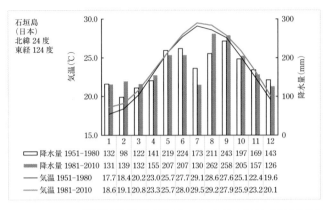

1980年代から2010年代にかけて最低気温平年値が17.7 ℃から18.6 ℃に上がり，温度帯が温帯から熱帯に変わった。

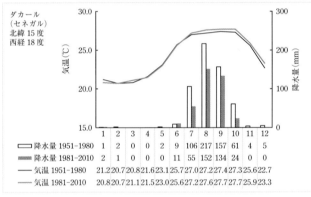

降水量が561 mmから380 mmに減り，乾燥限界量(767 mm，1981〜2010年)の半分以下となったため，気候区分がステップ気候から砂漠気候に変わった。

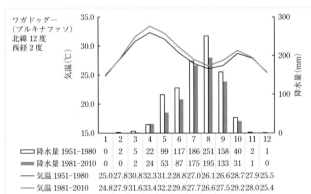

降水量が884 mmから乾燥限界量(854 mm，1981〜2010年)以下の699 mmに減ったため，熱帯(サバンナ気候)から乾燥帯気候(ステップ気候)に変わった。

図 1.1.1　日本の石垣島とセネガルのダカール，ブルキナファソのワガドゥグーにおける気温と降水量の1980年代の平年値(1951〜1980年の平均値)と2010年代の平年値(1981〜2010年の平均値)の比較。(気象庁資料より作成)

(BW)に分類され，さらに乾燥限界量の半分以下の降水量の場合には**砂漠気候**(BS)に分類される。

より正確な蒸発散量を計算するためには日射量が重要となる。日射エネルギーは蒸発散時の気化エネルギーとして使われ，残りはおもに熱となる。したがって，熱帯の内陸地で明瞭な雨期と乾期をもつ気候では，乾期の終わりに最高気温を示す（図1.1.1のワガドゥグー参照）。日射量と気温から蒸発散を計算する方法としてプレストリ・テーラ式などがあり，さらに湿度などの影響を含めたペンマン・モンティース式*はFAO（国連食糧農業機関）で可能蒸発散量と定義されている。こうした可能蒸発散量と降水量，さらに土壌の保水力を加えて乾燥状態を定義する手法が提案されている（2.1.1項参照）。

1.1.4 熱帯の気候を特徴づける要因

(1) ハドレー循環　ハドレー循環とは，赤道付近で上昇した空気が緯度30度付近まで移動したのち，下降して地表付近を流れて赤道に戻る循環で，大気大循環の主要な一つである（図1.1.2）。この循環により赤道付近にはつねに上昇気流が存在し，**赤道低圧帯**を形成し湿潤帯となる。逆に緯度30度付近ではつねに下降気流が存在し，**亜熱帯高圧帯**を形成し乾燥帯となる。このハドレー循環が季節移動することにより，地域の季節が特徴づけられ，熱帯地域の気候区分が形成される。ハドレー循環が地表付近を流れる際は，地球の自転にともなう慣性力（コリオリの力）で北半球ではつねに北東風，南半球ではつねに南東風となり，ともに**貿易風**とよばれる。こうした恒常風に着目したフローンの気候区分では，貿易風に支配される地域までが亜熱帯に含まれる。

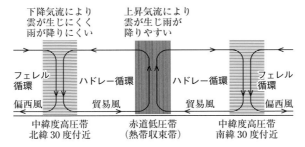

図1.1.2　熱帯・亜熱帯における大気大循環の模式図。赤道付近の強い日射によって生じる上昇気流がハドレー循環の駆動力となる。日射の一番強い地域は季節移動するため，赤道低圧帯や中緯度高圧帯は6月にかけて北に移動し，12月にかけて南に移動する。中緯度高圧帯の下降気流は高緯度側で偏西風を生じ，図には示していないが極地域の温度差により生じる極循環の影響も受けて，フェレル循環が生じる。

(2) モンスーン　モンスーンとは，季節ごとに一定の風向を示す季節風をさす言葉である。大陸と海洋の比熱差によって生じ，夏は大陸が温まりやすいため上昇気流が生じ，海洋からの風が吹く。逆に冬は冷めにくい海洋が相対的に暖かく，大陸から海洋へ風が吹く。したがって，冬の日本海側のような地形に起因する例外はあるものの，モンスーンの影響を強く受ける地域は，夏が湿潤となり冬が乾燥の傾向となる。モンスーンは上記のハドレー循環などの大気大循環の影響を強く受け，大陸東岸や低緯度の赤道側などの偏った分布を示す。特にアジアで規模が大きく，アジアモンスーンとよばれる。アジアモンスーンは降雨の季節性をもたらすものの，夏期に豊富な雨量をもたらし，稲作の成立要件ともなっている。

(3) エルニーニョ現象とラニーニャ現象　太平洋赤道域東部(ペルー沖)の海水温が上昇するエルニーニョ現象と低下するラニーニャ現象は，世界各地で異常気象を引き起こすことで知られているが，現象自体は自然変動とみなされている。つまり，気候変動とは別のものとして認識する必要がある。ただし，気候変動による振幅の増大と発生期間の長期化は懸念されている。熱帯地域の気象はエルニーニョ現象やラニーニャ現象との結びつきが強く，東南アジアや南アジアではエルニーニョ発生時に干ばつ傾向となり，ラニーニャ発生時に湿潤傾向となる。コメの生産もエルニーニョ発生時に不作傾向を示す。

1.1.5　気候変動の影響

(1) 温暖化　気候区分の際は気象の平年値が通常用いられる。平年値は30年間の平均値と定義され，10年ごとに再計算することが国際的に決められている。したがって，たとえば2019年における平年値は1981〜2010年の平均である。気候変動に関する政府間パネル(IPCC, 2014)では，温暖化による気温上昇は0.12℃/10年とされており，地域や季節により一様ではないものの，この定義に従うと確実に熱帯・亜熱帯化は進行している。ケッペンの気候区分において，1980年代の平年値(1951〜1980年の平均値)では温帯だった石垣島は，現在は熱帯に分類される(図1.1.1)。

(2) 降水の変化　降水量や降水パターンの変化は複雑で，明瞭な方向性を示していないものの，理論的には気温の上昇とともに大気の循環が促進される。その結果，極端現象が生じやすくなり，実際に干ばつや洪水の頻発ならびに大規模化が示されつつある。また，降水の少ない場所や季節ではより少なくなり，多い場所や季節ではより多くなることが予測されており，乾燥地のさらなる乾燥化が懸念されている。ケッペンの気候区分において，1980年代の平年値で

1.1 気候区分

コラム:気候変動の農業への影響評価

1.1.5項に記したように,気候変動は気候区分に影響を与えつつあり,熱帯化・亜熱帯化と乾燥地のさらなる乾燥化が進行しつつある。中東での社会の不安定化の背景には,乾燥にともなう農業生産の不作も指摘されており,すでに気候変動が人類の存亡に影響を与えつつあるといっても過言ではない。そうしたなか,気候変動が農業生産に与える影響を評価することは,人類に警鐘を鳴らし将来に備えるために必要不可欠である。大気 CO_2 濃度と気温上昇そのものが農業生産に与える影響については,1980年代から活発に研究が行われ,推定精度が改善されているものの,内容に大きな変化はない。すなわち農業生産の高緯度地帯への拡大と低緯度における低下である。一方,水の影響も考慮した場合そう簡単ではない。まず気候予測に用いられている大気循環モデル(Global Circulation Model: GCM)が,数10 km四方を計算単位としており,雲の分布つまり降水量の分布を描くのに解像度が不十分である。将来的にはスーパーコンピュータの計算スピードの向上とともに改善される予定であるが,かなり遠い先である。また,水は河川などによって運ばれ灌漑に使用されるため,そうした計算も行う必要がある。そこで現在ではGCMによる出力値を一部切り出し,気象力学に基づく統計手法で解像度を細かくし(downscaling),水循環モデルで水の移動を計算し,作物の生育モデルで作物生産への影響評価を行うという研究が進展している(図1.1.3)。

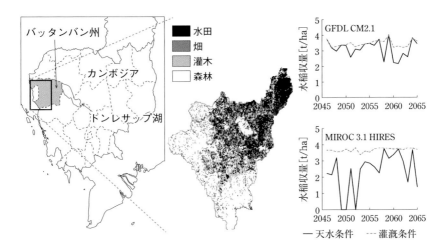

図 1.1.3 シミュレーションモデルの対象としたカンボジアのサンカー川流域の土地利用図(左),GCMモデル GFDL CM2.1 と MIROC3.1 HIRES に基づく将来気候下における水稲収量予測(右)。灌漑のない天水条件では収量が大きく低下することをともに示しているが,その程度はGCMによって大きく異なる。(出典:太田哲・辻本久美子・本間香貴・小池俊雄・So Im Monichoth 2014. カンボジア西部穀倉地帯のコメ生産に与える気候変動および灌漑の影響評価の試み. 水工学論文集 58: 265-270 より引用)

はステップ気候であったセネガルのダカールは，2010年代では砂漠気候に分類され，サバンナ気候であったブルキナファソのワガドゥグーはステップ気候に分類される（図1.1.1）。

1.2 生態環境と農業生態

　熱帯地域には多様な気候と土壌が分布し，作物をとりまく環境も多様である。それぞれの環境に適応した作物種や品種が選択され，それらを中心に多種多様な農業が発達している。熱帯地域の農業を多様にしている基本的な要因は，多様な地形や土壌，水文環境である。高温であることを除けば，熱帯の自然環境はきわめて多様である。地形は山地と平原とデルタの3つに大きく分けることができる。このうち，山地とデルタは造山活動と河川の運搬・堆積作用により形成されている。これに対して平原は数万年前の地殻変動によって形成された後，表層部の侵食が徐々に進んだ土地である。平原は，アフリカ大陸の過半を占め，東南アジアでもタイ東北部やミャンマー中部のドライゾーン（乾燥地帯）などに広く分布し，長年の侵食・溶脱の結果，貧栄養であり水分保持力にも乏しい。水文環境は，このような地形と土壌と降水量の組合せによって基本的な枠組みが決まる。温帯の農業においては気温条件が決定的な意味をもつのに対して，熱帯における作物の分布や作付体系を規定しているのは水文環境である。一方，農業が立地することで，耕地の微気象や周囲の生態環境が大きく影響を受ける。耕作地の立地による環境へのインパクトは特に熱帯で大きく，農業持続性や環境保全を考えるうえでもその影響には特に留意する必要がある。

1.2.1 地　質

　熱帯地域の地質構造を図1.2.1に示す。楯状地と卓状地はいずれも平坦な地形で，多くが原生代や古生代などきわめて地質年代の古い基盤岩類から成り立っている。他方，造山帯は，過去に大規模な造山運動を起こした地質構造の不安定な地域である。アフリカ・南アメリカ・オーストラリア・インド・アラビア半島の熱帯地域には，地質構造の安定した楯状地・卓状地が広く分布し，他方，中央アメリカ・東南アジアの熱帯地域には，中生代・新生代に造山運動が記録されている造山帯が分布する。特に，インド楯状地を囲むヒマラヤ地域の造山運動は，中新世中期から鮮新世であり，地質年代的にはきわめて新しい。なお，フィリピン・スマトラ・ジャワは活火山帯に含まれる。

1.2 生態環境と農業生態

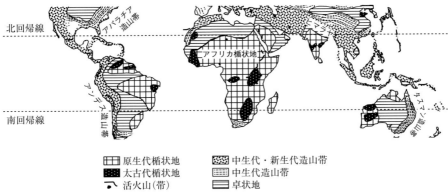

図 1.2.1 熱帯の地質構造（長野敏英編 2004.『熱帯生態学』朝倉書店（東京）p.9 をもとに作成）

1.2.2 地　形

　熱帯の地形はきわめて多様である．熱帯の地形の概略を図 1.2.2 に示した．地殻変動によって大地形が形成された後，地表面は水による侵食，運搬，堆積によって著しく変化した．また，地質時代の特に第四紀における氷河が大きな作用を及ぼした．氷河は，その移動によって底部の岩石を削り，破砕物を運搬した．氷河期の繰り返しによって，海進，海退が起こり，準海水面が変化し，削剥，堆積が繰り返された．火山活動によっても地形は大きく変化した．

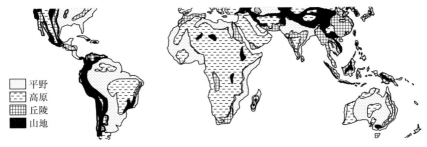

図 1.2.2 熱帯の地形区分（山本正三・田中真吾・太田勇編 1973.『世界の自然環境』大明堂（東京）p.13 をもとに作成）

(1) 平　野　平野は，標高約 150 m 以下の平地である．アフリカでは海岸とナイル川・ニジェール川の流域に限られている．南アメリカではオリノコ川・アマゾン川・ラプラタ川水系に広範に存在する．東南アジアではメコン川・チャオプラヤ川などに小面積分布し，インド地域ではガンジス川・インダス川流

域に大面積存在する。平野は一般に平坦な沖積地である。肥沃で，作物栽培に高度に利用されている場合が多く，灌漑に適する。乾燥地帯では，水源がある場合には大規模な灌漑作物栽培が発達している。一方，湿潤地帯の人口圧の低い地域では，原始林のままの未利用地であることも多い。

(2) 丘　陵　　丘陵は標高150〜600mほどの地帯である。起伏があり河川により開析され山頂部が少ない。成長期または終末期の地形である。この地形は，アフリカでは北端のアトラス山脈，エジプト・スーダンの紅海岸，南アフリカのカール台地などに小面積存在する。南アメリカではギアナ高原とブラジル高原の大西洋側斜面にある。熱帯アジアでは，インドシナ半島と島嶼部に，山地と混在して各地に分布している。インドでは，デカン高原の一部とその周辺にかなりの面積で存在する。丘陵は地形が複雑で肥沃度が多様である。放牧・作物栽培・樹園地などに利用されるが，いずれも小規模経営が多い。

(3) 高　原　　高原は標高600m以上のかなり平坦な地表面をもつ台地で，河谷が開折されている。終末期の地形で，先カンブリア時代に形成された安定地である。東アフリカは大部分が高原である。南アメリカではブラジル高原，熱帯アジアではデカン高原，そして西アジアではイラン高原，アラビア半島の大部分が高原である。一般に土壌の肥沃度は低いが，平坦面が多い。しかし，降雨量によって利用形態が異なり，乾燥地帯の砂漠はほとんど利用されておらず，半乾燥地帯や亜湿潤地帯では，粗放な放牧や作物栽培に利用されている。高原は一般に未利用地が多いが，ブラジル高原では近年大規模機械化畑作がさかんになっている。

(4) 山　地　　山地は標高1000m以上で，丘陵より険しく複雑で起伏に富む地形である。南アメリカのアンデス山脈，熱帯アジアのヒマラヤ山脈，カラコルム山脈，西アジアのヒンズークシ山脈，エルブールズ山脈，ザグロス山脈などがある。大褶曲山脈が主体だが，東南アジアでは丘陵と混在している。山地は傾斜面が多く，伝統的農法により作物栽培や放牧が行われてきた。また，高地野菜の産地になっているところもある(7.1節参照)。

1.2.3　植　生

(1) 熱帯の植生分布　　熱帯の植生分布は気候区分とよく対応しており，高温で雨量の多い地域には熱帯多雨林が成立し，雨量の減少とともに熱帯季節林，サバンナを経てやがて砂漠となる(図1.2.3)。年間を通してほぼ高温多雨の赤道付近から，南北回帰線付近の乾燥地域の草原や砂漠に向かうに従って，樹高が低くなり，乾季に落葉する樹木の割合が増え，やがてそうした樹木も少なく

1.2 生態環境と農業生態

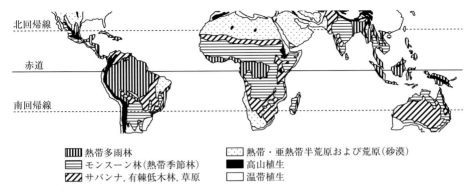

図 1.2.3 熱帯の植生分布(Walter, H. 1985. Vegetation of the earth and ecological systems of the geo-biosphere, third revised and enlarged edition.（translated from the German edition）Springer-Verlag（Germany：Berlin, Heidelberg）p.36 をもとに作成）

なる。熱帯の植生は標高にも影響され，以下の5つに大分される。①湿潤熱帯には**熱帯多雨林**(tropical rain forest)，②湿潤熱帯から半乾燥熱帯への移行帯には**雨緑林**または**モンスーン林**(monsoon forest)，③半乾燥熱帯には**サバンナ林**(savanna forest)・**有棘低木林**(thorn forest)，さらに**熱帯草原**(tropical grassland)，④乾燥地には**砂漠**(desert)が分布し，⑤山地には**熱帯山地林**(tropical montane forest)が成立する。ただし，火入れや放牧など人為も植生の成立に影響している。

(2) **熱帯多雨林と農業**　熱帯多雨林は，年間降雨量 2000 mm 以上で，年間平均して降雨のある高温多湿地域に分布する常緑樹林である。典型的な熱帯多雨高木林では，巨大な植物が多く，樹冠は数層からなり，優占種は明らかでない。また，熱帯多雨林を構成する樹種や組成は大陸ごとに異なっている。熱帯多雨林は，植物だけでなく動物，昆虫も含めて，生物の多様性に恵まれた地域であり，生物遺伝資源の宝庫として注目されている。

熱帯多雨林が成立する高温湿潤な気候条件は，多くの作物の生育にとって好適な環境条件である。それゆえ，この地域は食料生産の中心地となっても不思議ではない。しかし，人類はこれまで，この地域に進出する努力をあまりしてこなかった。その理由には以下の項目があげられる。①存在する莫大な樹木を撤去して農地を造成するに多大の労力と資金を必要とする。②周辺林地から農地に植生が旺盛に侵入し病害虫が頻発する。③フェラルソルやアクリソル(2.1節参照)といった酸性土壌が卓越し養分に乏しい。④多雨のため裸地状態の傾斜地では土壌侵食が激しく養分の損耗が著しい。低平地では洪水が日常的に生

ずる。⑤自然植生は微妙な平衡状態下で安定しており人為的撹乱に脆弱である。⑥高温多湿な環境は居住性が劣悪で各種疾病が多発する。⑦未整備なインフラストラクチャーのため外部との接触が制限される。

　しかし近年情勢は変化し，道路の建設などにより森林からの有用木の搬出がさかんになり，その搬出を手がかりに多くの農民が森林に進出し，開墾をはじめた。一方，これにより森林面積の縮小が進行している。熱帯多雨林は，莫大な光合成能により大気中の温室効果に関与する二酸化炭素（CO_2）濃度を維持する役割を果たし，蒸散能により大気圏の水分循環に影響を与えている。また，森林面積の縮小は遺伝資源の減少をまねく。これらの理由から，熱帯多雨林を保護するべきであるとする国際世論が高まっている。

　特に熱帯諸国の人口増加率は高い。一方，熱帯多雨林地域はこの増加しつつある人口に食糧を供給しうる潜在能力をもっている。熱帯多雨林における環境を保全しつつ持続的農業生産を可能にする技術の開発が求められている。

(3) **サバンナと農業**　サバンナは，年間降雨量200～1000 mmで，明瞭な乾期のある地域に分布する。イネ科草本による草原で，落葉樹を主体とする低木，高木が混在する植生である。サバンナは以下のように分類される。①冠水サバンナ：年間数カ月間冠水するが乾期には完全に乾燥する土地における高茎（3 m以上）草原。そのなかを流れる河川沿いには常緑樹や落葉樹にヤシ類の混ざる堤防林（川辺林）がある。熱帯アメリカやアフリカに多く分布する。②湿生サバンナ：高さ1.5～3 mのイネ科植物からなり，広葉高茎植物や一年生蔓植物が混生する。樹木や低木は少ないが，乾期の野火に耐性をもつ植物が多い。③乾生サバンナ：5～7カ月の乾期のある地域に成立し，高さ1～2 mの硬質イネ科植物が束状に散生する。高さ5～10 mで樹皮の厚い落葉樹が混生することが多い。④有棘サバンナ：年間降雨量200～700 mm，乾期8～10カ月の地域にみられ，高さ30～50 cmの硬質イネ科植物が散生する。乾期にはイネ科植物が枯れ，アカシアなどのテーブル状の有棘木，多肉広葉樹，無葉多肉茎低木，まれに高い樹木が独立または小群落として生育する。樹木の大部分は雨緑低木で小型葉をもち，一部に常緑の有棘低木，多肉植物などが混生する。

　サバンナは，熱帯における長期間の乾期のある気候条件下に成立する極相（climax）植生である。しかし，これらの地域では古くから人類が放牧などをしており，落雷や人為的な野火が繰り返し発生し，その結果生じた植生の場合もあり，今日では両者を区別することは困難である。本来なら熱帯多雨林が成立しうる気候条件であるにもかかわらず草原となっているところがあり，これらは不適切な土地利用による人為的な植生の劣化（サバンナ化・砂漠化）である。

1.2 生態環境と農業生態　　13

西アフリカの半乾燥地帯では，過放牧のためにサハラ砂漠が広がりつつある。微妙なバランスで成立している熱帯の生態環境は人為に対して脆弱で，思慮のない農耕は砂漠化を拡大する危険性をはらんでいる。

　サバンナ地域における農耕の制限要因は水資源である。そのため人々は，降雨と調和した生活を営んでいた。しかし，生活水準向上への意欲が高まり，また人口増加率も急上昇し，食料需要が急増した。その結果，作物栽培面積の拡大や過放牧が余儀なくされ，伝統的な農法によってかろうじて保ってきた平衡関係はたちまち崩壊に向かうことになった。こうした圃場の劣化問題は，与えられた天水でどれだけの食料を生産するかという問題に帰結する。降水量を人為的に増加させることは不可能である。食料生産にも限界があるとすれば，社会経済的な側面からも農業問題を考える必要がある。

1.2.4　農業生態

　農業における土地利用は，土壌や気温，降水量など，その地域の生態環境を反映して成立していると理解される。実際，熱帯アジアのデルタで水田稲作が成立するのは，十分な気温と雨期に集中する豊富な降水量，水をたたえるのに適した緻密で粘土質の土壌の存在などによる。このように，環境はある程度まで，そこで営まれる農業の形態を規定する。もちろん，農業の立地は自然環境条件だけによるものではなく，農作物の需要や農家の経営戦略，そのほかさまざまな要因が関与して決定されるのであるが，自然環境が作物の立地を大きく左右することに異論はないであろう。

　しかし，環境が農業を規定するだけではなく，農業が周囲の環境に影響を及ぼすこともまた事実である。農地では，耕され，ときに灌水され，場合によっては湛水され，人為的に植物が栽培され，そして収穫される。こうした人と栽培植物の活動は，とりまく土壌や大気の環境に影響を及ぼさずにはいられない。このような農業と環境の相互作用を**農業生態**(agricultural ecology)という。栽培植物群落の内部では，気温や湿度のほかCO_2濃度さえ外部とは異なる。このような農業生態による**微気象**への影響を考えるとき，これを**農業気象**(agricultural meteorology)という。いずれも，農耕という人為がもたらす環境への影響を対象にしている。熱帯は，人為的な環境改変に対して脆弱であり，砂漠化や地球温暖化といった環境問題にも十分留意する必要がある。そのため熱帯における農業生態は大きく注目されている。

　たとえば，水田の開発によってそれをとりまく大気の温度や湿度が影響を受けることは理解しやすいが，森林の伐開や焼畑による微気象への影響も大きい。

森林植生の林床では，樹冠上部よりも大気は湿っており，気温も少し低い。しかし，焼畑による伐開は植生に大きなギャップを生み，林床に強い光をまねき入れ，環境を激変させる。森林植生による SPAC (Soil-Plant-Atmosphere Continuum) のつながりが断ち切られたことによって水の循環は抑制され大気は乾燥する。直射光は土壌を暖め，土壌表面温度は上昇して表土の乾燥も進む。逆に，樹木による蒸散がなくなって地下水分は失われにくくなり，地下水位は上昇する。これは，たとえば，塩害などを助長するかたちとなって農業に被害をもたらすことがある。タイ東北部の塩害 (10.4 節) は，水田開墾によって森林植生が失われたことによる地下水位の上昇と無関係ではない。森林を伐開すると，大気湿度だけでなく気温の変化も大きくなる。これは，カカオやバニラなど，庇蔭環境を好む作物にとってはストレス環境となる。一方，森林に隣接して開かれた焼畑地では，不規則な大気の流れ (乱流) が発生しやすい。乱流は，熱や CO_2 を上下方向にかき混ぜて，作物の成長を助ける方向に機能する。

1.2.5　熱帯農業生態と農業環境保全

(1) **農地における CO_2 濃度上昇の影響**　さかんに光合成を行っている自然生態系では CO_2 濃度は低い傾向にあるが，農業生態系では，自然生態系に比べて CO_2 濃度が高い場合がある。これは，自然植生を伐開したあと，生態系内に蓄積されていた有機物の分解が促進された場合や，有機肥料や堆肥を大量に投入した場合などにみられる。このような高 CO_2 条件の圃場では，作物の光合成速度が上昇して生産が高まる傾向があるが，同時に蒸散速度が低下する現象も報告されている。これは，気孔開度を低下させても十分な光合成が維持できるためであると考えられる。温暖化などによる CO_2 環境の変化が蒸散量の変化につながる可能性については，今後注意が必要である。

(2) **畑作と砂漠化**　太陽から受け取るエネルギーをもとに，計算によって導かれる地球上の蒸発散量はせいぜい 6 mm 程度である。しかし，乾季の熱帯の草原に1本だけ生育しているような常緑樹の蒸散量を測定すると，この値を大きく超えてしまうことがある。これは，樹木が太陽光を受けてさかんに蒸散する一方，樹冠の温度上昇のために局所的な上昇気流が生じ，周囲の枯れた草原から樹木に向かって乾いた風が集まってくることによると考えられる。地表での日射の反射率をアルベド (albedo) といい，一般に，森林植生はアルベドが小さく，畑地はアルベドが大きい。すなわち，畑地からは森林よりも多くのエネルギーが放射によって失われることを意味する。砂質で乾燥した畑地のアルベドは 40% 以上に達し，地表にとどまる熱は他の植生よりも相当に少ない。

熱を蓄積しにくい畑地は下降気流をまねき，下降気流はさらなる乾燥をまねくこととなる。このことが，砂漠化の一因であるとする見方がある。これに対し，熱帯の混植樹園地や森林などの密生した植生では，乾燥を抑制するという。熱せられた樹冠から湿った上昇気流が生じ，これが降雨につながるというわけである。短期間や小面積ではこうした違いはほとんど顕在化しない。むろん，畑地造成だけが砂漠化の要因でもない。しかし，収穫後も裸地にならない伝統的な混作形態など，農業植生であっても植生を維持する栽培方法には環境保全的な機能が期待できると考えられる。

参 考 文 献

Homma, K., T. Shiraiwa, T. Horie 2014. Variability of rice production in Monsoon Asia. Open Agric. J. 8: 28-34.

文字信貴・平野高司・高見晋一・堀江武・桜谷哲夫編 1997.『農学・生態学のための気象環境学』丸善出版（東京）

演習問題1 図1.1.1を参照して，以下の問に答えよ。
(1) 石垣島，ダカール，ワガドゥグーの1981～2010年の平均値を用いて，表1.1.1のケッペンの気候区分における温度帯を求めよ。
(2) 石垣島，ダカール，ワガドゥグーの1981～2010年の平均値を用いて，ケッペンの乾燥指数を求め，温度帯とあわせて気候区分を求めよ。
(3) 石垣島，ダカール，ワガドゥグーの1980年代の平年値（1951～1980年の平均値）を用いてケッペンの気候区分を求め，2010年代の平年値（1981～2010年の平均値）では区分が変わることを確認せよ。

演習問題2 大気の循環は，地表面で温かく湿った大気が形成され，それが上昇気流となることが駆動力となる。本文中に温暖化とともに大気の循環が促進されると述べたが，なぜそうなるか，飽和水蒸気と大気圧の比重から考えよ。

2

熱帯の土壌

　一般に，熱帯の土壌は痩せていて，作物生産にとって厳しいといわれるが，それはなぜだろうか？　本当にそうなのだろうか？　熱帯のどこでもあてはまるのだろうか？　本章では，熱帯でみられる土壌について，まず生成条件や種類を説明する。次に，作物生産を考えるうえで注意を払うべき土壌の性質について解説し，これらの疑問に答える。

2.1　熱帯土壌の種類と分布

　熱帯には多様な土壌が存在する。本節では，そのように多様な土壌が存在する理由と，それらの分布について解説する。

2.1.1　熱帯土壌の特徴

　熱帯土壌とは，文字どおり熱帯にみられる土壌のことであるが，本章で熱帯とは，緯度による定義に従い，南北の回帰線の間にある地域とする。土壌とは，「陸地表層または浅い水の下にあって，岩石の風化物やそれが水や風により運ばれ堆積したものを母材とし，気候・生物(人為を含む)・地形などの因子とのある時間にわたる相互作用によって，有機物と無機物が組み合わさり，自然に構成されたもの」である。つまり土壌は，母材(parent materials)，気候(climate)，生物(organisms)，地形(topography)，時間(time)の組合せによって，そのありようが決まるものであり，これら5つを土壌生成因子(soil forming factors)とよんでいる。土壌は，植物をはじめとする生物を養い，物質の保持や循環をつかさどるという重要な機能をもっている。これら機能の現れ方は，土壌の種類によって大きく異なる。したがって，熱帯における農業生産や環境保全を考える場合，その地域にどのような土壌が存在するのかを理解しておく

ことは重要である。熱帯土壌の特徴を各生成因子の観点から解説しよう。

(1) 母 材　母材とは，土壌が生成するもととなる無機質あるいは有機質の物質である。母材には，岩石（火成岩・堆積岩・変成岩）そのものだけではなく，それが風や水（河川・氷河・湖沼・海）によって運ばれ堆積したものや，火山からの噴出物（火山灰など）も含まれる。水はけが悪く有機物の分解が進みにくい場所では，植物由来のバイオマス（生物量）そのものが母材となりうる。

　熱帯特有の地質構造はないが，アジア・アフリカ・中南米の熱帯では，それぞれ地史が異なるという点に注意が必要である。なぜならば，それが母材の風化度や土壌生成の時間因子と密接にかかわっており，出現する土壌も異なるからである。

　中生代白亜紀の前半（約1億3000万年前），ゴンドワナ大陸とよばれた超大陸が分裂し，アフリカ大陸・南米大陸・インドのデカン半島を造った。熱帯圏に大きな面積を占めているこれらの地域では，先カンブリア時代の基盤岩類が削られできた楯状地が広がっている。この地域の縁辺部には，第三紀以降に地殻変動が生じた造山帯（変動帯）があり，その活動は現在も続いている。熱帯アジアの大部分がこの造山帯に属するのに対し，熱帯アフリカでは**大地溝帯**（Great Rift Valley）（口絵図3），熱帯アメリカではアンデス山脈周辺と中米のみがこれに該当する。

　土壌の母材のひとつである岩石の**風化**（weathering）には，大きく分けて，物理的風化と化学的風化がある。物理的風化では，岩石や岩石を構成する造岩鉱物（一次鉱物）は，乾湿や凍結融解の繰り返しなどにより，その組成を大きく変化させることなく，より小さい断片になる。一方，化学的風化では，水などが関係した化学反応によって一次鉱物が分解・溶解する。溶解した成分は，排水とともに失われるか，あるいはより安定な鉱物を再生成する（**二次鉱物**）（2.2.3項参照）。生物活動で放出される有機酸は，化学的風化を速める。物理的風化と化学的風化は同時にまた互いを助長するように起こるが，低温・乾燥地域においては物理的風化がより重要であり，高温・湿潤地域においては化学的風化がより重要である。したがって，熱帯，特に湿潤な熱帯においては，化学的風化が重要である。

　鉱物の風化されやすさは鉱物によって異なる。土壌の粘土画分（粒経0.002 mm以下）に存在する鉱物を調べると，土壌の発達程度が理解できる。たとえば，湿潤熱帯に位置するインドネシア・カリマンタン島の土壌にみられる粘土鉱物の種類は，おもに母材によって規定される。塩基性岩を母材とする土壌では，母材中に2:1型鉱物がなく，風化も受けやすい。そのため，土壌溶

液中のケイ酸濃度は低くなりやすく,アルミニウム酸化物であるギブサイトが生成される傾向にある。酸性岩や堆積岩由来の土壌では,そこに含まれる2：1型鉱物である雲母から,同じく2：1型鉱物であるバーミキュライトが生成する。また,この土壌のなかで,相対的に風化程度が弱く塩基類に富む土壌では,ケイ酸濃度が高く,カオリナイトが認められる(各鉱物の体系的な説明は 2.2.3 項を参照)。

(2) 気　候　　土壌生成因子としての気候とは,土壌が生成する場での温度と水分の状況である。適度な水があれば,温度が高くなると,生物的・化学的活性を高める。降水量が増加すると,母材を通過する水の量も増え,母材の成分の溶解あるいは変性が進み,土壌の生成速度は高まる。そのため,湿潤な熱帯では,岩石の風化,土壌の生成,有機物の分解といった生物的・化学的作用が進みやすい。したがって,有機物があまり蓄積しておらず,ミネラルに乏しい貧栄養な土壌が熱帯では卓越しやすい。熱帯では,高地を除いて温度が生物活動の制限要因となることはないが,水分が生物活動を制限する地域は少なくない。特に,広大な大陸を有するアフリカと南アメリカの熱帯では,海洋から湿潤な空気が供給される東南アジアと比べて乾燥地は広い。

　植物が利用できる土壌水分の年間の有無による区分を土壌水分レジーム(soil moisture regime)とよんでいる(口絵図 1)。これは土壌の生成環境の良い指標となるばかりでなく,その土地に適した作物を考えるうえでも参考になる。なお,この口絵図 1 では,分布面積が狭いアクイック(Aquic)レジームは省略している。アクイックは,土壌が還元状態になる期間をもつレジームである。東南アジアでは,タイやカンボジアなどの大陸部にアスティック(Ustic)が分布しているほかは,ユーディック(Udic)とパーユーディック(Perudic)が広く分布している。熱帯アフリカではアスティックやアリディック(Aridic)が卓越している。アスティックな水分環境では,草本が優占するサバンナや樹冠が閉じない疎開林のような植生が広くみられる。一方,ユーディックやパーユーディックが分布する地域には,熱帯雨林が広がっている(口絵図 4)が,東南アジア島嶼部の熱帯雨林に比べアマゾンやアフリカのそれは樹高が低い。いずれの地域ともユーディックあるいはパーユーディックな水分環境とはいえ,アマゾンやアフリカは大陸的な気候の影響を受け,植物が利用できる水分量が東南アジアよりも少ないためである。

　ユーディックやパーユーディックでは,年中湿潤な環境にあるため,土壌中で水は上から下に流れる。そのため,岩石の風化が進み,土壌に含まれる塩基類は溶脱されやすく,酸性な土壌が生成しやすい。一方,アスティックでは十

分な長さの乾季があるので，塩基類の溶脱は抑えられる．さらに，水分が少ないせいで，乾季には有機物の分解も低く抑えられる．

(3) **生物や植生**　生物は，おもに有機物の供給と土壌構造の形成をとおして，土壌生成に寄与する．植生は，土壌表面を覆い土壌侵食を軽減することによっても，土壌の生成を速める．熱帯では，動物が土壌生成に与える影響も無視できない．温帯で重要な役割を果たしているミミズのほか，特に，シロアリによる土壌攪乱が土壌の粒径や化学性に影響を与えている(2.2.4項を参照)．

(4) **地　形**　地形は，土壌がその場で安定して生成できるかどうかを決める因子となる．熱帯アジアは，活発な地殻運動で特徴づけられる変動帯に位置しており，激しい隆起と沈降，侵食と堆積が繰り返されている．そのため，安定した土壌生成が進みにくい．メコン川，チャオプラヤ川，ガンジス川などの大河の流域には，隆起する山地の激しい侵食で失われた大量の土砂が堆積した沖積平野やデルタが広がる．

一方，ゴンドワナ大陸起源の古い安定地塊からなるアフリカや南米の大部分は，すでに長い期間にわたって地表にあったため，現在は緩慢な地表面の削剥だけがみられる．このような地域で広くみられる平坦地形に**侵食面**がある．変動帯に属する日本で平坦地形といえば，河川が運んだ土砂の堆積によってできる**堆積面**であるが，アフリカや南米の熱帯地域では，侵食によって広く薄く土壌を剥がされ続けて波状の起伏がある侵食面ができる．堆積面であれば，土壌の材料は上流から運ばれた単一のものであるが，侵食面の土壌は，そこでそれまでに生成していた土壌となるため，多様である．侵食面は準平原(pediment)とよばれ，その平原上に点在するインゼルベルグ(inselberg，島状丘)が熱帯の大陸における典型的な地形となる．インゼルベルグは，その周辺が侵食によって削剥され，地表面を低下させる過程で，風化抵抗性の大きな岩石や節理の間に取り残された岩石のブロックが地表に現れたものと考えられる．このように，日本では隆起して山ができることが多いのに対し，熱帯の安定地塊では削り出されて山となることがある．

(5) **時　間**　時間がたてばたつほど土壌が生成することになるが，ことはそれほど単純ではない．まず，土壌を乗せている地形面の安定性によって，土壌生成に十分な時間が確保されるかどうかが決まる．たとえば，インドのデカン高原やブラジルの中央高原のような安定な地塊の上では，長い年代を経た古い土壌が出現することがあるのに対し，熱帯アジアの大部分やアフリカの大地溝帯のように変動帯に位置する地域では，地形が不安定で，土壌が十分に生成する時間を許さない．また，気候によっても時間の進みぐあいは異なる．湿潤

で高温な条件では，岩石の風化が進みやすく，生物の活性も高いため，土壌生成は速まる。以上のことが，アフリカや南米の熱帯の広い範囲で，よく発達した土壌がみられることを説明している。

2.1.2 熱帯土壌の種類と分布

熱帯土壌の種類と分布の概要を以下に述べる。口絵図 2 は，WRB(World Reference Base for Soil Resources)2014（IUSS Working Group WRB 2015)の分類法による土壌図を熱帯の地域で切り出したものである。WRB は，FAO による世界土壌図凡例がベースとなって国際土壌科学連合が策定している。口絵図 2 では，照合土壌群(Reference Soil Group)単位で図示している。すべての土壌は，その土壌に特徴的にみられる層位などによって，排他的に照合土壌群に分類される。各土壌群には，さらに細かく分類するための識別子が用意されている。表 2.1.1 に，熱帯において分布面積の広い土壌群を地域別に示している。ただし，ある土壌群が存在するとこの土壌図で図示されていても，そのなかには他の土壌群も分布していることがある。小縮尺であるため区別して図示でき

表 2.1.1　地域別の土壌分布面積(単位：1000 km^2)（各地域で分布面積が多い上位 10 土壌種を太字で示している）

土壌群名	アフリカ	南および中央アメリカ	南および東南アジア	オーストラリア・大洋州
Acrisols	**922**	**2298**	**2536**	97
Alisols	74	92	12	0
Arenosol	**4626**	**663**	123	**1011**
Calcisol	**1283**	68	6	**360**
Cambisols	**1324**	**1698**	**710**	43
Ferralsols	**3608**	**4438**	181	**106**
Fluvisols	**692**	241	**484**	1
Gleysols	461	**896**	312	1
Histosols	44	30	252	0
Leptosols	**3048**	**1679**	**364**	**505**
Lixisols	**1472**	326	329	16
Luvisols	**884**	**400**	**509**	**507**
Nitisols	637	205	**456**	58
Planosols	141	165	0	**94**
Plinthosols	424	**754**	100	9
Podozols	15	136	47	19
Regosols	638	**915**	5	9
Solonchaks	175	79	17	48
Vertisols	**1006**	172	**625**	**446**
Dunes †	**1538**	0	0	0

† 土壌名ではないが，砂丘や移動砂が分布する地域を分けて図示(口絵図2)している。

ていないためである。したがって，実際の各土壌群の分布面積は，これとは異なる可能性があることに注意してほしい。以下では，表2.1.1に示した主な土壌群について，土壌生成の程度で分けて解説する。なお，各土壌群の後ろに[ ]書きで記した別名は，米国農務省による土壌分類（Soil Survery Staff 2014）でおよそ対応する土壌名である。

(1) 土壌生成がよく進んだ土壌

フェラルソル（Ferralsols）[オキシソル（Oxisols）の一部]（口絵図5）　かつてラテライト土壌とよばれていたフェラルソルは，鉄やアルミニウムの酸化物・和水酸化物，カオリナイトが卓越する粘土をもつ強風化土壌で，CEC（陽イオン交換容量）が低く養分含量も低い。高温多湿な熱帯の低標高地帯で塩基性岩を母材とする地域に広くみられ，土壌生成作用ではなく，むしろ苛烈な化学的風化作用によって鉄とアルミニウム以外の元素が溶脱してしまった土壌である。そのため，古い地殻上に発達した土壌が広範囲に分布するアフリカと南米で大きな面積を占めるのに対し，東南アジアではそれほど大きな面積を占めない。

アクリソル（Acrisols）[アルティソル（Ultisols）の一部]　カオリナイトが卓越する粘土を有する強風化土壌である。土壌生成が十分に進んだ土壌で粘土の下方移動が観察される点がフェラルソルとは異なる。低活性粘土が主体であり，塩基飽和度も低く，リンの固定やアルミニウム過剰が問題となる。東南アジアや南米では主要な土壌である。アフリカではギニア湾沿岸部に分布しているが広くはない。

アリソル（Alisols）[アルティソルの一部]（口絵図6）　粘土の下方移動が観察され塩基飽和度が低いという点ではアクリソルと同様であるが，アクリソルに比べ土壌生成が進んでおらず，高活性粘土（2：1型鉱物）が主体である点が異なる。多量のアルミニウムを含んでいることが，作物生産上の課題である。しかし，高活性粘土を主体とするため，多量の肥料と石灰を施用できれば，生産性は非常に高くなる可能性をもつ。湿潤熱帯では，膨潤性粘土（2：1型鉱物）に富む風化岩が露出する斜面に出現する。そのような地域では，台地上ではアクリソルが優占する。表2.1.1によればアリソルは分布面積が少ないことになっているが，地形上の位置により他の土壌群をともなって出現するという特徴により，小縮尺で図示できていないためである。

ルビソル（Luvisols）[アルフィソル（Alfisols）の一部]　アクリソルと同様に粘土の下方移動が認められるが，高活性粘土が主体となっており，塩基飽和度

が高いという点が異なる。アスティックな水分レジームをもち，地史的に新しい地表面にみられる。雨季と乾季が交代し，ケイ酸の溶脱が進みにくいことが高活性粘土の卓越に寄与している。アフリカでは，大地溝帯周辺の半乾燥地域にみられる。

リキシソル(Lixisols)[アルフィソルの一部]　粘土の下方移動が観察され低活性粘土が主体であるという点ではアクリソルと同様であるが，塩基飽和度が中〜高程度である点が異なる。アクリソルと類似の湿潤温暖な気候条件で過去発達したが，現在は明瞭な乾季があったり，風成塵により定期的に塩基が付加されることによって，アクリソルよりも交換性塩基の含量が高くなっている。低活性粘土が主体であるため，無機養分の保持力は小さく，肥料を施用する際には何回かに分けるなど，肥料の損失を防ぐ措置をとることが望まれる。

ニティソル(Nitisols)[アルフィソルの一部]　東アフリカの大地溝帯周辺に分布している。アクリソルに比べ非常に深くまで粘土が移動しているが，表層の粘土含量は35％を超え，角塊状構造がよく発達している。角塊状構造とは土壌構造の一種で，各方向の長さがほぼ同じ多面体で，角張っているものをいう。このような発達した構造と深い土層が良好な物理性を提供しており，作物生産上問題が多い熱帯土壌のなか，例外的に肥沃度の高い土壌である。

プリンソル(Plinthosols)[オキシソルの一部]　鉄酸化物で硬化した層(ペトロプリンサイト層，Petroplinthic層)が浅い位置にあるか，乾湿の繰り返しによって不可逆的に硬化する斑紋物質(プリンサイト，Plinthite)がある深さに存在する。現在もしくは過去に鉄の溶解した地下水や浸透水から鉄の供給を受け，斑紋層が形成されるに至っている。世界的には，熱帯地域に広くみられ，西アフリカではスーダンからサヘル地域の卓状地を覆っている。インドの中部と南部，メコン川上流域，オーストラリア北部，アマゾン東部にも広く分布している。ほとんどのプリンソルは，鉄やアルミニウム含量が高く，低活性のカオリナイト粘土が卓越し，養分に乏しく自然肥沃度は低い。プリンサイト層は緻密で，深部への根の侵入だけではなく水の流れも妨げ，排水不良の土地を作り出す。そのため，農作物の栽培には適さず，粗放な放牧に利用されていることが多い。かつては，プリンサイトを掘り出して硬化したものをラテライトとよび，建造物に利用されていた。タイのアユタヤ遺跡などにみられる寺院(口絵図7)がその例である。

プラノソル(Planosols)[アルフィソル，アルティソル，モリソル(Mollisols)のうち漂白層(アルビック層，Albic層)をもつ土壌]　漂白された淡色の漂白層(鉄・アルミニウム，有機物，粘土が溶脱した層)があり，その下に粘土含量

が著しく高く緻密な層をもつ土壌である。一般的に低地にみられ，ほぼ平坦な段丘などにみられることもある。上下の層における急激な粘土含量の変化は，表層において乾湿が繰り返されることで粘土鉱物が次第に崩壊するフェロリシス（ferrolysis）による。緻密な層で水が停滞することがある。その40％以上が南米にみられ，オーストラリアでの分布面積も大きい。

(2) 土壌生成が中程度進んだ土壌

バーティソル（Vertisols）[バーティソル（Vertisols）]　スメクタイトとよばれる2：1型の膨潤性粘土鉱物（2.2.3項参照）が卓越する重粘質のため，乾湿によって収縮膨潤を繰り返し，物理的には扱い難い土壌である。アフリカでは，スーダンのゲジラ地方（白ナイルと青ナイルに挟まれた地域）に広がっており，世界最大規模の灌漑排水設備により，ワタの一大生産地帯となっている。インドのデカン高原にも広く分布しており，ここもワタの生産が有名である。

カルシソル（Calcisols）[アリディソル（Aridisols）の一部]　炭酸カルシウムの集積層によって特徴づけられる土壌である。炭酸マグネシウムを成分として含むこともある。炭酸塩の起源はさまざまで，土壌表層から移動してきて下層で沈殿する場合，地形系列に沿って横方向から富化された場合もある。世界全体でみれば地中海沿岸で卓越する土壌であり，熱帯では，アフリカのサヘル地域，ナミブ砂漠周辺，オーストラリア内陸部などの半乾燥地に分布している。

キャンビソル（Cambisols）[インセプティソル（Inceptisols）の一部]　フェラルソルやアクリソルにあるような明瞭な特徴的層位が土壌断面内に認められないが，土壌生成が進んでいる様子はB層（風化変質層，Cambic層）の存在から確認できるという土壌である。たとえば，アクリソルが生成するような気候・母材の条件でありながら，地形的に不安定であるために特徴的層位の発達が十分でないような場合，あるいは沖積平野やデルタなどで，川によって運ばれた堆積物がある程度の時間を経て熟成した場合などがある。したがって，キャンビソルには，母材・気候条件の広範囲なものがまとめられており，キャンビソル全体に共通する理化学的特徴は認められない。

(3) 土壌生成があまり進んでいない土壌

フルビソル（Fluvisols）／グライソル（Gleysols）[フルビソルはエンティソル（Entisols）の一部，グライソルはエンティソルやインセプティソルのうちアクイックな土壌水分レジームをもつ土壌]　河川の氾濫により運ばれた堆積物（沖積成堆積物）からできている若い土壌をフルビソルとよび，地表近くが常時

あるいは一時的に過湿な土壌をグライソルとよぶ。フルビソルも，河川沿いに分布することから，過湿な状態になることが多いという点で，グライソルと似ている。アジアのフルビソルは，南西アジアのガンジス川，インダス川流域，東南アジアのメコン川流域に広くみられ，古くから水稲の栽培に利用されてきた。アフリカでは，ザンビアとアンゴラ国境のザンベジ川沿い，コンゴ川沿い，チャド湖周辺，マリのニジェール川大湾曲部周辺に広がっている。南米では，オリノコ川，アマゾン盆地に分布している。

アレノソル（Arenosols）［エンティソルの一部］（口絵図 8）　壌質砂土よりも粗い土性（粘土含量が 8% 以下）（2.2.1 項参照）をもつきわめて砂質な土壌のため，養分の保持能，含量ともに低い。アフリカのサハラ砂漠やサヘルとよばれる地域で広く分布している。風食による土壌劣化がきわめて深刻な地域である。ボツワナ，ナミビアからアンゴラ，コンゴ民主共和国にかけてもカラハリサンドとよばれるアレノソルが広がっており，アフリカでは最も分布面積の大きい土壌である。さらに，表 2.1.1 中の Dunes（砂沙漠）として区分されている面積を加えると，熱帯アフリカでは砂質な土壌が広がっている地域がきわめて大きいことがわかる。なお，アフリカに分布するアレノソルには，長年の侵食によって，粘土やシルトといった細粒質が失われた土壌も含まれている。そのような土壌は，土壌生成が進んでおらず砂質であるというよりも，地表に現れてから十分な時間がたった結果，砂質となったのである。

レプトソル（Leptosols）［エンティソルの一部］　連続する硬い岩石が表層近く（25 cm 以内）からみられる土壌である。土壌生成が初期段階にとどまっている土壌であるが，激しい侵食によって，表土が継続的に削り取られることでレプトソルになっている場合もある。したがって，レプトソルは傾斜地が多い山岳地域で主要な土壌となっており，熱帯ではアジア，南米の山岳地帯に広く分布している。

レゴソル（Regosols）［エンティソルの一部］　堆積あるいは露出してまもない地表の土壌物質からなっていて，初期の土壌生成段階を示す土壌である。また，レプトソルのように浅い土壌ではなく，アレノソルのように砂質な土性をもたないのも分類上重要な特徴である。したがって，レゴソルの性質はさまざまであり，母材と気候によってほぼ規定されている。

(4) 有機物質を母材とする土壌

ヒストソル（Histosols）［ヒストソル（Histosols）］　ここまで述べてきた土壌はいずれも無機物質が主体となっているのに対し，ヒストソルは，有機物がお

もな構成物となっている土壌である。日本語では泥炭（peat）とよばれる。熱帯では，湿潤温暖な気候が卓越し，有機物の分解に好適な地域が広く分布しており，ヒストソルの分布は限られている。唯一広い分布は，東南アジアの赤道周辺のマレーシア半島・カリマンタン島・スマトラ島などである。遠浅の海岸にマングローブ林や湿地林が成立し，それらの植物遺体が堆積し，ヒストソルが生成している。過湿な環境にあることからこれまで農業利用されてこなかったが，マレーシアやインドネシアでは，泥炭地の大規模な開発が進み，森林火災，二酸化炭素の放出，生物多様性の減少などの問題が顕在化している。

2.2 熱帯土壌の理化学性

　熱帯土壌の生成環境の特徴としては，熱帯の気候環境を反映して，一般に高温で湿潤であることがあげられる。したがって，高温湿潤な環境が土壌にどのような影響を与えるかを考えることが，熱帯土壌の理化学性を考えることにつながる。ここでは，土壌の物理性・化学性・鉱物性・生物性について総論を述べたあと，熱帯土壌の特徴を説明する。

2.2.1　物　理　性

　土壌は多様な粒径の粒子の集合体であるため，土壌の最も重要な性質のひとつに土壌の粒径組成がある。すなわち，2 mm 以上の礫とよばれる岩石画分を除くと，土壌の無機粒子は粒径 2〜0.02 mm の砂（sand）（粗砂：2〜0.2 mm と細砂：0.2〜0.02 mm に細分），0.02〜0.002 mm のシルト（silt），0.002 mm すなわち 2 μm 以下の粘土（clay）に大別される。ここで，砂は土壌の物理的安定性を担保し，透水性や通気性をおもに規定する一方で，粘土は土壌の粘着性・可塑性・吸着性・保水性等をおもに規定する。そこで，これら砂・シルト・粘土の重量比により土壌を区分したものを土性（texture）とよび，12種類に区分する。すなわち，粘質で水はけの悪い重埴土や，多様な粒径の粒子が適度に混ざり比較的良好な性質をもつ壌土，砂質で水もちの悪い砂土などがある（図 2.2.1，表 2.2.1）。

　また，実際の土壌は，多様な大きさの粒子が有機物や粘土によって結合し，**土壌団粒**（soil aggregate）のような**土壌構造**（soil structure）を発達させている。土壌構造は，水や空気など土壌中物質の収容，移動，交換を行う土壌孔隙（soil pore）を増やすとともにその大きさも多様化させるので，土壌生態系の物質循環において重要な機能をもつ。

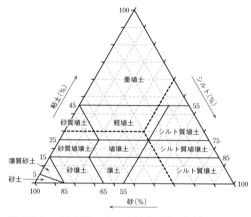

図2.2.1 三角図法による土性表示(国際法)。たとえば，3本の点線から，砂30％，シルト40％，粘土30％をもつ土壌は軽埴土であることがわかる。

表2.2.1 土壌の諸性質におよぼす土性の影響

性質	土性の区分		
	粘土質	シルト質	砂質
保水性	高	中	低
排水性	低(亀裂がなければ)	中	高
水食の受けやすさ(受食性)	中	高	低
風食に対する脆弱性	低	高	中
凝集性，粘着性，膨潤収縮性	高	中	低
圧密の受けやすさ	高	中	低
肥沃度	高	中	低

　そのような土壌固相と土壌孔隙の存在割合にかかわる概念として，**三相分布**(three phase distribution)がある。土壌中の固体・液体・気体(それぞれを固相・液相・気相とよぶ)が占める体積の相対割合を示すもので，一般には固相が50％，液相と気相が20〜30％程度であることが多い(図2.2.2)。また，土壌の全容積(孔隙含む)当たりの乾燥土壌重量を**仮比重**(**容積重**)(bulk density)とよぶが，

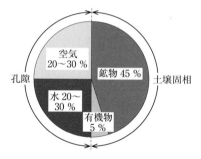

図2.2.2 土壌を構成する固相・液相・気相の割合(三相分布)の模式図

これは一般に約 $1.1\,\mathrm{g/cm^3}$ (0.8〜1.4)程度であり，土壌の種類や三相分布によって変化することが知られている。ちなみに，土壌の固体粒子の平均比重を**真比重**(particle density)とよぶが，一般に約 $2.6\,\mathrm{g/cm^3}$ である。

　土壌孔隙の大きさと割合は，土壌の水分保持能や排水能と強く関係している。すなわち，一般に土壌水分は表面張力により孔隙に保持されるので(毛管現象)，微小孔隙で強く，粗大孔隙で弱く保持される。したがって，微小孔隙は保水性を，粗大孔隙は排水性を，直接規定する。そのため，土性とのかかわりでは，細粒質土壌は微小孔隙が多いため保水性は良いが排水性が悪い。逆に，粗粒質土壌は粗大孔隙が多いため排水性は良いが保水性が悪い。また，中粒質土壌は

2.2 熱帯土壌の理化学性

粗大・微小孔隙を適度にもつため，保水性も排水性も適度に良いと考えられている。

熱帯の高温湿潤な環境では，生物の活性が高く，土壌有機物の分解が速い。そのため，有機物が少ないことが多く，膨軟な土壌構造に乏しく仮比重が高く固相率も高い土壌が多い。また，土壌固相が堅密化した硬盤層が形成され，根張りが制限されていることも多い。そのため，良好な土壌物理性を確保するためには，継続的な有機物の投入など土壌構造の維持増進につながる管理を行うことが望ましい。

2.2.2 化 学 性

(1) 酸性・アルカリ性　　土壌の酸性・アルカリ性に関する性質を表すものとして，土壌 pH があげられる。これは一般に，土壌に重量比 2.5 倍の水を加えて 1 時間振とう後に懸濁液の pH を測定することにより評価され，現地で発現している液相中の水素イオン濃度（活酸性）の指標である。酸性硫酸塩土壌の 1.5〜3.5（酸性）から乾燥地のアルカリ土壌の 8.5〜11（アルカリ性）まで幅広い値を示す（図 2.2.3）。

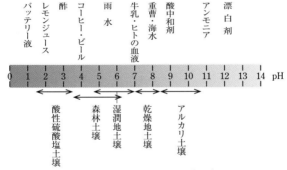

図 2.2.3　さまざまな土壌と一般的な物質の pH の範囲(Brady, N.C. and R.R. Weil 2008. The nature and properties of soils (14th ed.). Pearson Prentice Hall (Ohio, USA)をもとに作成)

高温多湿な熱帯環境では，塩基類が土壌から溶脱し，土壌 pH は低くなる（酸性化が進む）傾向にある（10.5 節参照）。土壌酸性が進むと，アルミニウム（Al）・鉄（Fe）・マンガン（Mn）の可溶化（特に Al が根の伸長を阻害），カルシウム（Ca）・マグネシウム（Mg）・リン（P）の欠乏，微量元素の過剰（銅（Cu）・亜鉛（Zn）など重金属）や欠乏（ホウ素（B）・モリブデン（Mo））などが生じる（図 2.2.4）。そのた

め，作物は一般にpH 5〜6.5 あたりが好適なpHであるとされるが，詳しくみると，その耐酸性は作物種あるいは品種ごとに異なることも知られており，これらを十分考慮した農法が求められる。さらに，酸性土壌の改良方法としては，石灰資材等の施用による酸性矯正があるが，そのための中和石灰量の推定には，固相に吸着されている交換性 H^+ や Al^{3+} も含めた酸性（交換酸度：潜酸性）の中和滴定による評価が必要となる。

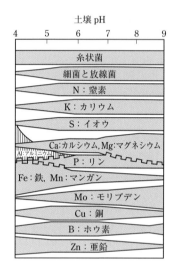

図2.2.4 土壌pHと養分の有効性との関係（出典：Brady, N.C. and R.R. Weil 2008. The nature and properties of soils (14th ed.). Pearson Prentice Hall (Ohio, USA) より引用）

　一方，乾燥地における土壌pHは塩類集積により高くなる（アルカリ化が進む）傾向にあるが，厳密にはその土壌が交換性Naの交換性塩基に占める割合が15%を超えるアルカリ土壌（sodic soil：pHは8.5以上になりやすい）か，飽和浸出液の電気伝導度が4 mS/cmを超える塩類土壌（saline soil）かに応じて，それぞれ異なる対策を講じる必要がある（10.4節「塩害・アルカリ土壌」参照）。乾燥地における灌漑農業（irrigation agriculture）は，短期的な生産性は高いが長期的には塩類化・アルカリ化をまねく場合が多く，注意が求められる（口絵図9）。
(2) 荷電特性　土壌固相の構成成分である粘土や腐植物質（土壌中で重合化・高分子化が進んだ土壌有機物）は荷電を帯びているため，その荷電に応じた対イオンを静電気的に保持でき，また他の対イオンとイオン交換（ion exchange）を行うことができる。このはたらきは，植物生育に必要な養分の保持や供給を調節できるという意味で，土壌の養分保持能に役立っていると解釈することができる。

2.2 熱帯土壌の理化学性

土壌の荷電には正荷電と負荷電が存在するが，一般に負荷電のほうが卓越している。ここで，負荷電には粘土鉱物の同形置換により生じる外液環境(pH やイオン強度)によって変化しない永久荷電(permanent charge)と，粘土鉱物の結晶末端や腐植物質の官能基に由来し外液環境によって変化する変異荷電(variable charge，高 pH で増加)が知られている。一方，正荷電には粘土鉱物の結晶末端や腐植物質の官能基に由来する外液環境によって変化する変異荷電(低 pH で増加)が知られている。このように，外液に応じて荷電が変化する変異荷電があるために，土壌は pH に対する緩衝能をもつことができる。

この土壌の荷電特性を表す代表的な指標として，**陽イオン交換容量**(CEC, cation exchange capacity)がある。これは，1 mol/L 酢酸アンモニウム溶液(pH7)で土壌に保持された NH_4^+ を 1 mol/L 塩化カリウムで再び溶出して求められる，土壌 1 kg 当たりの負荷電の総量($cmol_c$/kg)と定義され，土壌の構成成分ごとにおよそ一定の値をとる。また，土壌の負荷電に静電気的に保持されている陽イオンを**交換性陽イオン**(exchangeable cations)とよぶ。その組成は，陽イオン交換基のイオン選択性および土壌溶液の陽イオン組成によるが，一般には比較的高い pH では Ca^{2+}，Mg^{2+}，K^+，Na^+ など(慣例で**交換性塩基**(exchangeable bases)ともよばれる)が卓越し，比較的低い pH では，Al^{3+}，H^+ などが卓越する。ここでさらに，陽イオン交換容量に対する交換性塩基の合量の割合を，特に**塩基飽和度**(base saturation)とよぶ。これは植物養分イオンが陽イオン交換容量にどの程度保持されているかの指標として用いられるが，一般に土壌 pH が高いほど塩基飽和度は高い。

ここで，土壌の養分保持能と風化過程との関係を考えると，一般に風化とともに土壌の陽イオン交換容量は減少し，一方，陰イオン交換容量は増加する(図2.2.5)。これは，風化の弱い土壌では，CEC の比較的高い 2:1 型粘土鉱物が卓越するのに対し，かなり風化の進んだ土壌では CEC の比較的低い 1:1 型粘土鉱物が，さらに強風化の土壌では養分保持能の低い鉄・アルミニウムの和水酸化物が卓越することによる(2.2.3 項参照)。このことが，熱帯土壌が温帯土壌に比べて養分保持能が比較的低く，土壌肥沃度も低いことの一因となっている。

2.2.3 鉱物性

土壌鉱物は土壌中の無機成分の大部分を占め，母岩とよばれる無機物質の材料を提供する岩石(火成岩・堆積岩・変成岩等)の性質を反映し，土壌の材料である母岩・母材中の鉱物である**一次鉱物**(primary mineral，造岩鉱物)と，岩石

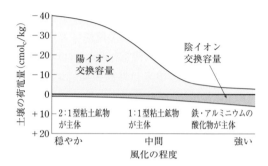

図 2.2.5 土壌の風化にともなう主要粘土鉱物とイオン交換容量の変化(出典：Brady, N.C. and R.R. Weil 2008. The nature and properties of soils (14th ed.). Pearson Prentice Hall (Ohio, USA) より引用)

風化物起源の可溶性物質から土壌中で生成された二次鉱物(sedondary mineral, 粘土鉱物)からなる。

(1) 一次鉱物　一次鉱物は，土壌中では砂・シルト画分に多く存在する。塩基性岩に由来する苦鉄質鉱物としてかんらん石・輝石・角閃石・黒雲母などがあげられ，酸性岩に由来する珪長質鉱物として長石・白雲母・石英などがあげられる。一次鉱物の種類が異なると，土壌肥沃度・風化度・粘土含量・土色などが異なる。すなわち，酸性岩由来の土壌は石英などに富み砂粒状で比較的肥沃度が低く，塩基性岩由来の土壌は粘土質で比較的肥沃度が高い。

(2) 二次鉱物　二次鉱物は，土壌中では粘土画分に多く存在し，①層状ケイ酸塩鉱物(phyllosilicate)，②非晶質・準晶質鉱物(allophane, imogolite)，③酸化物・和水酸化物鉱物(oxide, hydroxide)などがあげられる。層状ケイ酸塩鉱物は，シリカ四面体シート(SiO_2)とアルミナ八面体シート(Al_2O_3)を基本構造とする層状の格子構造をもち，2つの四面体シートと1つの八面体シートからなる2：1型鉱物(単位格子の厚さや荷電特性によりスメクタイト(smectite)・バーミキュライト(vermiculite)・雲母(mica)に細分される)と，1つの四面体シートと1つの八面体シートからなる1：1型鉱物(単位格子の厚さや荷電特性によりカオリナイト(kaolinite)・ハロイサイトなどに細分される)に大別される(図2.2.6)。非晶質・準晶質鉱物は，火山灰由来の土壌で多くみられ，アロフェンとよばれる非晶質鉱物と，イモゴライトとよばれる準晶質鉱物に大別される(厳密にはこれらも一定の規則性をもつ)。これらを多く含む土壌は活性Alに富むため高い有機物蓄積能，リン酸固定能を示し，水分保持能が高い。酸化物・和水酸化物鉱物としては，鉄酸化物として赤色のヘマタイト(hematite, 赤鉄鉱 $\alpha\text{-}Fe_2O_3$)や褐色から黄色のゲータイト(goethite, 針鉄鉱 $\alpha\text{-}FeOOH$)な

2.2 熱帯土壌の理化学性

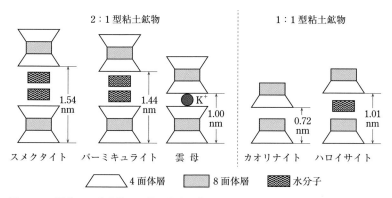

図 2.2.6　層状ケイ酸塩粘土の構造模式図（出典：井上克弘　1997, 土壌の材料『最新土壌学』（久馬一剛編），朝倉書店（東京）p.32, 図 3.3 を一部改変して引用）。1 nm（ナノメーター）は 10^{-9} m。

どがあり，アルミニウム酸化物として，ギブサイト（gibbsite, $Al(OH)_3$）などがある。

(3) 低活性粘土の卓越　熱帯の高温湿潤な環境では，鉱物は長期間強い化学風化を受けやすく，風化抵抗性の高い鉱物が残りやすい。その結果，一次鉱物では比較的風化抵抗性の高い石英（quartz）や長石などが卓越する傾向がある。二次鉱物では，低活性粘土と総称される 1：1 型鉱物（代表的なものはカオリナイト）や酸化鉄（代表的なものはヘマタイトやゲータイト），酸化アルミニウム（代表的なものはギブサイト）などが卓越することが多い。これは，土壌物質が高温湿潤な熱帯で長期間強い化学的風化を受けた結果，2：1 型鉱物→1：1 型鉱物→酸化鉄・酸化アルミニウムの順に進む土壌鉱物の風化過程において，序列の比較的あとのほうに位置する鉱物が多くなるためである。このことは，2：1 型鉱物を主体とすることの多い温帯土壌との顕著な違いとなっている。

2.2.4　生物性

土壌生物は，土壌動物（soil fauna）と土壌微生物（soil microflora）に大別されるが，いずれも土壌生態系を構成するとともに，土壌中での有機物分解や物質循環など，土壌の多くの機能に深くかかわっている。土壌動物は，モグラ・ヘビ・ミミズ・シロアリなどの巨大土壌動物（20 mm＜），アリ・クモなどの大型土壌動物（2～20 mm），トビムシ・ダニ・線虫などの中型土壌動物（0.2～2 mm），アメーバ・鞭毛虫・繊毛虫などの小型土壌動物（0.2 mm＞）に分類される。一方，土壌微生物は，ラン藻・緑藻・ケイ藻などを含む藻類（algae），

キノコやカビの仲間の糸状菌(fungi)，糸状菌の細胞壁(キチン)を利用でき土壌中の植物病原性菌を抑制するといわれる放線菌(actinomycetes)，単細胞原核生物でありきわめて大きな多様性を示す細菌(bacteria)に分類される。

(1) 土壌生物のバイオマス　土壌生物の特徴としては，まずはその数や量の多さがあげられる。すなわち，たった1gの土のなかには世界人口に匹敵する10^9〜10^{10}もの個体がいるとされ，またそのバイオマス(生物量)は$700 \mathrm{g/m^2}$程度とかなり多い。また，もう一つの特徴としては，生物多様性の高さがあげられる。アマゾンの熱帯雨林の土壌の生物多様性は，その地上部に生息するすべての生物の生物多様性をはるかに凌ぐほどである。このような種の多様性は，機能の多様性とも連動しており，土壌生態系の緩衝能や復元能に役立っている。

(2) 熱帯のシロアリ・根粒菌・菌根菌　熱帯において土壌改良効果をもつ代表的な土壌動物として，シロアリ(termite)があげられる。シロアリは土壌を下層から集めて表層に運び，土壌表面から高さ5m以上にも達する，中に多くの孔隙をもつ大きな塚を作る(口絵図10)。この際，土壌有機物と土壌の無機粒子を混和させることで，土壌構造を発達させたり養分量を増加させたりする。これらの作用によりシロアリ塚の土壌は肥沃度が高く膨軟で，しかも排水性にも優れたものとなっている。温帯においてミミズが果たす役割を熱帯ではおもにシロアリが果たしていることは，特筆に値する。一方，熱帯環境における土壌微生物の役割としては，有機物の無機化，各種土壌酵素の分泌，マメ科植物の根に共生し根粒形成する**根粒菌**(rhizobium)などによる窒素固定，多くの高等植物に共生し土壌中に菌糸を張り巡らせる**菌根菌**(mycorrhizal fungi)による土壌中のリンの可給化などがあげられる。これらの機能は温帯でも認められるものの，比較的貧栄養である熱帯土壌においては，さらに重要であると考えられる。

(3) 土壌の有機物動態　最後に，生物の機能発現の結果としての有機物動態についてもふれておく。土壌中には，植生の落葉落枝などに由来し土壌中で重合化，高分子化が進んだ土壌有機物(腐植物質)(soil organic matter, humic substances)が存在する。土壌有機物の機能としては，植物への養分供給源，養分保持能と土壌の緩衝能の増大(化学性の改善)，団粒の形成と土壌構造の安定化(物理性の改善)，土壌微生物への栄養源(生物性の改善)などがあげられ，土壌有機物量をできるだけ高く維持することはきわめて重要である。一方で，その存在量は投入量と分解量とのバランスで決まる。熱帯環境では熱帯雨林など大きな地上部バイオマスをもつことが多いにもかかわらず，高温多湿な環境を反映して土壌有機物の分解が速いために，分解量が投入量を上回り，熱帯土

壌の有機物含量は一般にきわめて低い．あわせて，この傾向は好気的条件で特に顕著であり，有機物分解をつかさどる土壌動物や好気性の土壌微生物の活動が抑制される嫌気的条件（還元条件）ではやや分解が抑えられることも知られている（図2.2.7）．このために，畑土壌に比べ水田土壌では土壌有機物がより蓄積しやすい傾向にある．

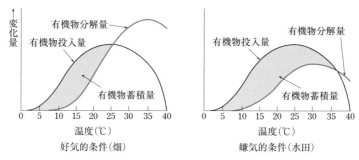

図2.2.7 好気的条件と嫌気的条件における土壌有機物の投入・分解・蓄積と温度との関係（出典：Mohr, E.C.J. and F.A. van Baren 1954. Tropical soils. A critical study of soil genesis（The Hague）を一部改変）

さらに，有機物の分解にはその有機物の全炭素量と全窒素量の重量比であるC/N比も関係しており，C/N比が低い（20程度以下）と短期的に分解が進むのに対し，C/N比が中程度であれば分解が徐々に進み，C/N比が高い（30程度以上）場合は土壌有機物の分解とともに土壌中の無機態Nの有機化が進行し，**窒素飢餓**（nitrogen starvation）とよばれる作物に窒素が供給されにくい状況が生じる．したがって，C/N比の高い植物遺体などを用いて土壌に有機物施用を行う際には，堆肥化するなどしてC/N比が30程度以下になったものを施用することが望ましいと考えられる．しかし，施用される有機物の分解が速く，かつ有機物の物理性改善効果や可給態養分の賦与効果が期待される熱帯土壌においては，粗大有機物の直接施用の有用性が認められることもある．

2.3　熱帯土壌の潜在生産力の特徴とその管理

植物生育の場としての土壌は，①水分の保持と供給，②養分の保持と供給，③植物の物理的基盤の提供，という3つの役割を担っている．そのなかで，水と養分に対する植物の要求を満足させうる土壌の能力として**土壌肥沃度**（soil fertility）が定義されるが，表土の厚さや傾斜などの要因も含めたより広い概念

として土壌の**潜在生産力**(soil potential productivity)という概念がある。熱帯土壌の肥沃度や潜在生産力はもちろん土壌群ごとに異なるのだが(2.1節参照)，より広く台地土壌と低地土壌という地形的特徴で大別すると，低地土壌の生産力は台地土壌に比べて顕著に高い。そこで本節では，前節で述べた土壌の理化学性の特徴を受けて，台地と低地の熱帯土壌の生産力の特徴やその管理における留意点について述べる。

2.3.1 熱帯の台地土壌の潜在生産力

熱帯の台地土壌の特徴として，土壌生成の年代が古く風化の履歴も長いことがあげられる。そのため，長期間強い化学的風化を受けて低活性粘土と総称される1：1型のカオリナイト質粘土と酸化鉄や酸化アルミニウム等が粘土画分に卓越している。これは，多少とも2：1型鉱物を含有する温帯土壌とは顕著に異なる特徴である。

低活性粘土はいずれも変異荷電性であるため，それを主体とする土壌は陽イオン交換容量が小さい。保肥力が小さいから，施肥に対する作物の反応が乏しい。また，酸化鉄や酸化アルミニウムによる**リン酸の固定**(phosphate fixation)力が大きく，リン酸欠乏を起こしやすい。さらに，降水量が多く水分の下方浸透が卓越するため，一般に土壌の**酸性化**(acidification)とその結果としてのアルミニウム過剰が起こりやすく，しばしば熱帯における土壌管理上の問題となっている。低活性粘土をもつ土壌のこれら肥沃度的特徴は，いずれも風化によって粘土の退化をきたしているうえ，高温のために有機物の損耗が激しいことに由来する。

熱帯では，化学性における制限要因とともに，物理性における制限要因もしばしば重要な問題となる。すなわち，低活性粘土に富む粘土質土壌は，水分の保持・放出特性においては砂質土壌と似ていることも知られており，保水力の低さと浅い作土層によってしばしば**干ばつ**(drought)の害を受けやすい。また，森林の伐採あるいは休耕地の開墾などにより表面の植生被覆が失われると，土壌の**堅密化**(compaction)やクラスト(土壌表面に形成される堅密な薄層構造)の形成などにより，根の伸長阻害や発芽抑制なども生じやすい。

さらに，台地や丘陵地など斜面地を多く含む地形面であるため，水や風の作用により表土が失われる**土壌侵食**(soil erosion)を受けやすいという特徴もある。土壌侵食は，土壌養分や有機物に比較的富む表層土を選択的に失うという意味で，生産基盤そのものの持続性を損なう現象である。そのため，その機構や過程の理解に基づく適切な保全策を講じる必要がある。ここで，水による土壌侵

食(水食)による土壌流亡量予測式(USLE, universal soil loss equation)によると，単位面積当たりの土壌流亡量は，降雨係数・土壌係数・地形係数・作物管理係数・保全係数の積として表すことができる。したがって，管理という側面からいえば，作物管理係数と保全係数ならびにそれらに影響を受ける土壌係数をいかに低く抑えるかが重要である。農業生産技術に生態学的管理手法(すなわち不耕起，永年的土壌被覆，および輪作)を統合した保全農業(CA, conservation agriculture)などの侵食抑制につながる農法は，持続性を担保するために今後ますます重要となるものと考えられよう。以上のような性質を示す台地土壌としては，フェラルソル・アクリソル・アリソル・ルビソル・リキシソル・ニティソル・プリンソソル・キャンビソルなどがあげられる(2.1節参照)。

2.3.2 熱帯の低地土壌の潜在生産力

熱帯の低地土壌の特徴としては，周辺の山地や大地の表土が水に流されてたまった地質的に比較的若い材料に由来するので，肥沃度的には起源地の土壌よりも有利な条件をもっていることがあげられる。しかし，その堆積物の質は，堆積物を供給した地域の地質や岩石の風化度によって大きく異なっていることもまた事実である。粘土組成としては，かなりの量のスメクタイト質2:1型鉱物を含み，比較的大きい一定荷電をもち，したがって養分保持能も高い。この限りでは熱帯の低地土壌と温帯の低地土壌にさほど大きい差異がなく，温帯で培われた低地土壌の肥培管理法に関する知見はそのまま熱帯土壌へ適用可能であることを示唆する。

低地土壌の水分の潤沢な環境は，台地の土壌よりも高い窒素固定量，還元にともなうリンの可溶化，水中溶存物質による各種養分の付与，さらには還元にともなう土壌有機物の分解抑制などをもたらしている。そのため低地土壌は，比較的高い肥沃度を示すことが多い。さらに，土壌表面が水分で被覆されている場合は，土壌侵食の危険性がきわめて低く，生態系の持続性や土壌肥沃度の維持におおいに役立っている。低地での代表的な農業形態に水田稲作があるが，この農法はこれら低地の優位性を十分に生かしたものであり，非常に合理的なシステムである。以上のような性質を示す低地土壌としては，フルビソル・グライソル・キャンビソル・ヒストソルなどがあげられる(2.1節参照)。

2.3.3　熱帯土壌の持続的管理へ向けて

　熱帯における農業生産は，人口増加と換金作物の導入によって，台地土壌では粗放的な焼畑等から常畑化への移行や集約化が，低地土壌では水田稲作の集約化が，それぞれ大きな流れとなっている。しかしながら，「緑の革命」以降の農業の集約化は，収量の増加とともに熱帯土壌への負荷の増大ももたらしていることは確実であり，それぞれの現場の状況に応じた合理的かつ持続的な土壌管理および土壌保全(soil conservation)がこれまで以上に求められている。熱帯農業の持続的発展のためには，その基盤となる熱帯土壌の持続的管理が不可欠であることを，十分認識する必要があるだろう。

参 考 文 献

Brady, N.C. and R.R. Weil 2008. The nature and properties of soils (14th ed.). Pearson Prentice Hall (Ohio, USA)
松中照夫　2003.『土壌学の基礎——生成・機能・肥沃度・環境』農文協(東京)
Mohr, E.C.J. and F.A. van Baren 1954. Tropical soils. A critical study of soil genesis (The Hague)
日本土壌肥料学会「土のひみつ」編集グループ編　2015.『土のひみつ　食料・環境・生命』朝倉書店(東京)
Soil Survey Staff 2014. Keys to soil taxonomy, 12th ed. USDA-Natural Resources Conservation Service. Washington, D.C.
ウィリアムダビン著／矢内純太・舟川晋也・真常仁志・森塚直樹訳　2009.『土壌学入門』古今書院(東京)

演習問題 1　一般に，熱帯の土壌は痩せているとされる。こうした見方の背景となるのは，熱帯の土壌が土壌生成因子のどの影響を強く受けているからか。

演習問題 2　アフリカや中・南米の赤道付近にはフェラルソルが分布するのに対し，東南アジアではアクリソルが分布するのはなぜか。

演習問題 3　熱帯土壌で卓越する粘土鉱物の名称をあげ，そのような粘土鉱物が卓越する理由を簡潔に説明せよ。

演習問題 4　熱帯において，土壌の肥沃度や潜在生産力が高いのは一般に台地土壌と低地土壌のうちどちらかを答え，また，そうなる理由を簡潔に説明せよ。

3
農業形態の発展と展開

　本章では，熱帯地域における主要な農業形態と，その変遷を概説する。最初に，人による大規模な環境の改変が行われるようになった近代より以前とそれ以降に分けて，熱帯地域における主要な農業的土地利用形態とその成立要因について説明する。さらに，それぞれの農業的土地利用が，どのように変化していったのかを，例をあげて解説する。また，それぞれの農業的土地利用に対応して，どのような作付体系が展開してきたのかを詳細に説明する。最後に，熱帯地域特有の農業形態であるプランテーションについて，その歴史と現在の状況について述べる。

3.1　土　地　利　用

　農業的土地利用区分には，畑地・水田(paddy field)・園地(horticultural field)・牧草地・家畜飼養施設・養殖場などがある。畑地はさらに**焼畑**(shifting cultivation field)と**常畑**(permanent cultivation field)に区分される。本節では，狭い意味での農業的土地利用，すなわち，作物栽培を目的とした土地利用区分である焼畑・常畑・水田・園地を中心に述べる。

　熱帯に限らず，土地利用の決定要因は環境である。自然環境，社会環境，人文環境が土地利用に大きな影響を及ぼすが，農業的土地利用の場合，なかでも大きいのが自然環境の影響である。たとえば，低平地で水がたまるという条件が整わないと水田稲作は難しい。無施肥では地力維持が難しい常畑は，貧栄養な土地では成立しがたい。一方，農業は人が行うものであるから，農地の近隣に人の居住環境が確保されることが，農業的土地利用が行われることの必須条件となる。たとえば，熱帯雨林気候の地域のように，降雨量が多く鬱蒼とした雨林が卓越していると，病原微生物や有害動物も多く，人の居住に適している

とはいいがたい。また，大河川の河口部に発達するデルタ地域も，毎年季節的洪水に見舞われるため，人の居住環境として優れているとはいえない。いずれも大規模な農業的土地利用は，近年になるまでみられなかった。このように，農業的土地利用には，農業生産そのものに対する適性と人の居住環境がともに関係する。ただ，近代以降，環境の人為的改変が進められ，伝統的な農業的土地利用と環境の関係が大きく変化した。ここでは，近代以前の土地利用，すなわち伝統的な土地利用と近代以降の土地利用に分けて，熱帯地域の土地利用を概説する。

3.1.1 近代以前の土地利用

　農業的土地利用には自然環境が大きく影響すると述べたが，自然環境は主として気候，土壌，地形により形成される。熱帯地域の伝統的な農業的土地利用は，自然環境を形成する主要因である気候・地形・土壌の違いにより，表3.1.1のようになる。

(1) **熱帯雨林気候の土地利用**　ケッペンの気候区分によると，熱帯地域は，(1)熱帯雨林気候，(2)熱帯モンスーン気候，(3)熱帯サバンナ気候に分かれる。このうち，熱帯雨林気候の地域は年中多雨で湿潤であり，赤道周辺に広がる。地形的には**準平原**(peneplain)など平原・台地地形が多く，貧栄養土壌が卓越し，伝統的な農業的土地利用は焼畑である。この気候帯には河川の**氾濫原**(flood plain)・後背湿地などの沖積地形や山地低標高部も含まれる。ともに，この気候帯としては比較的肥沃である。沖積地形はアジアでは水田として利用され，山地低標高部は焼畑のほか園地としても利用されてきた。

(2) **熱帯モンスーン気候の土地利用**　熱帯モンスーン気候の地域は面積的には限られ，熱帯雨林気候の地域の高緯度側に分布し，**熱帯収束帯** (intertropical convergence zone)の移動の影響を受け，ある程度はっきりとした**雨季**(rainy season)と**乾季**(dry season)がある。緯度の低い地域では，2回の雨季・2回の乾季のある地域も多い。この気候帯では，乾季があることにより土壌の風化がある程度抑制されるため，場所によっては比較的肥沃な土壌も分布する。貧栄養な地域では焼畑が伝統的な農業的土地利用であるが，比較的肥沃な地域では焼畑に加えて常畑も行われていた。この気候帯に含まれる海岸低地(河川下流域のデルタ・海岸平野など)ではわりあい肥沃な土壌が卓越しているが，季節的な洪水のため人口が希薄であり，近年になって開発が進み農業的土地利用がよくみられるようになった。ヤシなどを中心とした園地として利用されることが多いが，熱帯アジアでは近年，水田として利用されてきた。

3.1 土地利用

表 3.1.1 近代以前の熱帯地域の伝統的土地利用

気候	土壌	地形	農業的土地利用	地域	備考
熱帯雨林 (年中湿潤)	貧栄養	平原(緩斜面)	畑地(焼畑), 園地	東南アジア島嶼部, アフリカ中央部, 南アメリカ中央部	
	比較的肥沃	山地低標高部(急斜面)	畑地(焼畑), 園地	アンデス東側斜面など山地低標高部	小面積
	比較的肥沃	河川の氾濫原や盆地など	灌漑水田, 園地	アマゾン川流域および河口部	小面積
熱帯モンスーン (2度の雨季, 雨季乾季)	貧栄養	平原(緩斜面)	畑地(焼畑), 園地	東南アジア島嶼部, アフリカ中央部, 南アメリカ中央部	
	比較的肥沃	山地低標高部(急斜面)	畑地(焼畑), 園地	東南アジア島嶼部・アフリカ・アメリカ中央部山地低標高部の一部	小面積
	比較的肥沃	平原(緩斜面)	畑地(焼畑, 常畑), 園地	デカン高原・東南アジア島嶼部・アフリカ・アメリカ中央部の一部	小面積
	肥沃	デルタ・海岸平野	水田, 園地	東南アジア島嶼部	小面積
熱帯サバンナ (雨季乾季, 夏雨)	貧栄養	平原(緩斜面)	天水田, 畑地(焼畑), 園地	東南アジア大陸部の一部	
	比較的肥沃	平原(緩斜面)	畑地(焼畑, 常畑), 園地	デカン高原・東南アジア大陸部の一部, アフリカのサバンナ地帯, アメリカのセラード地域など	
	肥沃	山地(急斜面)	畑地(焼畑), 園地	東南アジア大陸部山地部など	
	肥沃	河川の氾濫原や盆地など	灌漑水田, 園地	インド亜大陸・東南アジア大陸部および島嶼部	
	肥沃	デルタ・海岸平野	水田, 園地	インド亜大陸・東南アジア大陸部および島嶼部	

(3) 熱帯サバンナ気候の土地利用　熱帯サバンナ気候では，明瞭な乾季がある。広大な面積を占める熱帯サバンナ気候の地域は，熱帯モンスーン気候のさらに高緯度側に分布し，乾燥気候の地域と接する。明瞭で長い乾季があるため，場所によっては肥沃な土壌が分布する。地形的には準平原などの台地・平原が多く，伝統的な土地利用はやはり焼畑であるが，デカン高原では早くから穀類とマメ類の間作による常畑での畑作が行われてきた。また，タイ東北部のように年間降水量の比較的多い地域では，天水田による稲作も行われている。熱帯サバンナ気候の地域には，東南アジア大陸部やインド亜大陸のように，大河川が形成する上中流域の氾濫原と下流域の氾濫原やデルタなど大面積の沖積地形が含まれる。比較的面積の小さい上中流域の氾濫原は，早くから灌漑水田として利用されてきたが，毎年季節的洪水と長期間の乾季が繰り返されていた下流域の氾濫原やデルタでは，近年になって水田稲作が広く行われるようになった。この気候帯の山地部低標高地域の伝統的な農業的土地利用は，山斜面では焼畑，盆地や渓谷氾濫原では灌漑水田であり，近年は園地も増えている。

3.1.2　近代以降の土地利用

　近代以降，それまでほとんど焼畑しかみられなかった熱帯雨林気候の地域でも農業開発が進んだ。伝統的な焼畑に加え，この地域の気候に適応した木本のプランテーション(plantation)作物の栽培が進められた。特に植民地資本に支えられた，ゴム・カカオなどが幅広く栽培された。近年では，アブラヤシの栽培が拡大している。また，熱帯雨林気候地帯の山地低標高部や平原部では，コーヒーや香辛料作物の栽培も広く行われている。

(1) 常畑の拡大　比較的近年になって，明瞭な雨季・乾季のある熱帯モンスーン・熱帯サバンナ気候の，東南アジア大陸部の平原地帯(ミャンマーのドライゾーン，タイ中央平原，タイ東北部コラート平原，カンボジア中央平原など)や，熱帯アフリカ・熱帯アジアの平原地帯でも，常畑による畑作が行われるようになった。たとえば，常緑季節林で覆われていたタイ中央部の平原地帯では，1950年代に政府主導の畑作開発が行われた。この地域は，石灰岩を母岩とする肥沃で保水力の大きいバーティソル(2.1.2項(2)参照)が卓越するが，水がたまりにくいため，水田稲作民族であるタイ人に利用されていなかった。しかし，現在では，トウモロコシやサトウキビ，キャッサバを中心とした東南アジア有数の常畑地域が成立している。

　伝統的な天水(rainfed)稲作が広く行われていたタイ東北部では，1960年代以降，畑作開発が行われた。この地域は貧栄養で保水力の小さい砂質土壌が卓

越し，地形的にも水資源的にも灌漑が困難なため，天水条件下で作物栽培を行わざるをえない。このため，雨季期間中のドライスペル（降雨のない期間）による影響が大きく，トウモロコシなどの穀物栽培を安定的に行うことができず，主としてサトウキビやキャッサバなどの栄養繁殖性作物が栽培されている。ミャンマーのドライゾーンは，タイ東北部と環境条件は似通っているが，降雨量が少ないため，稲作は河川の氾濫原に限られ，天水条件下で常畑による畑作が行われている。ミャンマーの場合，長く政府による計画的な農業生産が行われ，かつては農業生態区分ごとに栽培作物が決められ，この地域ではゴマやマメ類を中心とした栽培が行われていた。

(2) **デルタの農地開発**　メコン・チャオプラヤ・イラワジ・紅河などの東南アジア大陸部の大河川の下流部には，広大なデルタが成立している。この地域は，前節のとおり人の居住に適していなかったため，農業的土地利用がはじまったのは比較的最近である。タイのチャオプラヤデルタの場合，農業開発が本格化したのは，19世紀半ばのランシット地区（バンコクの東北）での運河網の整備以降である。運河の掘削と人工堤防の建設により，居住空間と生活用水が確保され，デルタの開発は一気に進み，世界でも有数の稲作地帯となった。近年では，バンコクの発展による園芸産地の形成，エビ養殖池の内陸への展開等が進んだが，バンコク都市域の拡大により，農地の産業用地や住宅地への転換が進んでいる。ベトナムの紅河デルタは紅河下流域に発達しているが，他の東南アジアの大河川のように中流域に広大な平原がないため，デルタ内部にも人の居住に適した自然堤防が発達しており，早くから開発が進められた。伝統的には，冬春作あるいは雨季作のイネの一期作が営まれていたが，1960年代はじめに灌漑排水施設が整備されると，冬春作・雨季作の二期作が広く普及した。1980年代半ばのドイモイ以降，さらに集約化が進められ，二期作のあとの野菜作や畑作物作も広まった。

(3) **山斜面の土地利用の転換**　熱帯モンスーン・熱帯サバンナ気候帯の山地部低標高地域に目をうつすと，大面積を占める山斜面では，上で述べたとおり，伝統的には焼畑が主要な農業的土地利用だった。東南アジア大陸部の山地部では，一部でケシの栽培が行われていた。また，東南アジアの山間低平地では灌漑水田による稲作が営まれていた。この気候帯の東南アジア以外の低平地では，小規模な常畑・園地による畑作物・園芸作物の栽培が行われていた。近代以降，この気候帯の山地部低標高帯では，比較的冷涼な気候と豊富な水資源を生かして，自給的な焼畑から商品作物を生産する常畑・園地への転換が進んでいる。また，コーヒーや香辛料などの生産も広がっている。

3.1.3 土地利用の変容と課題

　熱帯地域の農業的土地利用は大きく変化した。近代以前，農業的土地利用があまりみられなかった熱帯雨林やデルタでも，かつて石井米雄が農業技術の「工学的適応」とよんだ環境の土木的改変によって農業開発が進んでいる。人口増による食料増産の必要性がこの傾向に拍車をかけている。この結果，農地の拡大は現代に至るまで進行した。熱帯地域では，ごく近年まで，農業生産の拡大は生産性の向上よりも農地の拡大によってもたらされてきたのである。当然ながら，このような農地の拡大は，地球規模での環境問題を生起している。農地拡大は，森林などの自然植生の犠牲のうえに進められることが多いからである。農業生産と環境保全はしばしば鋭く対立するが，熱帯においてはこの対立がより先鋭化することが多い。国際連合によって掲げられたSDGs*（持続可能な開発目標）においても，環境と調和した農業生産の向上・安定化が求められている（11章参照）。熱帯地域では，持続可能な土地利用について意識をより高めていく必要がある。

3.2　農業の発展段階（焼畑〜集約農業）

　古典的な歴史の発展段階説によると，世界の歴史は，分裂した都市国家の成立から都市国家の統合による領域国家の形成に向かう古代，古代国家からの分裂割拠の中世，再び統一に向かう近世，さらに近代国家の建設に向かい現代につながる近代，というように，いくつかの段階を踏んで発展する。当然ながら，発展段階には地域差があり，世界の各地で同一の速度で次の発展段階に入るわけではない。たとえば，いち早く7世紀に近世に移行した中近東に対し，次に近世に移行したのは中国（9世紀後半）で，ヨーロッパはルネサンス期に入る12世紀以降に近世に移行したとされるが，近代への移行は最も早かった。農業は，一般には歴史の発展段階が進むに従って，より生産力が高く集約度の高い農業へ，より自給的な生産からより商業的な生産へと移行してきた。

　熱帯地域の多くの国は，中近東・中国・ヨーロッパが近世から近代に入った時期，四大文明の一つの発祥の地で中国・中近東と相互に影響を及ぼしながら独自の発展を遂げたインドを除くと，多くは古代または中世の段階であり，大航海時代以降に他の文明と本格的に遭遇することとなった。それ以前にも，東南アジアは中国・インドと，アフリカは中近東と接触する機会があったが，それも交通手段の未発達な時代であり，接触の機会は相当限られていた。そのため，熱帯地域の多くでは，他の文明との最小限の交流のもとで，独自の**内発的**

3.2 農業の発展段階(焼畑〜集約農業)

発展(involution)を遂げていった。

このような状況下で，熱帯地域では，古代的な強大な領域国家の成立がみられた地域もあったが，農業的には，長くその地域の自然環境に適応した在来技術に依拠する自給的な作物生産が中心であったと思われる。本節では，焼畑から**集約農業**(intensive agriculture)へと至る各過程を時系列的に追いながら，熱帯地域の農業の発展段階を解説する。

3.2.1 焼畑と伝統的常畑

熱帯地域の近代以前の農業は，**焼畑**(shifting agriculture)と水田稲作が主要な形態であったといえる。貧栄養な土壌が卓越する平原・台地では常畑が成立しづらく，熱帯モンスーン・サバンナの限られた地域，すなわち，デカンやアンデス東斜面等を除くと，主要な畑作形態は焼畑だったと考えられる。また，水田稲作は，近代以前，熱帯アジアとマダガスカル以外ではみられず，他の熱帯地域への水田稲作の普及も近代以降であった。

畑作と水田稲作では，その**持続性**(sustainability)と人口扶養力が大きく異なる。畑作，特に熱帯地域で卓越していた焼畑は，伝統的には，それなりに環境調和的で持続的であったものの，人口扶養力は小さい。焼畑は，**移動耕作**ともいわれ，自然植生の伐採・乾燥→火入れ→栽培→休閑(fallow)→伐採のサイクルを繰り返し，伝統的には，植生を回復させる休閑期間を 10 年以上とる。特に木本植物の深く広い根域を利して，長い時間をかけて土壌から養水分を吸収し植生を回復させる間に，落枝・落葉によって土壌表層に有機物を蓄積し，**地力**(soil fertility)を徐々に回復させ，再び耕地として利用する。焼畑の生産力は，栽培を行う畑地のみの生産力に限ると，無施肥にもかかわらず結構高いが，十分な休閑期間を必要とするため，休閑地の面積を含めた広大な領域を必要とする。領域が限られると休閑期間が短縮し，必然的に地力が低下する。このようなシステムで生産が行われるため，休閑林を含めた焼畑領域全体を考慮すると，単位面積当たりの収量は低く人口扶養力は限られる。近代以前の多くの熱帯地域で人口密度が低かったのは，風土病などの疾病が多かったことに加え，農業生産性が低かったことが原因のひとつである。なお，上で述べた焼畑の様相は，最大公約数的なかなり一般化したものであり，実際には，熱帯地域それぞれの環境に適応して，多様に発達した焼畑がみられる。一方，インドのデカン高原やアンデスの東側斜面の一部では，常畑による畑作が成立していた。比較的肥沃な土壌が分布していたためである。デカン高原では，穀類とマメ類を組み合わせた巧妙な**作付体系**(cropping system)が早くから成立していた。畑作の間

題点である地力の維持が可能となったことが早くから常畑がみられた一因であろう。常畑は焼畑よりも生産力が高いため，常畑の成立がインド亜大陸における古代の領域国家の成立に寄与したのかもしれない。

3.2.2 水田稲作

水田稲作は，東南アジアや南アジアの大河川の上中流の盆地・氾濫原などの低平地を中心に営まれてきた。アジアイネの水田稲作の起源は未解明であるが，アジア各地で相当古い時代の地層から水田遺構が発見されていることから，熱帯でも，小規模灌漑を利用した水田稲作が古くから営まれていたと思われる。水田は畑作と異なり，無施肥による連作が可能である。灌漑水にある程度の栄養分が含まれ，さらに，空中窒素を固定する藻類などが水田で繁殖するため，そこそこの地力が維持される。また，落水と湛水を繰り返すため，土壌環境が好気条件から嫌気条件，あるいは嫌気条件から好気条件に激変することにより，特定の病原微生物の繁殖が抑制される。このため，畑作でしばしば問題となる連作障害がほとんどない。こういったことから，水田稲作では休閑を必要とせず連作が可能であり，近代以前の化学肥料を使用しない条件下では，水田稲作の単位面積当たりの生産性は畑作に比べて相当高かった。すなわち，水田稲作の人口扶養力は畑作のそれを凌駕していたといえる。このことが，アジアの水田稲作地帯で古代からずっと人口が多かった要因である。また，東南アジアの古代領域国家が，主として灌漑稲作とその生産力を基盤としていた地域のみに成立していたことにも関係している。

3.2.3 プランテーション

近代以前の熱帯地域では，上で述べたとおり焼畑と水田稲作が主要な農業形態だったと思われるが，近代以降，欧米の列強が熱帯地域に進出し植民地化が進行すると，プランテーションによる大規模な園地での農業生産が熱帯各地で進められた。香辛料や嗜好料などの樹木作物を中心に，熱帯地域でしか栽培ができない作物が栽培された。プランテーションは，熱帯地域特有の特異な農業形態であり，宗主国による植民地経営と密接に結びついていた。それぞれの作物の栽培に適した地域を大面積で確保し，大勢の現地住民を労働力として使用するなど，相当な投入を行って商品価値の高い作物の生産を行った。植民地の住民の一部がプランテーションに雇用される一方，多くの住民の農地では伝統的な自給作物(subsistence crop)生産が行われていた。また，植民地政府の統治のゆき届かない地域でも，同様に自給作物が栽培されていた。以上のような

状況は，地域により差異があるものの，第一次世界大戦後まで続いた(3.4.1 項参照)。

3.2.4 焼畑から常畑への展開

　常畑による畑作は，比較的肥沃な土壌が分布している熱帯サバンナ気候の地域の一部で近代以前にみられたものの，本格的な常畑による畑地開発は 20 世紀半ばからとなる。前節で紹介した，タイ中部の畑作地帯の開発は典型例であるが，この地域では焼畑からの転換ではなく，未利用の森林が農地開発された。また，1960 年代以降，タイ東北部の平原部でも未利用の森林が畑地開発されたが，この地域は貧栄養な砂質土壌が卓越するため，栄養繁殖性の畑作物，サトウキビやキャッサバが主要な作物となった。タイ東北部のような熱帯サバンナ気候の地域では，雨季を中心に天水で作物の栽培が行われる。しかし，雨季にも相当な長さの降雨のない期間(ドライスペル)が頻発し，しかも地域に広がる砂質土壌の水分保持力は乏しいため，開花結実する作物は開花期にドライスペルに遭遇すると壊滅的な被害を受ける。したがって，穀類やマメ類の栽培はいまなお困難である。

(1) 焼畑の悪循環　　熱帯アジアで，焼畑から常畑への転換がみられるのは，熱帯サバンナ気候の山地中低標高の地域である。典型的なのは，ミャンマー北部・タイ北部・ラオス北部・ベトナム北西部に広がる東南アジア大陸部山地部の山斜面で，近年に至るまで，焼畑による陸稲生産が広く行われてきた。この地域の焼畑による陸稲生産は，主として少数民族により，植民地政府・現地政府からあまり干渉されることなく長期間にわたって行われてきた。第二次世界大戦以降，旧植民地が独立し，その後の内戦が終結すると，徐々に状況が変わってくる。地域秩序が回復し，熱帯医学の進歩により向上した医療サービスが地域にまで届くようになると，人口が急速に増加し焼畑の生産力を上回るようになってきた。休閑林を含めた焼畑領域も，環境問題に対する関心の高まりから，拡大に制限が加わるようになった。限られた領域を高頻度で利用した結果，休閑期間が短縮され，生産力が低下した。そのため，さらに栽培面積を増やし，さらに休閑期間が短縮して，そのことが生産力のさらなる低下をもたらすという，いわゆる「焼畑の悪循環」に陥る場合が多くなった。

(2) 森林の減少と質的劣化　　焼畑栽培地の拡大により休閑期間が短縮してくると，休閑林面積そのものが減少し，さらに休閑林が質的に変容していった。長期休閑では休閑林が極相(climax)あるいは極相に近い状態まで回復する場合もあるが，短期休閑では遷移(succession)途中の極相に至らない森林を伐採し

て利用することになるため，若い二次林が優占するようになった。すなわち，森林面積の減少と森林の質的劣化が同時にみられるようになったのである。このため，保護林の拡大など，焼畑が法的に制限される場合が多くなっている。一方，近年の地域秩序の回復と経済発展は，貨幣経済の浸透も促した。さらに，政府の定住化政策により道路際などへの移住が進められ，より外部社会との接触が多くなることにより，生業としての焼畑も大きく影響を受けるようになった。また，上に述べた焼畑の変容と同時進行で，近隣の多数民族の間で**商品作物**(commercial crop)栽培が進展し，焼畑を行っていた少数民族も，近隣多数民族との接触をきっかけとして商品作物栽培をとり入れるようになった。このような状況下で，東南アジア大陸部山地部では焼畑の常畑化が急速に進んできた。

(3) **焼畑の生態基盤の消失**　東南アジア大陸部山地部以外でも，程度の差はあれ，伝統的な焼畑は変容しつつある。東南アジア島嶼部や熱帯アフリカ，熱帯アメリカでも，人口増，経済発展，貨幣経済の地域への浸透などが主因となって，かつては持続的で環境調和的であった焼畑が本来の生態基盤を失いつつあり，熱帯林減少の元凶という近年の焼畑に対する指弾も，あながち的外れというわけではなくなっている。森林保護を名目とした焼畑の制限は世界的に広まっており，近い将来，伝統的な焼畑が姿を消す日がくるかもしれない。

3.2.5　熱帯農業の変貌

　近年の熱帯地域の農業の大きな変貌のひとつは，経済発展にともなう都市の発展に起因する主食作物の商品作物化である。都市人口の増加は非農業人口の増加を意味するため，国全体で主食作物の商品作物化が進行する。わりあい近年に至るまで，自給作物のみを栽培していた熱帯地域の多くの農家が，現在では商品作物としての主食作物を栽培している。このことが，より集約的な農業技術や新品種の導入を促している。実際に，熱帯地域の主要な作物の単位面積当たりの収量は急速に伸びている(図 3.2.1 および図 3.2.2)。むろん地域差は大きく，ここでも熱帯アジアの伸びが著しい。経済発展にともない，新品種の導入・化学肥料の使用・機械化など，技術の集約化が急速に進展した結果である。都市の発展にともなう，もう一つの熱帯地域の農業の変貌が園芸作物栽培の拡大，特に，都市近郊園芸の進展である(7 章参照)。

　このように，熱帯地域の農業は，現在，急速に自給的生産から商業的生産に移行している。それにともない，化学肥料や改良品種の使用など近代的農業技術が普及し，さらに変貌を遂げつつある。焼畑をはじめとした伝統的な農業体

3.3 作付体系

図3.2.1 熱帯地域におけるイネ収量の変化(FAOSTATより作成)

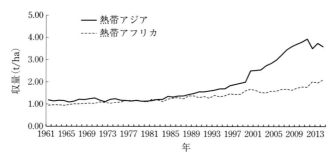

図3.2.2 熱帯地域におけるトウモロコシ収量の変化(FAOSTATより作成)

系は，成立した地域の自然環境や社会環境に適応し，それなりに生産的で持続的であったが，近年の人口増やグローバリゼーションの進行に影響を受け，急速に姿を消しつつある。近い将来，熱帯地域の多くで，地域の諸条件に適応した新たな農業体系が成立し，新たな農業の発展段階に移行すると思われる。

3.3 作付体系

20世紀における農業技術の発展，いわゆる農業の近代化により，面積当たりの生産効率である単収は飛躍的に増加し，作物生産が増大した。三大穀物の平均単収は，1961～1965年の平均で，フィリピンのイネでは1.26 t/ha，インドのコムギで0.84 t/ha，ブラジルのトウモロコシで1.29 t/haであったものが2011～2015年はそれぞれ3.86 t/ha，3.04 t/ha，5.04 t/haとなった。半世紀で，イネでは3.07倍，コムギで3.64倍，トウモロコシで3.89倍に単収が増加した (FAOSTAT, 2018)。熱帯におけるこれら三大作物の単収の増加率は世界平均よりも大きく，収穫量の増加率も世界平均をはるかに凌いでいる。一方，世界の

人口増加に対応すべくこれからも作物の生産を高めていかなければならないなかで，その基盤となる土壌は，全世界で25%が著しく劣化しており，中程度の劣化とあわせて7割近くで劣化している状況にある(FAO, 2011)。

環境に調和した持続可能な作物生産を行うためには，作物を耕地に合理的に配置することが必要である。その点において，作物の時間的および空間的配置，すなわち，作付体系の概念を正しく理解することが，栽培環境の厳しい熱帯の農業を学ぶうえでは特に重要である。

作付体系(cropping system)の概念は，研究者により取り扱う範囲や内容が多義にわたっているため一つに定めることは困難である。広義には，作物栽培を行うための圃場や労力を最適に利用する農業経営方式の技術的な体系といわれている。そこでは作物栽培にかかわるさまざまな資源の管理や栽培技術までを総合的に包括した生産システムととらえることができ，**農法**(farming system)と考えることもある。しかし一般には，作付体系は作物を合理的に配置する概念で，**作付順序**(または作付方式)と**作付様式**の組合せである。狭義には作付順序をいう(図3.3.1)。

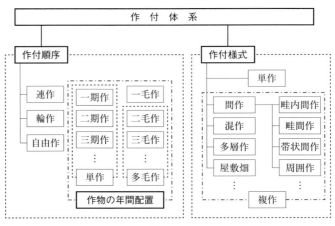

図 3.3.1

タイ中部畑作地帯の代表的な作付体系(作付順序)を図3.3.2に示した。この地域では天水に依存した飼料用のトウモロコシ生産がさかんである。農家は雨季の訪れとともにトウモロコシの作付け準備にはいる。したがって，雨季の開始は地域の農業に大きく影響し，条件がよければトウモロコシの二期作やトウモロコシとソルガムの二毛作がさかんに行われる。逆に，雨季のはじまりが遅い年にはトウモロコシの作付けも遅れ，二期作は困難となる。このような年は，

3.3 作付体系   49

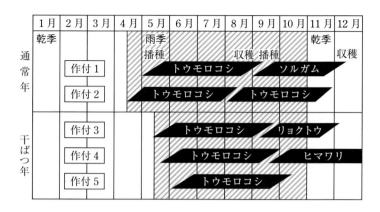

図3.3.2 タイ中部畑作地帯のトウモロコシを中心とした作付体系(作付順序)と降雨の関係。作付1では，雨季の到来を待って主力のトウモロコシを植え，収穫後に耐乾性の高いソルガムを栽培している。トウモロコシとソルガムの二毛作である。作付2はトウモロコシの二期作である。雨季のはじめに十分な降雨があれば早生品種を用いた二期作も可能である。雨季の到来が遅れるとトウモロコシの播種も遅れる。収穫後，残りわずかとなった雨季に作期の短いリョクトウを植える(作付3)か，耐乾性の高いヒマワリを植える(作付4)農家が増える。さらに遅れると後作をあきらめる農家も現れる(作付5)。

トウモロコシの収穫後に作期の短いリョクトウや耐乾性の強いヒマワリを選択する農家が増える。このように，地域の作付体系は農業をとりまく環境条件や農家の経営戦略を色濃く反映している。

3.3.1 作付順序

ある圃場に対する作物の時間的配置を，作付順序(cropping sequence)または作付方式という。同一圃場に，同一作物を繰り返して栽培する連作(continuous cropping)，異なる種類の作物を一定の順序で繰り返して栽培する輪作(crop rotation)，その時々に応じた作物を栽培する自由作の3つに分類される。時系列でみたとき，作物の栽培特性や地力維持，病害虫防除などを考慮せずに無秩序に作物が栽培されていれば，異なる作物が順に栽培されていたとしても輪作ではない。作物を作付ける順序を考えるとき，その時々で価格が高くなりそうな作物を選定して作付けする場合などが自由作である。

同じ畑作物を連作すると，作物により程度は異なるものの，一般に生育・収量・品質が低下する。これを連作障害(injury by continuous cropping)という。一方，水稲には連作障害がみられず，熱帯でも連作が行われている。熱帯には年間をとおして気温・日射量が十分にあるため，他の環境要因，特に水に問題

がなければ，水稲を年に2回あるいは3回作付けすることができる。同一圃場に同じ作物を1年に2回栽培することを二期作(double cropping)，3回栽培することを三期作(triple cropping)という。これらは同じ作物を続けて栽培することから連作である。これに対し，1年に1回の栽培を一期作(single cropping)という。同一圃場で，異なる作物を1年間に2回栽培することを二毛作(double cropping)，3回栽培することを三毛作(triple cropping)という。同一圃場での年2回以上の栽培を多毛作(multiple cropping)といい，1回の場合を一毛作(single cropping)という。熱帯では多毛作がめずらしくない。

(1) **連作障害と輪作の必要性**　同じ作物を連続して同じ圃場で栽培(連作)すると，病害虫や雑草が増加したり，土壌中に有害物質が蓄積したりすることで収量が減少する。また，連作は経営上のリスクが一般に高く，輪作に比べて収量が低下しやすい。持続可能で農家が利益を得て暮らしが改善できる**保全農業**(conservation agriculture)を行ううえで，土壌攪乱を最小限にしながら適切な土壌被覆をもたらす輪作は，基本的な農業技術である。

　高温多湿下にある熱帯では，一般に病虫害が発生しやすい。近縁な作物は同じ病害虫に犯されやすいため，連作しないことはもちろん，作物間で共通する病虫害を考慮したうえで輪作体系を組む必要がある。トマト・トウガラシ・ナスは熱帯でよく栽培される野菜であるが，いずれもナス科に属しており，青枯病・軟腐病・斑点細菌病などの多くの共通の病害がある。共通の害虫も多い。

(2) **熱帯各地の輪作体系**　タイやベトナムでは，水稲二期作が主流ながらも，イネ-ダイズ作，イネ-リョクトウ作，イネ-野菜作のような作付体系も多い。これらは，水稲と畑作物または園芸作物との輪作である。

　サトウキビでは種茎を植え付け，収穫後，切り株から萌芽した茎を育てる**株出し栽培**(ratoon cropping)がよく行われる(8.2節参照)。サトウキビや牧草のような多年生作物や果樹では，改植あるいは更新することなく長期間にわたって栽培が続いても，これを連作とはいわない。ブラジルのサンパウロ州では株出し栽培で単収が70〜80 t/haを下回ったら改植している。株出しは数回〜10回程度繰り返される。その後，サトウキビが連作される場合もあるが，ダイズ・トウモロコシ・インゲンマメなどが1回栽培されてからサトウキビが新植される場合もある。タイ東北部では株出し栽培を1回行ったあとに改植している。低地ではサトウキビの連作が多いものの，高地では白葉病の対策として，キャッサバ・陸稲・トウモロコシ・マメ科緑肥作物(キマメなど)との輪作がしばしば行われている。フィジーでも，株出し栽培のあと，空中窒素の固定を期待したマメ科作物が作付けされている。チャやコーヒーなどの永年性作物は改植の

際，一定期間の休閑(fallow)をはさんで栽培されることがある。休閑は地力の回復を図るためであり，この作付順序は輪作ととらえることができる。このような長期の循環期間をもつ輪作体系を長期輪作とよぶ。

3.3.2 作付様式

作付様式(cropping pattern)は，圃場における作物の空間的配置をいう。単作(monoculture)は1種類の作物だけが栽培されている最も単純な空間的配置である。これに対し，複数の作物を同時に同じ圃場に栽培する作付様式を複作(polyculture)という。これには混作と間作がある。

(1) 混　作　混作(mixed cropping)では，作物は一般にランダムに配置され，畝や列といった規則的な配置はみられない。熱帯では混作が頻繁にみられる。混作では一般に，形態の異なる複数の作物が近傍に配置されることによって，複雑な空間利用を実現している。たとえば，東アフリカなどでよくみられるトウモロコシとインゲンマメの混作では，インゲンマメはトウモロコシを支柱のように利用して受光態勢を改善し，圃場生産性を高めている。ホームガーデン(homegarden)は熱帯における混作の好例である。ホームガーデンは一般に多層(multi-story)をなし，果樹などの木本性作物が高層に配置され，その下に低木性の果樹や香辛料作物など，さらにその下に蔬菜や観賞用植物などが配置される。混作による立体的な空間利用は，面積当たりの生産性を高めるとともに多様な栽培植物による複雑な農業生態系を保全し，安定で持続的な生産に寄与している。ホームガーデンにおいては，施肥や農薬散布などの管理作業はほとんど行われていない。生理生態特性が異なる多数の作物が組み合わさることで，特定の病虫害の急激な拡大を抑制して圃場管理を容易にしている。また，農家が必要とする複数の農作物を効率的に収穫することが可能になる。熱帯の混作にはさまざまな形態があるが，いずれも熱帯の生態環境や社会経済環境によく適合した作付様式であるといえる。

(2) 間　作　一方，作物の畝間または株間に他の作物を栽培することを間作(intercropping)という。間作は混作の一形態とみることもできる。さらに，間作にもさまざまな形態がある。たとえば，周囲作(fence cropping)では，土地の有効利用だけでなく，強風からの保護や病害虫の侵入阻止などの機能もある。間作では，以前から栽培されていた作物を前作物(preceding crop)，前作物の条間あるいは株間に栽培する作物を後作物(succeeding crop)とよぶ。収穫時期も両者で異なるのが一般的である。また，経営的視点から主であるものを主作物(main crop)，従であるものを副作物(side crop)という。複数の作物を栽

培する間作に比べて単作の作業能率は一般に高いが，土地利用率は間作のほうが高く，その結果，総合的な収量も高くなる。一方，複数の作物が畝間あるいは株間に同時に栽培されているため，機械化が困難で労働生産性が劣ることがある。また，組合せが適切でないと日陰により後作物の生育が劣る場合や，後作栽培による前作物の肥料不足が生じる場合もある。こうした養水分や光などに対する競合は，作物間の栽培重複期間を短くすることで大きく軽減することができる。つなぎ作(relay intercropping)は，前作物の収穫に先立ち後作物を播種・定植することである。前作物が保護作物となるため，後作物の初期生育環境が良好に保たれ，土地利用効率を高めることができる栽培方法である。

(3) 混作・間作の収量性　　混作・間作では，組み合わせる作物や品種，間作の方法などで生産効率や収量性が異なる。収量性を比較する方法として，LER (Land Equivalent Ratio，土地等価比率)がある。この値は，混作・間作される複数の作物の，単作区に対する収量比率の総和で示す。すなわち，

$$LER = RY_a + RY_b + \cdots + RY_n$$
$$= \frac{YIC_a}{YMC_a} + \frac{YIC_b}{YMC_b} + \cdots + \frac{YIC_n}{YMC_n}$$

ただし，RY: 相対収量，YIC: 混作・間作区の収量，YMC: 単作区の収量，
　　$a, b, \cdots, n$: 作物 a, 作物 b, $\cdots$, 作物 n

表3.3.1 は，モザンビーク北部の天水畑作地域で実施されたトウモロコシとダイズの間作試験結果である。トウモロコシとダイズの畦間作における LER は，そのほかの条件によらず1よりも大きかった。このことは，間作のほうが単作より収量性が高かったことを示している。また LER は，長期間干ばつの影響を受けた標高 372 m の圃場のほうが高く，間作の効果が環境条件の厳しい地点でより発揮されていたことが示されている。

表3.3.1　モザンビークにおけるトウモロコシとダイズの間作が土地等価比率(LER)に及ぼす影響

標高 (m)	窒素施肥量 (gN/m^2)	相対収量		土地等価比率 (LER)
		トウモロコシ	ダイズ	
372	0	0.75	0.62	1.37
	8	0.86	0.63	1.49
691	0	0.81	0.48	1.29
	8	0.82	0.33	1.15

注)　単作区の収量は，標高 372 m の圃場でトウモロコシで 161 g/m^2 ($N=0$)，213 g/m^2 ($N=8$)，ダイズ 57 g/m^2 (無肥料)，標高 691 m の圃場でトウモロコシで 175 g/m^2 ($N=0$)，393 g/m^2 ($N=8$)，ダイズ 187 g/m^2 (無肥料)であった。標高 372 m の圃場では栽培期間中長期間干ばつであった。(出典: Tsujimoto, Y. *et al.*, 2015. Plant Prod. Sci. 18: 365-376 より引用)

3.4 プランテーション農業

― コラム：樹木との混植 ―

　パラゴム(8.3節参照)は条間7m程度で栽培され,樹冠が閉鎖してくるのに数年を要する。この期間,光が十分にあたる林床部を利用して,キャッサバやパイナップルなど多くの作物が間作されている(口絵図11)。*Phytophthora*(疫病菌)よる病害の発生を抑制する目的でインドセンダン(neem, *Azadirachta indica*)を間作することもある。同様のものに庇蔭樹の混植がある。熱帯の樹木作物にはコーヒーやココアのように強光に弱いものがあり,これらに対して,バナナをはじめとしてココヤシ,ビンロウ,まれにドリアンなどが庇蔭樹をかねて混植されることがある。もっとも庇蔭樹としては,樹冠がまばらで窒素固定などの機能をもつハゴロモノキ(*Grevillea robusta*)などの樹種がよく使用される。これらはもっぱら庇蔭を目的に混植される樹種であり,それ自体の収穫をもたらさないので樹木作物とはいえない。したがって,庇蔭樹の混植は混作というよりアグロフォレストリー(4.1.3項(1)参照)とみたほうが適切である。しかし,大型樹木の混植は環境ストレスの緩和機能を有し,その農業生態系のなかで温湿度などの急変動を抑制して農作物の生育に好適な環境を提供しているのである。

3.4 プランテーション農業

　プランテーション(plantation)とは,多額の資本と大量の労働力を投入し,高度な栽培加工技術の導入をもって輸出することを目的に,単一の熱帯,亜熱帯作物を大面積で効率良く生産する大規模な農園農業と定義される。熱帯における代表的な農耕形態のひとつである。プランテーションという用語は,もとは植民地集落(colony)と同義で使われたが,ヨーロッパ諸国の海外植民地進出にともなって,限られた種類の作物を大規模に栽培する栽植企業農園をさすようになった。関連した用語にプランテーション制(plantation system)があり,大農園制あるいは栽植植民地制ともいい,広義には資本主義諸国が植民地や半植民地で経営した大規模栽培の農園制度をさす。植民地となった熱帯・亜熱帯地方において,先住民や奴隷の安価な労働力に立脚した大農園で,広大な土地で多数の労働力を使って,1ないし2種の限られた種類の**商品作物**を大量生産し,資本主義的市場で販売する生産の仕組みである(3.2.3項参照)。

3.4.1 プランテーション農業の歴史

　プランテーション農業は,16世紀後半に,南・北アメリカに渡ったヨーロッパの植民者が大規模農園を組織し,アフリカから奴隷労働を導入してタバコ・ワタ・サトウキビなどを生産したことからはじまった。これが初期のプラ

ンテーションである。しかし，19世紀に入ると自由主義政策の展開や奴隷制度の廃止により衰退した。他方，熱帯アジアでは，19世紀にヨーロッパ諸国が買い付けにきた香辛料作物だけでなく，他の熱帯地域各地から積極的に導入されたさまざまな作物を栽培する新しいプランテーションの経営がはじめられた。時を経るに従い，組織や作目（チャ・コーヒー・ゴムなど）の変遷はみられたものの，いずれも大資本による広大な土地支配と現地労働者あるいは域外からの移民といった安い労働力によって熱帯農産物の国際市場を独占し，熱帯におけるプランテーション農業は第二次世界大戦までのあいだ繁栄した。アフリカにおいては，植民地時代にヨーロッパへの輸出を目的としてプランテーションが開かれ，商品作物が栽培された。植民地時代に南アメリカからヨーロッパ人がアフリカ大陸に持ち込んだガーナのカカオ，ケニアのチャをはじめ，ワタ，コーヒー，天然ゴムなどがある（3.2.3項を参照）。

3.4.2　プランテーション農業における労働力

　プランテーション農業における労働力には，域外からの労働力として，英国が年季契約労働という形で，インド人をメラネシアのフィジーにおけるサトウキビプランテーションの労働者として入植を進めた例が知られる。1879年から1916年の間に，6万人以上のインド人がフィジーに入植した（章末のコラム参照）。

　第二次世界大戦後は，各地で植民地の独立が相次ぎ，プランテーションの性格が変化した。熱帯地域への農業資材の流通や加工にかかわる企業による経営，契約栽培によるプランテーション作物の栽培が行われるようになった。東南アジアのプランテーション農業の特徴としては，大規模農園で栽培されるのと同じ作目が小規模農民によって広く栽培されるようになり，小農による生産量の割合は小さくないものとなった。そこには，開発途上国政府による小農の独立政策の一環として，小農の組織化とプランテーション作物の生産に従事することを振興したことが大きく影響した。マレーシアやインドネシアでは，農場の中心として設けた加工場へ，計画的に生産物を供給する核エステート方式が実施された。なお，マレーシアやインドネシアではプランテーションをエステート（estate），ブラジルではファゼンダ（fazenda）という。

3.4.3　プランテーション作物

　プランテーション作物の種類は表3.4.1のように大きくは2つ，(1) 一年生畑作物と，(2) 多年生作物に分類される。多年生作物はさらに，①多年生畑作

物（口絵図12），②潅木作物，③樹木作物に分けられる。プランテーション作物の栽培の発展は18世紀半ばから19世紀にかけての産業革命と大きくかかわっている。チャ，コーヒー，カカオは産業革命を経て都市に定着した消費者による需要の増大が要因となった。19世紀末から発達した自動車産業とともにプランテーション栽培が広まったのがパラゴムである。20世紀前半の二度の世界大戦で天然ゴムの入手が困難になったことを受けて合成ゴムが開発され，その後の普及により，天然ゴムの需要は一時低下した。しかし，天然ゴムの品質が再評価され，パラゴムの栽培が再び伸びた。前述したように，第二次世界大戦後の各国の独立にともない，プランテーションが欧米人の手から各国での国営化，公営化，あるいは新規資本による企業化へとうつり，また，農家との契約栽培が増加するなど，プランテーション農業はその形態を変えて重要な輸出産業の地位を保っている（8章「工芸作物」を参照）。

表3.4.1　プランテーション作物の分類

分類		作物名
(1) 一年生畑作物		タバコ，ジュート，ワタ
(2) 多年生作物	①多年生畑作物	バナナ，サトウキビ，パイナップル，サイザルアサ，コショウ，
	②潅木作物	アラビカコーヒー，チャ，キャッサバ
	③樹木作物	カカオ，パラゴム，ココヤシ，アブラヤシ

―― コラム：フィジーのインド系住民 ――

　1874年にフィジーが英国の植民地なった5年後の1879年から，インド人が年季契約労働者としてフィジーに入植し，サトウキビプランテーションの労働に従事した。インド人入植者の数は，1916年までの37年間に約6万人にのぼった。彼らに課された年季契約は5年間であったが，その後も5年間継続して従事すれば帰国の旅費が支給されるというものであった。また，帰国せずにフィジーに定住するという権利も認められたことから，入植者のうちの約4万人が借地農として残った（インド系住民には土地所有は認められなかった）。その後，1920年からはインド人商人が自由移民として入ってきて，フィジー在住のインド人の数が増え，1946年にはネイティブフィジアンの人口を超えるまでに至った。しかし，1980年代からインド人がニュージーランドなどへ再移住する動きが現れ，フィジーにおけるインド系住民の割合は減少した。現在，フィジーの全人口は約90万人（世界銀行，2015）であり，インド系住民の割合は約40％となっている。

参 考 文 献

古川久雄・山田勇・海田能宏・高谷好一他編著　1997.『事典 東南アジア——風土・生態・環境』弘文堂（東京）

廣瀬昌平・三宅正紀・林幸博　1998.『熱帯における作付体系』社団法人国際農林業協力協会（東京）

石井米雄　1975.『歴史と稲作 タイ国—ひとつの稲作社会』（石井米雄編）　創文社（東京）

縄田栄治　2008．耕地の崩壊と東南アジアの農業．『生物資源から考える21世紀の農学　第1巻　作物生産の未来を拓く』（山末佑二編）　京都大学学術出版会（京都）pp.153-188.

演習問題1　熱帯雨林気候の地域では，近代以前の農業的土地利用はほとんど焼畑に限られていた。その理由を述べよ。

演習問題2　現在，熱帯地域全域において，自給的農業から商業的農業への転換が進行している。その理由を述べよ。

演習問題3　LERの計算式を用いて表3.3.1から冬作物混作区の収量を計算し，計算過程ならびに表のどの圃場においても間作することで生産性が向上したことを確認せよ。

演習問題4　地域の作付体系を調べることによって何が理解できるか。図3.3.2を例に説明せよ。

4

農耕文化圏と熱帯各地の農業

　熱帯地域といっても広大であり，各地に多様な農業がみられる。本章では，各地の農業の特徴を理解するために農耕文化圏の考え方を解説する。**農耕文化圏**とは，人類史における農耕に関する文化的要素，特に栽培植物の起源や生産技術をふまえて地域を区分したものである。日本では中尾佐助が提案した4つの**農耕文化基本複合**，すなわち「根栽農耕文化」「サバンナ農耕文化」「地中海農耕文化」「新大陸農耕文化」がよく知られている。各地の農耕文化圏は気候・土壌といった生態環境が異なるだけでなく，大陸・島嶼間の人々の移動や交易などの経済活動とともに栽培植物や農耕技術が伝播し，それぞれの地域に特徴ある農業が展開してきた。ここでは熱帯各地の農業の共通点や相違点を確認しながら，それぞれの特徴について学ぶ。

4.1　東南アジア島嶼部

　東南アジア地域は，日本から最も近い熱帯に位置し，歴史的にも経済的にもかかわりの深い地域である。日本のように稲作を基盤とする水田農村景観が広がっている一方，熱帯林や熱帯作物のプランテーション景観は日本と異なる特徴である。歴史的にはインドと中国の文化的影響を受けつつ，個々の国家・地域はお互いに影響しながらそれぞれ個性的な発展過程をとげてきている。本地域を概観すると，ユーラシア大陸の一部をなす「大陸部」の国々と，太平洋とインド洋をつなぐ島嶼に位置する「島嶼部」の国々とに二分することができる。本節ではこのうち，東南アジア島嶼部の農耕について解説する。

4.1.1　島嶼部の概要
（1）地　形　　東南アジア島嶼部（Insular Southeast Asia）には，インドネシア・マレーシア・シンガポール・フィリピン・ブルネイ・東ティモールといった国々

図 4.1.1　東南アジア島嶼部の地形・地質区分図（高谷好一　1985.『東南アジアの自然と土地利用』勁草書房（東京）p.6 をもとに作成）

が含まれる。このなかでインドネシアは最も広い国土をもち，スマトラ島西北端（アチェ州）からニューギニア島の西半分（パプア州まで）まで東西 5000 km にわたる。ユーラシア大陸から地続きのマレー半島のほかは大小の島々から構成されている。島嶼部農業の多様性を理解するには東西南北の広がりに加えて，海岸から標高 3000 m を超える山々に至る垂直分布にも着目する必要がある。低湿地，丘陵地，山地という異なる植生を農地に転換して多様な熱帯農業が営まれている。

(2) 気候と土壌　　大陸部と同様に島嶼部も熱帯モンスーンの影響下にある。ただし，島嶼部の多くの地域は**熱帯雨林気候（Af）**に属し，年降水量 3000 mm 以上の地域もある。東部に向かうにつれて乾季が明確になり，ジャワ島東部，およびバリ島からティモール島にかけての小スンダ列島は，東南アジア大陸部と同様の**サバンナ気候（Aw）**に属している。東南アジア島嶼部は赤道付近に位置し，かつ太平洋の東端に位置することから**エルニーニョ現象**や**ラニーニャ現象**（1.1.4 項(3)参照）の影響を大きく受ける。エルニーニョの年は高温で乾季が長引く傾向がある。

　スマトラ島，ジャワ島，小スンダ列島，さらにフィリピン諸島には火山が多く分布している（図 4.1.1）。ジャワ島の中・東部などでは，中塩基性の火山岩に養分が多く含まれており，これを母材とする火山性土壌は地域の農業生産に

多少なりとも寄与している。スマトラ島の東部やカリマンタン島の沿岸には，広大な泥炭湿地が分布している(2.1.2項(4)参照)。木本遺体が堆積した泥炭湿地の上には泥炭湿地林が成立し，長年，農業開発は困難であった(10.5.1項参照)。近年，政府および民間企業により排水路が整備され，大規模開発が急速に進んでいる。しかし，こうした開発は泥炭層の分解や火災による地盤沈下をもたらすだけでなく，乾燥化により硫酸を放出する**酸性硫酸塩土壌**(acid sulfate soil)が大きな問題になっている。

(3) 農業の概要　島嶼部は大陸部と大洋州の間に位置し，自給作物としてのイネ(水田・焼畑)，イモ類やヤシ類のほか，輸出用の香辛料作物や油糧作物(ココヤシ・アブラヤシ)が主要な農産物である。本地域は，インド・中東・ヨーロッパや中国との海洋交易で栄えてきた。コショウ・チョウジ・ナツメグといった香辛料に加え，沈香・ダマール樹脂・ツバメの巣といった**非木材林産物**(NTFP, non-timber forest products)は，地域を特徴づける産品である。島嶼部の高温多雨の気候は，樹木の生育・栽培に適している。パラゴム・コーヒー・チャなどさまざまな樹木作物が植民地時代からプランテーション作物として導入されてきた。近年では，アブラヤシやパルプ原料のアカシアマンギウム(*Acacia manguim*)のプランテーションが拡大している。この地域には，小農による小規模農園から民間・国営企業による大規模プランテーションまでさまざまな形態の農業があり，自給用から輸出用まで多種多様な農産物が生産されている。

4.1.2　東南アジア島嶼部の農耕文化

　東南アジアは，4つの農耕文化基本複合のうち「根栽農耕文化」の発生地と考えられている。東南アジアでは，稲作が伝播しコメが主食となる以前から，バナナ・ヤムイモ・タロイモ・サトウキビが栽培されてきた。根栽農耕文化は東西あるいは北方に伝播し，各地の農耕文化の形成に重要な役割を果たしたと考えられる。東南アジア島嶼部には，上述の栽培植物に加えて，パンノキやサゴヤシなど根栽農耕文化を特徴づける植物も分布している(4.6.2項(1)参照)。これらは，屋敷地や焼畑地に樹木作物と混植されて，各地の樹園地景観を形づくっている。

4.1.3　東南アジア島嶼部農業の地域的特徴

(1) 湿潤島嶼西部区(マレー半島，スマトラ，カリマンタン)　インドネシアのスマトラ島やカリマンタン島の熱帯多雨林地域では，自給用の陸稲生産の

図 4.1.2　東南アジア島嶼部の生態・土地利用区(高谷好一　1985.『東南アジアの自然と土地利用』勁草書房(東京) p.35 をもとに作成)

ため長らく伝統的な**焼畑農業**が行われてきた。焼畑の休閑は二次林の再生を図るものであるが，この間にパラゴムやコーヒーなどの樹木作物を栽培することにより，樹園地化を図る農林複合システム，アグロフォレストリー(agroforestry)も各地に発達している。特に遷移型アグロフォレストリーは，陸稲などの食糧作物の焼畑区画に，永年作物や有用樹種の種子・苗木を混植することにより，20～30年ほどかけて次第に有用樹種が優占する森林を造成するものである。焼畑からはじまり，複数の作物がリレー式に生産され，多層構造の樹園地や森林に至る。スマトラ島南西部には，ダマール樹脂の採れるフタバガキ科の *Shorea javanica* の林が発達しており，遷移型アグロフォレストリーの代表例として知られている(口絵図 13)。このほか，シナモン樹皮を産するジャワニッケイ(*Cinnamomum burmannii*)や，香木を産するジンコウ属(*Aquilaria* spp.)の林が造成される例もある。いずれも，間・混作の過程で自給食料生産から換金作物生産に経営の重点が移行する。

　スマトラ島とカリマンタン島の低湿地や内陸の河川沿いでは湿地稲作がみられる。湿地林や湿原を刈り払うか焼き払う必要があるが，無耕起の天水栽培が行われる。西スマトラ州の高地では灌漑稲作や野菜作も行われている。丘陵地には天然林・焼畑地・パラゴム林が広がる。1990年代以降，アブラヤシの大規模プランテーションが拡大した。周辺の小農もアブラヤシの高い収益性に着目し，焼畑地や老齢ゴム林をアブラヤシ園に転換している。

(2) **湿潤島嶼東部区**(スラウェシ島とカリマンタン島東部から内陸部，マルク諸島)　湿潤島嶼西部区と同様に熱帯多雨林の地域であるが，沿岸部から内

陸の湿地に分布するサゴヤシからサゴデンプンを精製し，多少なりとも食糧として利用してきた点が特徴とされる．山地では焼畑による陸稲栽培が行われる．カリマンタン島にはパラゴム・アブラヤシ，スラウェシ島にはココヤシ・コーヒー・カカオのプランテーションが多い．また，アカシアマンギウムなどの早生樹種の大規模植林も行われてきた．香料諸島として知られるマルク（モルッカ）諸島は，チョウジやナツメグの特産地である．このうちチョウジ（*Syzygium aromaticum*）は，近年この地域だけでなくインドネシアの他の島々でもプランテーションや農家の樹園地に広く植栽されるようになった．

(3) ジャワ区　ジャワ島中東部およびバリ島には肥沃な火山性土壌が広がっており，灌漑稲作が発達し，二期作・三期作，二毛作・三毛作など集約的な生産が行われている．農村部の高い人口密度は，小規模かつ労働集約的な稲作・畑作経営によって支えられてきた．ジャワ島の農村にはプカランガン（*pekarangan*）とよばれるホームガーデンが発達している．また集落周辺にはクブン（*kebun*）とよばれる樹園地が発達しており，多様な樹種や作物が混植されている（7章「熱帯園芸」参照）．

スマトラ島やカリマンタン島のように人口密度の低い地域では焼畑が広く行われているのに対し，ジャワ区では集約的な稲作が農業生産の基盤となっている．19世紀以降の急激な人口増加によって農地の面的拡大が限界に達したあと，小規模農家は労働集約的な栽培に移行した．たとえば，常畑内外にさまざまな樹木作物を配置し，樹園地景観を呈する土地利用が発達した．ジャワ島西部は現在灌漑が発達して集約的な稲作が行われているが，中部・東部ジャワに比べると比較的近年まで焼畑が広く行われていたため，ジャワ区ではなく湿潤島嶼西部区に区分されている．

(4) ヌサトゥンガラ区（スラウェシ島南端を含む）　フローレス海周辺の東部インドネシアでは，島嶼西部やジャワ区に比べると乾季が長くなり，水稲耕作が可能な地域は限られる．山地斜面の常畑や短期休閑焼畑では，トウモロコシ・陸稲・ソルガム・アワなどの雑穀が作られる．東南アジア大陸部のようなサバンナ林景観が広がる．低地の屋敷地・水田地帯に生育するオウギヤシ（*Borassus flabelifer*）が特徴的である．

(5) フィリピン区　フィリピン諸島では稲作中心の農業が営まれており，ココヤシが広く栽培されている．山地では焼畑による陸稲やトウモロコシ栽培が行われている．ジャワ区と異なり，台風による強風と豪雨がしばしば大きな農業被害をもたらしている．大都市マニラのあるルソン島は，フィリピン諸島のなかで面積・人口ともに最大で，ジャワ島と同様に火山が多い．ロスバニョ

スに IRRI(国際稲研究所*, International Rice Research Center)が設立された 1960 年以降，「緑の革命」とよばれるアジア稲作の近代化をリードしてきた．

　欧米の巨大資本によるプランテーションや契約栽培が農業生産のなかで大きな位置を占めており，南部のミンダナオ島からはバナナやパイナップルが輸出されている．ネグロス島は，スペイン植民地時代の農園開発に由来するサトウキビの国内最大の産地である．フィリピンの農産物として，バナナやマンゴーの生鮮・加工品やココヤシ由来のナタデココは日本でもよく知られている．バナナに似るが強力な繊維を産するマニラアサ(*Musa textilis*)は欧米に輸出されている．

4.1.4　近年の農業の変容と農業生産の課題

(1)「緑の革命」以後の農業近代化　　東南アジア諸国は 1960 年代から「緑の革命(green revolution)」による米の増産に取り組んできた．島嶼部では，特にフィリピンとインドネシアが早くから高収量品種を導入し増産の成果をあげた．1970 年代にはインドネシアにおいて害虫トビイロウンカが大発生を繰り返し，これを契機に，水田農薬の使用を制限し，総合防除(IPM, Integrated Pest Management)に取り組むようになった．その後も農業近代化は，トラクターや耕耘機といった農業機械の普及や，さまざまな作物にあった農業投入資材や施設の利用という形で現在まで続いている．

(2) 持続的農業に向けた取り組み　　21 世紀になると，東南アジア各地で有機農産物や安全農産物に対する消費者の関心が高まってきた．この変化は，農家自身の生産環境を改善しかつ収入を増やす持続的農業を発展させる機会でもある．近年，持続的農業の技術選択肢として，有機稲作，特に集約稲作システム "SRI"(System of Rice Intensification)が島嶼部にも普及してきた．SRI は熱帯各地で導入効果が報告されているが，この技術体系には間断灌漑や稚苗の疎植作業が用いられる．これらを実践することが困難な水田では，むしろ在来稲作技術の改良やイネ以外の作物の導入が検討課題といえる．

　1990 年代以降，スマトラ島やカリマンタン島ではアブラヤシの大規模プランテーション開発が進められてきた．この過程で，火入れ開墾にともなう火災・煙害，森林生態系(野生生物多様性)の消失，精油工場からの廃液汚染など，さまざまな環境問題が顕在化した．関連する企業と NGO は，国際的なネットワークである「持続的なパーム油のための円卓会議 RSPO (Roundtable for Sustainable Palm Oil)」の認証取得・遂行をとおして，アブラヤシ生産にかかる環境問題の解決と生産者の生活向上に取り組むようになってきた．

(3) 東南アジア島嶼部農業の今後　持続的農業を実践し安全農産物を国内外の消費者に届けるには，生産技術はもちろん，流通や認証制度など社会経済的な課題まで，多方面から取り組む必要がある。東南アジア各地でも先進国のような有機認証や農業生産工程管理手法（GAP, Good Agricultual Practice）を普及する取り組みがはじまっている。シンガポールでは都市型農業モデルとして植物工場やビルの屋上・壁面などを利用して野菜が生産されている。島嶼地域に残る伝統農業の知見と課題を学び新しい農業技術に応用することで，持続的農業のさらなる選択肢を提示できるかもしれない。

コラム：ココヤシ砂糖生産

　ジャワ島中部農村の特産品のひとつにココヤシ砂糖があげられる。生産農家は，1日2回ヤシの木に登り，花軸を削っては竹筒を取り付けていく。花軸から糖液がにじみ出るので半日ごとに竹筒を回収し，また花軸を削り別の竹筒を取り付ける。農家は集めた糖液を煮詰めるために大量の薪を消費する。水分をとばしてできあがった固形ヤシ砂糖は，仲買人に納めることで日々の収入源となる。近年，燃料を節約できる改良式かまどが導入され，環境負荷の低減に一役買っている。消費者が利用しやすい粉状のヤシ砂糖を生産する者も増えてきた。生産者組合をつくり，生産物を有機砂糖として包装・販売し，樹上での事故に備えて労災に加入するなど，この地域のヤシ砂糖生産農家は生計改善に取り組んでいる。

4.2　東南アジア大陸部

　本節では，東南アジア大陸部の農耕文化をおもに生産技術と作物利用の観点から概観し，地形学的（景観学的）観点に水条件や栽培様式を加味し検討されてきた農耕の類型もふまえて，各地の在来型農耕の具体的な事例を紹介し，さらに最近の変化についてもふれる。

4.2.1　大陸部の概要

　東南アジア大陸部（Mainland Southeast Asia）は，ミャンマー・タイ・ラオス・カンボジア・ベトナムの5カ国からなる。チベット高原から流れ下るサルウィン川・メコン川に加え，エーヤーワディー川・チャオプラヤー川・紅河といった大河とその分水嶺が南の海に向かって扇状に広がっていく地域で，インドシナ半島とよばれる。

　東南アジア大陸部の大部分は，明確な乾季をもつモンスーン気候下にあり，

モンスーン林が広く分布している。**熱帯モンスーン林**は**熱帯季節林**ともよばれる。熱帯雨林と比較すると，樹高が低く，階層構造が単純になって，乾季には短期間であるが落葉するようになる。熱帯季節林は，乾燥の程度に応じて①**常緑季節林**，②**半落葉季節林**，③**落葉季節林**の3つに分けられる。常緑季節林では巨大高木がなくなり，半落葉季節林では高木のなかに落葉するものが現れ，落葉季節林ではほとんどが落葉するようになる。より乾燥が厳しくなるとサバンナとなる。東南アジア大陸部では，さらに緯度を高めてもアフリカのように極端な乾燥地は出現しない。この緯度に沿った降雨の季節性とは別に，高度に沿った降雨の変化がある。標高が高くなると山地性の降雨があり，蘚苔類がついたシイやカシなどからなる**山地常緑林**，いわゆる**蘚苔林**(moss forest)が発達する。およそ標高1000 mを境にして下部には混交落葉林と乾燥フタバガキ林が，上部には山地常緑林が広がる。

上流山地の常緑林は照葉樹林につながり，下流低地の常緑林は熱帯雨林につながる。その間に乾季に落葉し，雨季の到来とともに景色を緑に一変させるモンスーン林が広がっているのである。5月になると南西季節風がインド洋から雨を運んできて，あたりの景色は緑色に一変する。この変化は鮮烈な印象を与え，モンスーン林は別名「**雨緑林**」ともよばれる。

このような立地環境にある東南アジア大陸部の土地利用は，大陸山地区，平原区，デルタ区の3つに区分される。在来型農業の形態をみると，平原とデルタでは水稲単作が卓越する一方で，山地では焼畑で陸稲と雑穀が栽培され，さらに山地北縁では，陸稲やトウモロコシにくわえて温帯作物が常畑で栽培されてきた。

4.2.2 在来型農耕文化と生業

(1) 農耕文化　東南アジア大陸部では，紀元前2500年以前から森林を伐開して植物を管理する営みがあったことが，花粉分析やプラントオパール*の研究から示唆されている。人類史そのものでもある農耕の歴史は，考古学・言語学・人類学・遺伝学を含めた学際研究の対象として注目を集めているが，いまだ不明な点が多い。そのなかで東南アジアの農業は，「**根栽型農耕**」が最も古い基層をなし，それを覆うように雑穀類を主作物とする「**雑穀栽培型農耕**」が展開し，そのあとに「**水田稲作型農耕**」が広がっていったと考えられている。

東南アジア大陸部では，雨季と乾季が繰り返されるモンスーンのリズムにあわせて，水田と焼畑が営まれてきた。雨季の山間盆地には，緑の稲原が広がる。5月から10月頃にかけての雨季は農作業の季節である。一方，11月から4月

頃までの乾季は焼畑の伐開と火入れの季節である。

　作物の生長に必要な条件を整えるために，田では水の，畑では火の力を借りて環境を改変する．焼畑では，火入れをすることによって遷移の初期状態に戻して陸稲を栽培する．休閑期間中は自然の遷移進行にまかせて二次林を回復させて，再び伐開して栽培をする．焼畑はこのような遷移系列を十数年かけて繰り返している．一方水田は，湛水することで湿性遷移系列の初期段階を維持している．

　焼畑では森を焼き，そして耕作跡地に森が再生してゆく．撹乱と遷移が繰り返される．そのために焼畑の森は一斉造林のように均一ではなく，焼畑，若い休閑地，古い休閑地，そして深い森というように不揃いなパッチワークになっている．この不均一性が生きものに多様な場を与え，そしてその多様さがさまざまな産物を生み出し，大陸部の農耕文化を形作ってきた．

(2) 稲　作　「稲作文化圏」ともよばれるモンスーンアジアでイネは最も重要な作物である．約1万年前に栽培化されたアジアイネ(*Oryza sativa*)には，短粒で粘性の高いジャポニカ(japonica)，長粒で粘性の低いインディカ(indica)，大粒の熱帯ジャポニカ(javanica)の大きく3つの系統に区分される多様な品種がみられる．北タイやラオスなど「大陸山地区」とタイ東北部など「平原区」の大部分は「モチ稲栽培圏」とよばれるほどにモチ種(糯)が多く栽培される．「デルタ区」では，雨季の湛水深の違いによって草丈の異なる品種がみられ，深く湛水する場所では深水稲(deepwater rice)のなかでも特に伸長節間数が多く節間長が長い浮稲(floating rice)が栽培されている．さらに雨季に栽培が困難なほどに湛水する地域では，水が引いた乾季に栽培される減水期稲などの品種群が栽培されてきた．

　大陸部の稲作は，北部では1頭引きの揺動犂で耕起した後に移植する「中国型稲作」が，南部では長い犂轅のインド犂を2頭で引いて耕した後に散播する「インド型稲作」がおもであった．このようにインドシナの稲作は，インドと中国の双方に由来する技術を受け入れて成立していた．

　モンスーンの降雨には，たとえば「雨季の中休み」とよばれる降雨のない期間(ドライスペル)があり，それが移植前の時期と重なることが多いので，天水のみに依存する水稲作は不安定なものとなる．そこで不安定降雨の時間的・空間的な不均一分布を補完するために灌漑が必要となり，タイのチェンマイなど北部山間盆地では広い集水域を利用した井堰灌漑が発達した．

　メコン水系のタイ東北部とカンボジア，チャオプラヤー水系のタイ中部と上ビルマでは平原が広がる．それは，*Shorea obtusa*, *S. siamensis*, *Dipterocarpus tuberculatus*, *D. obtusifolius* などフタバガキ科の樹木を主とする疎林(乾燥フタバガキ林)と，そこに開かれた天水田の世界である．とりわけラオス南部とタイ東北部には，水田の中に立木が多くみられ「産米林」とよばれる．産米林では，漁労や食用の野草・野鳥・昆虫採集が行われ，立木からは樹脂や樹皮が採集された．*D. alatus* や *D. intricatus* からのフタバガキ油，*S. siamensis* からのダマール樹脂などである．農家はこのような自給的な在来稲作を営んでいた．

一方で，大陸部のメコン・チャオプラヤー・エーヤーワディーの三大デルタでは，世界市場向けのコメ商品生産が 19～20 世紀にかけてはじまり，1960 年代からの「緑の革命」によって稲作の商業化はさらに進んでいった．タイのチャオプラヤ川流域では，1957 年にプミポンダムが，1972 年にはシリキットダムが建設され，下流のデルタで洪水を防ぐとともに，乾季の水不足に対応できる水管理が可能となった．このことで高収量品種の導入が「デルタ区」でいち早く進んでいった．現在もタイはインドと並んで世界第 1 位のコメ輸出国(年間 1000 万 t)であり，ベトナムが第 3 位で，ミャンマー，カンボジアも主要な輸出国となっている．このように，大陸部は米の余剰生産とその輸出を特徴としていて，島嶼部とは対照的である．

(3) 焼畑と常畑　　東南アジア大陸部で広く行われてきた焼畑(swidden cultivation, shifting cultivation, slush and burn agriculture)は，雨緑林帯での陸稲 1 年作の焼畑である(口絵図 14)．一方，照葉樹林帯の焼畑にはさまざまな輪作様式がみられる．民族集団とその生業や環境利用の方法はけっして固定した関係ではないが，ここではラオス，タイ，ミャンマーの北部地域でのこれまでの傾向を把握しておこう．

ラオスでは，ラオスーン(高地のラオ)，ラオトゥン(中腹のラオ)，ラオルム(低地のラオ)に人々が区分される．実際の居住域は入り込んでいるが，あえて単純化すれば，高地のラオは山地常緑林帯での焼畑(かつてはケシ(*Papaver somniferum*)栽培)，山腹のラオは混交落葉林帯での陸稲焼畑と林産物採取，低地のラオは平地での水田水稲作を生業としている．

ラオスと同様に，タイ北部でも 1960 年代までは，おもに標高に沿って山地民の棲み分けがみられた．山地常緑林でのモンなどのケシ畑，山地常緑林から落葉混交林にかけたカレンなどの焼畑，そして低地タイ人の補完的焼畑である．それらを作付け期間と休閑期間の組合せからみると，①短期耕作長期休閑，②短期耕作短期休閑，③長期耕作・移動放棄の 3 つに区分できる．①は東南アジア大陸部で最も広く行われている焼畑である．陸稲を 1 年作付けして 10 年近く休閑する．堀棒を使って陸稲を点播するため地表面を荒らすこともなく，ま

たパイオニア樹種(先駆性樹種)に加えて切り株からの萌芽更新などにより二次林は十分に回復する。②は水田の初期開墾過程あるいは補完的焼畑である。竹林休閑となっているところが多い。③は1000m以上の山地林で暮らすモンの人々の焼畑で，最近までケシとトウモロコシを長期間作付けした後，放棄して新たな焼畑を拓いてきた。高地に暮らすモンは，新大陸起源のトウモロコシを主食にして，ケシ栽培を続けてきた。この長期耕作は，もともと中国から入ってきた常畑の技術とみるほうがよいかもしれない。

ミャンマー北部山地の農業には，モンスーンタウンヤ・草地タウンヤ・灌漑山地田の3つがある。モンスーンタウンヤでは，1年に限り耕作され，休閑期間は12～15年である。草地タウンヤでは，トウモロコシ・ソバ・アワ・コムギ・オオムギが輪作された後，草地休閑となる。

以上のラオス，タイ，ミャンマーの北部地域に共通してみられるように，モンスーン帯での焼畑は基本的に単年の作付けで終わる。1年間に用地選定，伐開，火入れ，播種，除草，獣害防除，収穫の作業が行われる。「選び，伐り，焼き，播き，育み，守り，刈る」という作業が，乾季と雨季の到来にあわせて来る年も来る年も繰り返されてきたのである。

(4) アグロフォレストリーと森林利用——休閑地の森林産物—— 東南アジア大陸部は，チーク(*Tectona grandis*)，ビルマカリン(*Pterocarpus macrocarpus*)やピンカド(*Xylia xylocarpa*)，さらに唐木のシタン(*Dalbergia cochinchinensis*)やタガヤサン(*Cassia siamea*)などの木材の産地である。チーク林はかつてタイの山間盆地周辺の山々を覆っていたが，19世紀後半からの商業伐採によりその大半が失われた。チークが多生する混交落葉林は，今ではミャンマーのバゴー山地など限られた場所でしか見ることができない。山地の山裾を利用するのは，山間盆地に住む低地タイの人々である。チェンマイやルアンプラバンでは，漆器，銀細工，製紙など盆地周辺の森林産物を使った工芸がさかんである。漆器にはビルマウルシ(*Melanorhoea usitata*)から採取される漆が，銀細工では彫金の型にラン(タイ語)(*Shorea siamensis*)の樹脂が，製紙にはカジノキ(*Broussonetia papyrifera*)が使われる。

東南アジア大陸部の人々は，森林産物の交易をとおして外部世界と結びついてきた。たとえば，昔日のラーンサーン王国からの輸出品でとりわけ重要だったのは，金とラックと安息香であった。それら森の産物は，アユタヤをはじめとする港市へ運ばれ，そこからさらにヨーロッパへと輸出されていた。産品の特徴は，保存がきき，運びやすくて値段のよいことであった。北ラオスでは，焼畑で自給自足し，森の産物で現金収入を補う生活が何世紀にもわたって続け

られてきたのである。

　雲南やアッサムにつながる東南アジア大陸山地は，チャの原産地でもある。タイやラオスの北部そしてミャンマーのシャン州では，ミアン(タイ語)・ラペソウ(ビルマ語)とよばれる嚙み茶が作られる。生葉を蒸して漬け込んだ茶の漬け物を嚙むのである。このミアン茶園では，山地林の高木を庇蔭樹としてその下にチャが植えられる。この茶園には，茶葉を蒸すための薪採取と嚙み茶出荷のための役牛の放牧林が組み合わされてきた。ここでは，牛の林内放牧が下草を抑制し乾期の野火の進入を防いだ。チャやジンコウの栽培は，二次遷移の最後の段階を模倣しているとも考えられる。雨緑林から照葉樹林帯へと広がる東南アジア大陸部山地は，さまざまな森林産物を生み出す焼畑の攪乱と遷移のパッチワークが山並みを彩る世界である。

4.2.3　変化と課題

　19世紀後半以降，植民地化(英領ビルマ・仏領インドシナ)と通商条約(ボウリング条約*)が契機となって，大陸部デルタの開拓が進み，大稲作地帯が出現した。第二次世界大戦後は，ベトナムでは戦争，ビルマでは社会主義体制の混乱によってコメ輸出は低下したが，一方でタイでは，冷戦下での食糧事情安定化を目的とした西側開発援助による技術導入や灌漑施設・道路基盤の整備もあって「緑の革命(green revolution)」が進んだ。デルタの水稲生産が増大したのみではなく，平原や山地においてもサトウキビ・キャッサバ・パラゴムなどの工芸作物産地，さらにキャベツなど高原野菜産地や果樹・コーヒー産地の形成もみられるようになった。近年では，飼料用トウモロコシ・ゴム・果樹など中国市場向け生産が急増している。21世紀に入って，近代化・グローバリゼーションの波が東南アジア大陸部山地のすみずみまでに及ぼうとしていて，山地部の焼畑民は市場経済化と森林保護政策の狭間で自給的焼畑からの脱却をせまられている。焼畑民のみならず，近年の経済成長と工業化・都市化の影響による脱農業化は，東南アジア大陸部で広く進展している。少子化問題さえもはや無関係ではなく，農業の省力化・機械化はこれからの課題となるだろう。

　モンスーンの雨に恵まれた「アジア稲作圏」の潜在力は高い。これまでこの地域の農業が育んできた多様性を活かしていくためにも，「農耕文化」の視点は今後ますます重要になってくるだろう。

コラム：バゴー山地のカレン焼畑耕作

ミャンマーのバゴー山地の落葉混交林では，カレンの人々が焼畑を営んできた（図4.2.1）。乾季にはいると焼畑地を選定するが，近くの水源林や薪炭採取地は使わない。また，尾根上は土が「熱い」ので避け，土が黒く「冷たい」ところを選ぶ。竹のタイワ（*Bambusa tulda*）の生えているところは比較的平らで粘土質なので焼畑に適しているという。よさそうな場所から一握りの土を持ち帰り，枕の下において眠る。よい夢を見ればよし，悪い兆しを見ると新たな候補地を探すことになる。「悪霊よ，去っておくれ。我らは食べ物のために，妻と子供たちを養うためにここで働きます。災いが起こりませぬように。」儀礼で唱えられるカレンの言葉だ。

図4.2.1　ミャンマーのバゴー山地カレン焼畑の伐開。*Bambusa polymorpha* や *B. tulda* は株立ちの竹である。いく本もの桿が束ねられたように生えている。それを外側から切ってゆく。

12月にはいると山は冷え込む。チークの大きな葉が夜露を集め，その滴がまるで雨のよう落ちて林床の乾いた落ち葉にあたり，ポンポンと音をたてる。寒季の1月中頃には伐採がはじまる。男の仕事である。山刀（やまがたな）で斜面の下から順に切り倒してゆく。太い木は地際で切らず，はしごのように竹を立てかけて足場にし，地上2mほどのところで切る。拓いた土地はそのまま乾燥させる。2月頃，野火の侵入を防ぐために落ち葉や枝を掃いて，周りに幅3mほどの防火帯をつくる。4月の水掛祭のころ，暑さは最高潮になる。火入れの時期だ。乾いた竹に火がつけられると遠く離れたところまで「爆竹」の音がとどろく。火入れの良し悪しは作柄に大きく影響する。燃え残りを集めて2～3日後に二度焼きを行う。

5月，南西モンスーンが雨を降らせ，乾いた土地はいっきに緑になる。「雨緑林」の名が実感できる時期である。雨季入りと同時に堀棒で穴を開け，陸稲の種籾を播く。堀棒は竹でできていて，地面をつくとポコポコと鳴る。鳴子付きの堀棒である。陸稲には，早生うるち・晩生うるち・中生もちの3種がある。主要な換金作物であるゴマ・トウガラシ・ワタの他，アワ・モロコシ・トウモロコシ・ジュズダマ・サトウキビ・インゲンマメ・キマメ・キャッサバ・コンニャク・キュウリ・ウリ・カボチャ・ナス・オクラ・トマト・ハイビスカス・タバコ・バナナなどや，観賞儀礼用のノゲイトウなどの花卉が作付けされる。作物を育む雨は雑草も茂らせる。除草は9月末までに3回行う大変な作業だ。9月までには周囲にショーニー（*Steroculia villosa*）の樹皮で柵を作る。陸稲を食害するイノシシや，トウガラシを食害するホエジカを防ぐためである。鹿威し（ししおど）には鳴子を使う。11月には早稲の収穫がはじまり，12月には晩稲の収穫も終わる。稲刈りの時期，焼畑には，お花畑のようにノゲイトウが咲きほこる。

4.3 南アジア

　南アジアは，ユーラシア大陸の一部をなすインド亜大陸とインド洋の島嶼部の総称である．その総面積は448万 km^{2}に及び，現在17億人を数える総人口は，2050年までに22億人を超えるといわれている．インド・ネパール・パキスタン・バングラデシュ・ブータン・スリランカ・モルディブを含む．

4.3.1 地域の概要

（1）地 形　地形はおおまかに，山岳，平原，高原，海岸平野，島嶼に分けられる（図4.3.1）．山岳地帯には，ヒマラヤ山脈からカラコルム山脈やヒンズークシ山脈に至る長大な山脈と，これらほどの標高はないが，東ガーツ山脈，西ガーツ山脈，アラバリ山脈などが含まれる．平原地帯は，ガンジス・ブラマプトラ河口デルタからヒンドスタン平原，パンジャブ平原，インダス河口デルタに至る弧状の広大な沖積平野である．高原地帯は，インド中部から南部を占めるデカン高原や山岳地帯の周辺である．海岸平野は，ベンガル湾およびアラビア海に注ぐ河川流域の堆積平野や河口デルタおよびエスチュアリー，潮流により運ばれた堆積砂の海岸低地である．島嶼地帯には，ラッカディヴ諸島やモルディブ諸島，アンダマン諸島やニコバル諸島が含まれる．なお，セイロン島

図4.3.1　南アジアの地形

(スリランカ)は，その大きさや気候・生態環境などからむしろ大陸部とあわせて扱うのが適当であろう．これら以外には，アラビア海に面する広大な汽水沼沢地であるカッチ湿地などがある．

(2) **気候と植生，土壌**　　ケッペンの気候区分で表すと，南アジアは砂漠気候(BWh)，ステップ気候(BSh)，温暖冬季少雨気候(Cwa)，サバンナ気候(Aw)，熱帯モンスーン気候(Am)，冷帯冬季少雨気候(Cwc)などに分けられる．インドでは，季節を4つに分けている．すなわち冬季(12月～2月)，夏季(3月～5月)，モンスーン季(6月～9月)，ポスト・モンスーン季(10月～11月)である．モンスーン季以外の季節を乾季とひとくくりによぶこともある．これらは，季節風と山岳地形の影響を受ける．6月～9月頃にかけてアラビア海から吹き込む南西季節風は，年間降水量の大部分をもたらす．特に湿った空気が斜面にぶつかる西ガーツ山脈の西側やセイロン島南部，ヒマラヤ山脈東部では，多量の降水がある．降雨は季節変動が大きく，降雨量の多寡や降雨分布，雨季の時期のずれにより干ばつや洪水がおこる．シベリア高気圧から北東季節風が吹き込む11月～5月頃にかけては，南アジアの大部分が乾季となる．なお，インドの南東岸では，北東季節風がベンガル湾を抜けるためこの時期にも降雨がみられる．これらの季節風の影響をあまり受けないインド西部・インダス川流域・パキスタン西部では年間をとおして乾燥し，夏季からモンスーン季にしばしば猛暑を記録する．

このような気候を反映し，大きく6つの植生帯がある．すなわち，インド洋岸および南アジア東部の**熱帯多雨林**，インド北中部から南部の**熱帯落葉樹林**，インダス川流域やデカン高原西部の**乾性落葉低木林**，パキスタン西部の**砂漠植生**，ベンガル湾北部沿岸の**マングローブ林**，山岳地帯の**山地森林帯**である．

南アジアに分布する主要な土壌には，米国農務省の土壌分類名に従えば，インセプティソル，アルフィソル，バーティソル，アルティソルおよびアリディソルなどがある(2章を参照)．

(3) **農業の概観**　　多様な気候や地形を反映し，さまざまな形態の農業がみられる．作季は，モンスーン季のカーリフ作(*kharif*)と冬季のラービー作(*rabi*)に大別される．前者はおもに雨水を利用し，後者では水路や井戸からの灌漑が行われる．カーリフ作の主要作物は，穀作物のイネ・トウモロコシ・ソルガム・トウジンビエ・シコクビエなど，豆類のラッカセイ・リョクトウ・ケツルアズキ・ダイズなど，工芸作物のワタ，油糧作物のヒマワリなどである．ラービー作では，コムギ・オオムギ・ヒヨコマメ・レンズマメ・ナタネ・ベニバナなどが栽培される．

食の多様性を反映し，季節や標高差による寒暖の違いを利用してさまざまな種類の野菜が栽培される。根菜類ではダイコン・ニンジン・サツマイモ・タロイモなど，果菜類ではトマト・ナス・オクラ・キュウリなど，花菜類ではカリフラワー・ブロッコリー，葉菜類ではキャベツ・ホウレンソウなど，茎菜類ではタマネギ・ジャガイモ・ニンニクなどがある。地域特有の食文化や伝統医療を背景に，香辛料作物の栽培もさかんであり，クローブ・コショウ・ナツメグ・シナモン・カルダモン・ウコン・トウガラシ・マスタードシード・クミン・コリアンダーなどがある。また，工芸作物のタバコ・サトウキビ，養蚕のためのクワ，繊維作物のワタやジュートなどがある。南アジアでみられる家畜には，ウシ・スイギュウ・ヤギ・ヒツジ・ロバ・ウマ・ブタ・ラクダ・ヤク・ニワトリなどがある。

4.3.2 農耕文化と生業

南アジアの農耕文化の特徴は，その幅広い気候や植生および長年にわたる人口動態と社会・文化の変遷を反映した栽培植物や有用植物の豊富さ，多様な生業や農耕様式および農耕技術群などにみることができる。また，必ずしも肥沃とはいえない土壌のもとで，多くの人口を支え続けてきたことも注目に値する。

(1) 農耕文化　南アジアの農耕文化は，東南アジアの**根栽農耕文化**，西南アジア・地中海地域の**地中海農耕文化**，アフリカのサバンナ農耕文化とのつながりのなかで形成され，多様な自然環境や社会・文化を背景とする複数の**生業複合**を内包している。南アジア北西部から西部では，西南アジアからもたらされた冬作穀類のムギ類（コムギ・オオムギ・エンバクなど）や飼料作物の耕作と家畜飼養（ウシ・ラクダ・ヤギ・ヒツジなど），集水技術や保水技術などを含む乾燥適応に優れた生業複合がみられる。モンスーンの影響を強く受ける大半の地域では，東アジア南部から伝播したイネ，中央アジアからのアワやキビ，アフリカからのソルガム・トウジンビエ・シコクビエ・ササゲなどが栽培され，これに小規模な家畜飼養が加わる。南アジアに起源したと考えられる作物には，種々のマメ類（キマメ・ケツルアズキ・リョクトウなど），雑穀類（リトルミレット・コドミレットなど），油料作物（セイヨウカラシナなど），香辛料作物（カルダモン・コショウなど）がある。

(2) 家畜を軸とする技術体系　南アジアの農業は，**耕種農業と家畜飼養**とが密接にかかわりあい形づくられている。人々の暮らしや農業の技術体系を描くには，家畜を中心におくと理解しやすい。農耕地の耕起（図4.3.2）や播種，除草，資材の運搬など多くの管理作業は，犂や耙（図4.3.3），播種器，除草具，

図4.3.2 反転犁による耕起作業

図4.3.3 耙(まぐわ)

荷車などを家畜がけん引して行われる。家畜糞は，堆厩肥や乾燥させて煮炊きの燃料となる。農耕地では青刈り飼料作物が栽培され，収穫後の作物残渣やサトウキビなどの葉をすいて飼料とすることもある。また，穀作物を条播することは，家畜が食べやすい細く柔らかい稈をつくるためともいわれている。ウシやスイギュウの乳は現金収入源や食材として人々の暮らしを支え，また，まとまった現金が必要な状況では家畜そのものを売却することができる。つまり，農業自体を支える人々の生計の安定化や暮らしの安全保障の役割を担う。

4.3.3 各地の作物や農法

(1) 北西部の乾燥地域　　タール砂漠周辺などの乾燥地では，オアシス農業や乾燥地農業がみられる。オアシス農業は，井戸水が得られる土地や地下水路で遠くの水源から水を導くことのできる土地で営まれ，ナツメヤシやカンキツ類，コムギやオオムギ，飼料作物などが栽培される。乾燥地農業(dry farming)は，乏しい降雨や季節河川(涸れ川)あるいは緩斜面の地表を流れる水を巧みに使い，穀作物や飼料作物を栽培する農業である。後述する半乾燥地での畑作を含め，灌漑農業と対置させ，天水農業(rainfed farming)とよぶこともある。集水技術には，涸れ川の流路や広い緩斜面にバンド(土堤や石堤)を設けて地表水をとらえたり，農耕地に小区画の畦畔を設けて雨水を土壌に浸透させるなどの方法がある。また，夏雨地域での農耕限界降水量(250〜300 mm程度)を下回る土地では，農耕地を粗く耕起することで雨水を浸透させ，後に毛管孔隙が断ち切られた状態を残しつつ土壌表面を砕土・鎮圧して土壌水の蒸発を抑制し，気温が低下し土壌水の蒸発が少なくなる冬季にコムギやオオムギなどが栽培される。

(2) **中西部からデカン高原にかけての半乾燥地域**　デカン高原とその周辺地域では，南アジアでみられるあらゆる作物が栽培される。作物栽培と小規模な家畜飼養が複合し，多様な農具を用いる農業が営まれている。農具やその部材は，いまでも村落の鍛冶師や大工が製作している。北西部の乾燥地域と同様に，不安定な降雨や干ばつなどが頻繁におこる半乾燥地に適応した農法やさまざまな技術がある。土壌侵食を抑制し，痩せた土地を少しでも活用するための小規模なテラスや積み石も随所にみられる。内陸の小河川沿いに数珠状に造られたため池や掘り抜き井戸あるいはパイプ井戸からの地下水による灌漑もさかんである。わずかではあるが伝統的な井戸(図4.3.4)も残っている。

図4.3.4　伝統的井戸からの水の汲み上げ

(3) **沖積平野や河口デルタの湿潤地域**　大小の河川流域の沖積平野や河口デルタでは，水と養分に富む土壌に恵まれ，イネ・トウモロコシ・サトウキビ・ワタなどが栽培される。特にガンジス河流域は世界有数のコメ産地であり，最も人口密度の高い地域のひとつである。水掛かりの良くない土地では，雨季の天水農業や河川水や地下水を利用した乾季の灌漑農業が行われている。インド洋沿岸部の河口デルタや海岸平野の湿潤地の稲作は，雨季前半に栽培されるアウス稲(Aus)，雨季後半のアマン稲(Aman)，乾季のボロ稲(Boro)に大別され，品種の数も大変多い。

(4) **丘陵地や山間地の冷涼な地域**　インド亜大陸の南部やセイロン島南部の丘陵地，ヒマラヤ山脈の山麓部では，冷涼な気候と降水に恵まれ，コーヒーやチャ，多年生や樹木性の香辛料作物(クローブ・カルダモン・シナモン・コショウ・ナツメグなど)が栽培され，世界有数の産地となっている。口絵図15は，西ガーツ山脈南部の香辛料栽培の風景であるが，枝打ちした天然樹木の幹にコショウをはわせ，林床を覆うようにカルダモンが栽培されている。これは，土壌侵食を抑制し，森林植生の多様性を維持しながら，人々の暮らしを支える保全的な農業の一例である。

4.3.4 社会経済状況の変化と問題点

南アジアの農業を大きく脅かす可能性のある問題として，乾燥地や半乾燥地での塩類化，砂漠化（土地荒廃），海岸浸食，地下水の枯渇などがある。ここでは，これら以外の見過ごされがちな問題を指摘しておこう。

ひとつは，人口流動にともなう農業の空洞化である。高人口地域として知られる南アジアは，人口圧による資源や生態環境の劣化が問題視されがちである。ところが，中東や東南アジア，国内の都市部への出稼ぎや移住にともなう人口流出を背景に，農山漁村での過疎化や生業の衰退が進行していることは意外に知られていない。また，農地を入手した富裕層（不在地主）による収奪的な土地利用も起こっている。もうひとつは，南アジアの風土と人々が育み，高人口地域での持続的な農業を可能にしてきた在来知の消失である。経済発展や生活様式の変化が進むなか，さまざまな生業体系や在来知，在来技術，そして在来品種が，急速に変容し消失しつつある。

コラム：なぜ土を耕すのか

農作業は，土とのかかわりが大部分を占める。「土を耕すこと」についてあらためて考えてみよう。たとえば，デカン高原のモンスーン季の畑作では，家畜が引く農具により耕起（2回），砕土（1〜2回），播種，覆土・鎮圧（1回），除草耕・中耕（4〜6回）などが行われる。この頻繁な土壌表層の撹乱にはいくつかの多面的な効果がある。すなわち，①物理性の改善：固く締まった土壌を柔らかくし，適度な隙間をつくり，根の伸長を助け，水や空気の通りを良くし，土壌水分を保ちやすくする。②予防的除草：土壌表層の撹乱を繰り返すと，埋もれている雑草の種子（埋土種子）が日光にさらされ発芽し，再び土壌に埋められ枯死する。③有機物の分解促進：堆厩肥や前年の作物残渣，埋め戻した雑草などは，土壌撹乱にともなう乾湿の繰り返しにより分解が促される。④土マルチ：土壌表層の撹乱でできた土塊は，土壌水の蒸発や土壌侵食を抑制する効果をもつ。

4.4 アフリカ

熱帯アジアや熱帯アメリカに比べ，アフリカの農業のおかれた状況は厳しいといえる。土壌や気象といった自然環境にくわえ，経済や社会環境も発展の足かせとなってきた。本節では，アフリカ農業をとりまく現状を理解し，その厳しい環境のなかで培われてきた伝統的農業を学び，人口問題や農業生産の課題を考える。

4.4.1 アフリカにおける農業の現状

サハラ以南のアフリカ(以下,アフリカ)においては,農業はGDP(総国内総生産)の約15%を占め,労働人口の50%以上が農業部門に就労している。農業はアフリカの重要な産業である。一方でアフリカは,栄養不足の人口の割合が世界で最も高く,4人に1人が栄養不足の状態にあるとされている。食料増産の必要性がきわめて高い地域でもある。

アフリカにおける穀類の生産量は1961年の3800万tから2016年には1億4800万tに増加したが,この間に人口は2億人から10億4千万人に増えた。そのため,一人当たりの穀類生産量は191 kgから143 kgに低下した。また,一人当たりの耕地面積も減少している。そうしたなかで,人口に応じた生産の増大を図るには,単位面積当たりの生産の拡大が必要である。アジアおよびラテンアメリカにおける穀類の単収は,「緑の革命」によって飛躍的に増加し,2016年時点でそれぞれ4.1 t/haおよび4.2 t/haに達しているが,アフリカでは1.4 t/haと低いままである。

2015年のアフリカにおける耕地の灌漑率は3.9%であり,アジアの47.5%,ラテンアメリカの13.9%と比べ,非常に低い。アフリカの大多数の農家は小規模であり,降雨に依存した天水農業を営んでいる。しかし,降雨は不安定である。干ばつや洪水などの災害により,作物や家畜の損失が頻繁に発生している。また,農業の機械化はあまり進んでいない。農家の多くは一般に,農業における投資の余力に乏しく,低投入による自給的な農業を営んでいる。たとえば,アフリカにおける肥料の平均投入量は2014年に16.0 kg/haであり,熱帯アジアの158.5 kg/ha,ラテンアメリカの128.0 kg/haなどと比べ極端に少ない。このような現状では,収穫物の加工調製,貯蔵,運搬,出荷などに必要な各種の設備や施設を自力で整備することは難しく,アフリカにおける農業・農村の発展を妨げる一因となっている。

アフリカでは,農業インフラの整備が不十分であるがゆえに農産物や農業資材の輸送に必要以上のコストがかかることも,農業開発を阻害する大きな要因となっている。流通システムは未整備でマーケットの機能は不十分である。アフリカで生産された農作物の多くは付加価値の低いまま安価に輸出される一方,付加価値の高い農作物は海外から輸入されている。

4.4.2 アフリカの耕地——アフリカ大陸は広大か?

FAOのデータによると,アフリカの陸地面積は29億6500万haである。表4.4.1は,アフリカ大陸を5地域に区分してそれぞれにおける農地面積の割合

4.4 アフリカ

表4.4.1 アフリカ大陸における農地と可耕地，灌漑農地およびその割合(単位：100万ha)

	陸地面積(%)	農地(%)	灌漑農地(%)	可耕地(%)	森林(%)
北アフリカ	838(100)	174(20.8)	9.3(1.1)	43(5.1)	29(3.5)
東アフリカ	606(100)	341(56.3)	3.3(0.5)	66(10.9)	199(32.8)
中部アフリカ	650(100)	166(25.5)	0.2(0.0)	26(4.0)	304(46.8)
西アフリカ	606(100)	285(47.0)	1.3(0.2)	85(14.0)	68(11.2)
南部アフリカ	265(100)	165(62.3)	1.7(0.6)	14(5.3)	27(10.2)
合計	2965(100)	1131(38.1)	15.8(0.5)	234(7.9)	627(21.1)

(データ：FAOSTAT(2014年))

を示している。北アフリカが20.8%，東アフリカは56.3%，中部アフリカは25.5%，西アフリカは47.0%，南部アフリカは62.3%となっている。大陸全体では2014年時点で，4割ほどの土地が農地である。

われわれは，アフリカは広い大陸だというイメージをもっているが，サハラ砂漠やナミブ砂漠のように農業の困難な地域も多く存在するため，将来，耕すことのできる可耕地の面積はそれほど広くない。最も高い割合を示す西アフリカでも可耕地は14%ほどである。中部アフリカや南部アフリカでは，わずか5%ほどの土地が可耕地だと考えられている。実際には各地域において森林が伐り開かれ，農地に転換されているのが現状である。

北アフリカと西アフリカには世界最大のサハラ砂漠が広がっており，その周囲では乾燥が農業の制約条件となっている。降水量が少ない地域の面積の比率がほかの熱帯地域に比べてアフリカは高く，砂漠では農地の造成は難しい。そこではわずかな植物を求め，雨季のあいだ牧畜民がラクダを中心とする遊牧生活を営んでいる。灌漑農地の面積が最も大きいのは北アフリカであるが，それでも陸地面積に占める割合は1%にすぎず，大陸全体では0.5%の土地が灌漑されているにすぎない。現在でも，アフリカでは農地の大部分が天水依存である。

一方，中部アフリカや東アフリカでは森林面積の割合が高く，それぞれの割合は46.8%と32.8%である。中部アフリカのコンゴ盆地には熱帯雨林が広がっており，降水量に恵まれていることもあって，灌漑農地の面積が非常に小さいという特徴がある。両地域における森林の存在を農地に転換できる食料増産の資源とみるのか，あるいは，熱帯雨林を保全しつつ，開発をどう進めていくのかは重要な課題である。

4.4.3 アフリカの伝統的生業

アフリカの伝統的生業は，気候や地形，土壌といった自然条件に適応するかたちで行われてきた（図4.4.1）。アフリカ大地溝帯（Great Rift Valley）の周辺や河口域を除き，アフリカでは長い地質時代をかけて形成された古い土壌が多く，ほかの熱帯地域に比べ，農業に恵まれた土壌ではけっしてない。人々は，自分たちのもちうる資材と道具で農業に従事してきた。

コンゴ盆地を中心とする熱帯雨林や，アンゴラからザンビア，タンザニア南部，マラウィ，モザン

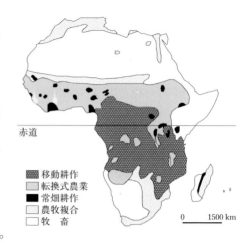

図4.4.1 アフリカ大陸における伝統的な生業（Griffiths, I. Ll. 1990. The atlas of African affairs, revised edition. Witwatersrand University Press. をもとに作成）

ビークにかけた地域に広がるマメ科ジャケツイバラ亜科のミオンボ林（Miombo woodland）では，焼畑による移動耕作が営まれている。熱帯雨林では，一次林の大木を伐り倒すよりも，開墾が容易な二次林が選択的に開墾され，プランテインやキャッサバなどが栽培される。ミオンボ林には，砂質の貧栄養土壌が卓越し，養分を作物に供給するための焼畑農耕やマウンド農耕など，さまざまな民族が独自の農耕システムをもち，それが多様な民族文化を形成してきた。ミオンボ林帯には吸血性の昆虫ツェツェバエが生息し，この昆虫が媒介する寄生性原虫トリパノソーマによる「眠り病」（sleeping sickness）のためウシは飼育されなかった。

地中海やサヘル地域，南部アフリカの一部の地域には，農業と牧畜を組み合わせた農牧複合がみられる。地中海沿岸では，温暖湿潤な冬に平地では小麦や大麦が栽培され，収穫後にはヤギやヒツジが放たれる。また，サヘル地域では農耕民が6月から9月までの短い雨季にトウジンビエを栽培し，収穫後にはフルベやトゥアレグの牧畜民による刈り跡放牧が行われる。畑に落とされる家畜糞は，次年度の養分となる。

自然条件に恵まれた地域では，常畑によって作物が栽培されてきた。大地溝帯では火山活動や地殻変動により新鮮な土壌が卓越する地域があり，ルワンダやブルンジ，そしてウガンダの南西部ではバナナと，トウモロコシなどの一年生作物を組み合わせた常畑がみられる。また，マダガスカルの中央高地では水

田耕作がみられる。ナイル川やニジェール川の河口付近では，洪水によって養分が供給されることもあり，農業生産性の高い地域がみられる。これらの常畑地域では人口密度が高い。しかし，ナイル川河口域ではアスワンハイダム建設によって堆積物が供給されなかったり，あるいは，ニジェール川河口で原油の掘削による生活環境の破壊が問題となっている。

半乾燥地域では，牧畜民が居住している。サヘル地域では牧畜民のフルベがウシやヤギ，ヒツジを中心とする家畜群を率いて遊動生活を営んでいる。牧畜民のなかには，1970年代や1980年代の干ばつによって家畜を失ったのち，農村に定着し，農耕民の家畜を世話して生計を立てている者も多い。また，アフリカの角とよばれるソマリアやエチオピア，ジブチでは，ソマリやアファールなどの牧畜民がラクダやヤギ，ヒツジを中心とする家畜群を放牧している。サヘルやアフリカの角の両地域では，人間活動に起因した土地荒廃，つまり砂漠化のほか，干ばつが深刻な問題となっている。

アフリカにおける伝統的な農業は，自然条件に適応するかたちで営まれてきた。各世帯が小規模な農地ながらも自分たちの生活に必要なものは自分たちで生産するという自給指向性をもっていたといえる。生活に見合った量を生産し，環境に対する負荷は高くなかった。しかし，人口増加や定住化，土地不足，焼畑地域における森林の縮小，村落社会への現金経済の流入，国家の農業政策やと土地政策などによって強い圧力にさらされ，激しい社会変容がみられる。

4.4.4 ユニークな農耕文化：西アフリカとエチオピア

中尾佐助は『栽培植物と農耕の起源』のなかで，サハラ以南アフリカの農業を**サバンナ農耕文化**とみなし，ニジェール川センターとエチオピアセンターという名称をつけた。西アフリカのニジェール川中流に広がる大湾曲部ではトウジンビエやフォニオ，北東アフリカのエチオピアではテフやシコクビエといった小さな穀粒をつける雑穀が栽培化された。サバンナ農耕文化はアフリカとアジアにまたがるサバンナ帯に広がり，作物群が東西に長く伝播し，アフリカとアジアとの広大な地帯で発展したと考えられている。また，ニジェール川センターではササゲやバンバラマメ，エチオピアではシカクマメやレンズマメなど，多種のマメ類が栽培されている。

西アフリカでは**熱帯収束帯**（図1.1.2参照）の北上にともなって降雨があり，ギニア湾岸から北に向かうに従って降雨が減少し，乾燥が強まる。ギニア湾岸ではプランテインやアメリカサトイモ，陸稲が栽培され，北上するに従ってトウモロコシやキャッサバ，モロコシ（ソルガム），そしてトウジンビエへと変化

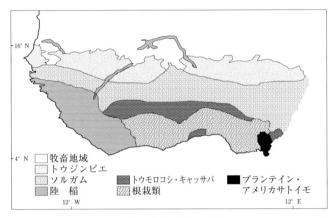

図 4.4.2　西アフリカにおける主要作物の栽培地域(Morgan, W.B. and J.C. Pugh 1969. West Africa. Methuen & Co. Ltd. をもとに作成)

し，乾燥が強まると作物栽培はできず，**農耕限界**を越えて，最終的に牧畜地域となる(図 4.4.2)。

　プランテインやアメリカサトイモが栽培されるギニア湾岸では熱帯雨林で焼畑が行われてきたが，近年ではアブラヤシやゴム，バナナのプランテーションがみられる。トウモロコシやキャッサバの栽培地域ではカカオが換金用に栽培されている。ガーナやコートジボワールのカカオは企業による大規模プランテーションで栽培されていると誤解されることもあるが，植え付けから収穫を開始するまでに長い時間が必要であること，庇蔭や除草などの手間がかかり，初期投資が大きいため企業栽培には不向きで，小規模農家がトウモロコシやキャッサバといった自給作物の生産と組み合わせることでカカオを栽培してきた。

　ソルガムやトウジンビエの栽培地域では，休閑を組み合わせた**転換式農業**が行われてきた。しかし，人口増加により一人当たりの所有面積が縮小し，農地を十分に休ませることができずに常畑化ししつつある。しかし，連作が常態化することで *Striga* 属の寄生植物が繁茂し，ソルガムやトウジンビエの収量が低下する深刻な問題が発生している(口絵図 16)。

　エチオピアでは，標高 500〜2300 m の地域にテフが栽培されている。エチオピア原産のテフは発酵させインジェラに料理されるが，テフにはコムギに含まれるタンパク質グルテンが含まれないため健康食品として有名になっている。テフの国際価格が上昇したため，エチオピア政府は国内価格の上昇を抑え安定供給を図るためテフの輸出を禁じている。また，エチオピアには偽バナナともよばれるエンセーテが栽培されており，偽茎に蓄えられるデンプンを発酵させ，

食用に供されている。

4.4.5 人口増加と農業生産の課題

アフリカ諸国には，じつは穀物の輸入国が多い．近年，パンやコメの消費量が増加し，トウモロコシやコメ，コムギの輸入が急増している．1970年と比較すると，2010年のコメの輸入量は12倍，トウモロコシは21倍，コムギは11倍に拡大している(表4.4.2)．FAOの食料貿易統計があるアフリカ45カ国はすべて，2013年にコメを輸入している．特にナイジェリア(220万t)やセネガル(112万t)，ベナンおよびコートジボワール(ともに89万t)といった西アフリカ諸国と南アフリカ共和国(131万t)の輸入量が非常に多い．タンザニアやウガンダなどのように，内陸低湿地を利用したコメの生産が急増している国もある．ウガンダでは，日本政府の援助によってNERICA*品種(New Rice for Africa)の普及とコメの増産をめざしている(5.2.2項参照)．

表4.4.2 アフリカにおける主要穀物の輸入量(単位：万t)

	1970年	1980年	1990年	2000年	2010年
コメ	75.2 (100)	243.9 (324)	313.4 (417)	499.0 (664)	906.8 (1206)
トウモロコシ	65.5 (100)	293.7 (448)	455.0 (695)	974.8 (1488)	1375.6 (2100)
コムギ	330.8 (100)	1174.6 (355)	1447.2 (437)	2409.5 (728)	3819.0 (1154)

括弧内の数字は1970年を100としたときの各年の指数．
(データ：FAOSTAT(2014年))

2015年のアフリカの総人口は12億人であるが，国連の人口予測によると，2050年には25億人，2100年には45億人に増加する．西アフリカのニジェールのように年率の人口増加率が4.0%で，20年ごとに人口が2倍になる国もある．アフリカにおける一人当たりの農業生産額の伸び率は，ほかの地域に比較しても非常に低い状態にある(図4.4.3)．その原因として人口増加率の高さとともに，化学肥料の使用量の少なさが指摘される．

アフリカ諸国では，少数の大企業や外国人による大規模生産と大多数のアフリカ人小規模農家による零細農業に二極化しているのが現状である．トウモロコシやコムギといった穀物や牛肉，鶏肉などを市場むけに大規模生産を展開するのはアグリビジネス企業である．代表的な企業としてザンビアのZAMBEEFやタンザニアのBakhresa Groupなどがあり，周辺諸国にも進出し農業生産を

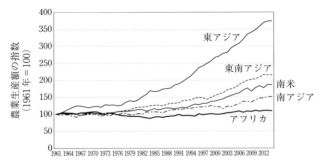

図 4.4.3　アフリカとアジア，南米における農業生産額の推移
（データ：FAOSTAT, 2014 年）

けん引している。大規模農場の建設は，ときに住民から土地を収奪するランドグラブ(land grab)の問題を引き起こすこともある。

　西アフリカのサヘル地域やウガンダ，ルワンダ，ブルンジなど人口密度が高い地域では，相続により所有面積が縮小しており，近年，各地で発生する降水量の大きな変動もあり，食料の自給がままならない農村地域も増えている。サヘル地域では貧困や飢餓の問題がテロリズムによる政情不安やヨーロッパへの移民問題の一因となっており，食料問題の解決は喫緊の課題となっている。また，南部アフリカの遠隔地では人口がもとより希薄で，初等・中等教育の普及もあって男性労働力や若者たちが都市へ出てゆく結果，日本でみられるような過疎化や高齢化の進行する農村地域も存在する。アフリカの農業は地域によってそのあり方は多様であるが，地域や農村の論理を理解したうえで，研究成果の蓄積と発信，そして農村社会に貢献することが切に求められている。

4.5　中・南米

　中・南米は，北米と南米をつなぐ回廊である中米，カリブ海島嶼諸国，南米大陸からなる。メキシコは地理的には北米であるが，国土の多くが熱帯に属しラテンアメリカと共通性をもつ。南米大陸はユーラシア，アフリカ，北米に続く面積をもつ。ここでは，中・南米の自然と農耕文化が成立した環境，ラテンアメリカ原産の作物にみられる地域農業の特徴を解説する。

4.5.1　中・南米の自然環境
（1）地形の特徴　　中・南米の地形はその成り立ちから，新期造山帯と安定陸塊に大別できる。新期造山帯はメキシコ高原から中央アメリカの山地を経て，

4.5 中・南米

アンデス山脈に至る環太平洋造山帯の一部と，カリブ海地域の西インド諸島からなる。アンデス山脈は北緯10度～南緯50度まで南北7500 kmにわたる世界最大の褶曲山脈である。アンデス山脈以外は，ギアナ高地・ブラジル高原などゆるやかな高原・台地とオリノコ川・アマゾン川・ラプラタ川などの大河川の流域に広がる平野の安定陸塊である。中米では一部に平野もみられるが，一般的に山岳地帯が多い。カリブ海地域は平坦な島もあれば山稜をいだく島もある。南米は西端のアンデス山脈以外は比較的平坦な土地が広がる。

(2) **気候と植生** 広い面積の多くが熱帯，亜熱帯に属するが，高地は標高に応じた気温であり，全体的には湿潤な気候が主となる。アマゾンや中米の多くは熱帯雨林地帯に属し，周辺のブラジル高原のセラード(cerrado)，アルゼンチンのパンパ(pampa)，コロンビアとベネズエラのリャノ(llanos)などにはサバンナ気候が広がっているが，比較的雨量は多い。やや乾燥しているステップ気候がメキシコ北部・ブラジル東北部・アルゼンチン西部に広がり，砂漠気候がメキシコ高原中央・カリフォルニア半島・ペルーの海岸部・チリ北部のアタカマ砂漠などにある。

(3) **土 壌** 熱帯地域が広く，比較的多雨な気候から，古くからの安定陸塊の台地は風化にさらされて塩基類の溶脱が進み，オキシソル地帯であるセラードやリャノにみられるような脊薄(せきはく)で酸性の土壌が多い。ただし，中生代末期にブラジル南部・パラグアイ・アルゼンチン北部にまたがるパラナ盆地からブラジル高原南部に玄武岩質溶岩の大規模な流出があり，その地域の土壌は肥沃なテラローシャ(赤紫色の土)として知られている。アンデス山脈の山地自身の肥沃度は土壌侵食により低いが，土砂が堆積してできた山脈の間の谷間や裾野には肥沃な土壌が広がる。ラプラタ川流域のパンパは，温帯・亜熱帯の温暖な気候のもと，季節的冠水や有機物蓄積により世界有数の肥沃度の高い土壌である。

4.5.2 新大陸起源の農作物と食文化

トウモロコシは中米原産であり，野生のテオシントから栽培化と育種を重ねてきた。中・南米全般に温暖で雨の十分なところで栽培される。古くはインカ帝国ではチチャという酒の原料として文化的・政治的に重要であった。現在世界的には飼料目的の生産が多いが，中・南米では歴史的にも食料としても重要で，トルティーヤなどのメキシコ料理が有名である。コロンビアやベネズエラなどでは，アレパとして粉を平たいケーキ状に焼いたものを食する(6.2.1項参照)。

ジャガイモは，ペルー・ボリビア・エクアドル等のアンデス地域で栽培化された。コロンブスによるアメリカ大陸の発見で16世紀に旧世界にもたらされ，17世紀以降ヨーロッパ全土に広がり，冷涼な地での飢餓の軽減に大きく貢献した。ペルーでは山岳地帯の人々の生活に多様なジャガイモ品種が重要な役割を占めている。また冷涼な高地では，夜間の低温による凍結と昼間の温暖さを利用して，ジャガイモの凍結と融解を繰り返しつつ乾燥させてチューニョを作り，重要な保存食となっている。

アンデスの山岳地帯では，標高4000m以上でリャマやアルパカなどのアンデス特産の家畜の放牧，3000〜4200mでの高度に応じた多様な品種のジャガイモ，3000m以下の温暖地でのトウモロコシ栽培など，その高度差を利用して移動農業を営んでいる。またほかにも，重要な根菜類であるオカ(*Oxalis tuberosa*)，ウリュコ(オユコ)(*Ullucus tuberosus*)，マシュア(*Tropaeolum tuberosum*)，ヤーコン(*Smallanthus sonchifolium*)，アラカチャ(*Arracacia xanthorrhiza*)，アチラ(*Canna edulis*)などが利用される。

4.5.3　中・南米の農業と牧畜

中・南米の農業は，先住民によって栽培化された主要な基幹作物に加え，多様な環境に適した多くの貴重な遺伝資源を用いた多彩な農業産物に恵まれている。上記の自然条件から，平坦な土地と降雨に比較的恵まれているため生産ポテンシャルも高く，大規模農業が展開され，世界の食料供給基地となっている。中・南米，カリブ海地域における農産物の金額ベースの産出量は表4.5.1のとおりで，ダイズが首位で，畜産物が重要な役割を占めることが特徴である。中・南米原産のトウモロコシ，トマト，ジャガイモなども重要である。

(1) **ブラジル・セラードのダイズ生産**　中・南米の農業で圧倒的な存在感を示すのが，1970年代以降に急成長をしたブラジル・セラード地域でのダイズ生産である。セラードはアマゾン熱帯雨林の南東に位置している内陸部高原であり，面積約2.7億ha(日本の国土の5.5倍)と広大であるが，1970年代半ばまではイネ科草本に灌木が混じるのみで，年間800〜2000mmの降雨があるものの農業に不適な土地とみなされ，粗放な放牧などに利用されるのみであった。しかし，1950年前後にその低肥沃度の原因が土壌の強酸性にあることが発見されてから，炭酸カルシウム施用による酸性矯正と施肥によって生産性が格段に向上し，一大農業生産地へと変貌した(11.2.2項参照)。

ブラジルにおけるダイズは，1960年代に小麦の裏作としてブラジル南部に導入されたものであるが，その後，熱帯気候向けに品種改良がなされ，その成

4.5 中・南米

表 4.5.1 中・南米, カリブ海地域における産出額からみて重要な農業産物とその産出量での上位3カ国

品目	産出量(金額ベース)(100万米ドル)	産出量での上位3カ国
ダイズ	60,780	ブラジル, アルゼンチン, パラグアイ
鶏肉	59,021	ブラジル, メキシコ, アルゼンチン
牛肉	48,512	ブラジル, アルゼンチン, メキシコ
牛乳	38,767	ブラジル, メキシコ, アルゼンチン
トウモロコシ	31,532	ブラジル, アルゼンチン, メキシコ
サトウキビ	30,025	ブラジル, メキシコ, コロンビア
鶏卵	17,293	メキシコ, ブラジル, アルゼンチン
豚肉	14,017	ブラジル, メキシコ, チリ
コーヒー	12,100	ブラジル, コロンビア, ホンデュラス
トマト	9,958	ブラジル, メキシコ, チリ
コメ	9,758	ブラジル, ペルー, コロンビア
バナナ	9,495	ブラジル, エクアドル, グアテマラ
ジャガイモ	9,285	ペルー, ブラジル, コロンビア

(出典:FAOSTAT, 2014年のデータ)

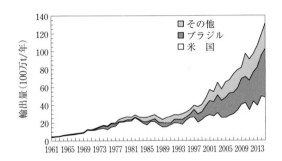

図 4.5.1 ブラジル, 米国と世界のダイズ輸出量の変化(FAOSTAT, 2015年)

功によってセラードの主力作物となった。セラードでのダイズ生産の急増はブラジル全体の生産を押し上げ, 1960~70年代半ばまで世界のダイズ輸出市場において米国が80%以上を占めていたが, 現在はブラジルが米国に拮抗して両国で全輸出量の80%を占めるようになった(図4.5.1)。

(2) サトウキビ生産　ブラジルは世界のサトウキビ生産量の39%を占めており, 第2位のインド(19%)を大きく引き離している(2014年)。中・南米ではその他, メキシコ, コロンビアなどで生産量が多い。ブラジルではサンパウロ州のみで全国の生産量の60%を占め, それ以外は中南部の州および北東ブラジルが産地である。サトウキビは光合成産物をショ糖として茎に蓄積するだ

けなので生産効率が非常に高く，搾汁液をそのまま発酵させることで，効率の良いエタノール生産ができる。さらに通常のエタノール製造では，発酵によって得たエタノールの濃度を蒸留で上げる工程のエネルギー消費によって生産効率を下げてしまっている。しかしブラジルでは，絞りかすから有用な成分を十分に抽出した後に蒸留ボイラーの熱源とすることによって，全体としてのエネルギー効率を高めている。ブラジルでは1970年代からサトウキビ由来のエタノールが燃料として利用され，最近ではフレックス車の普及により国内需要が急速に拡大している。バイオエタノールとしての需要の動向がブラジルのサトウキビの砂糖としての利用，世界の需給にまで大きく影響している。

(3) 中・南米の稲作　　コメの90％以上はアジアで生産されているが，ここ数十年間の生産量の伸びはラテンアメリカやアフリカで大きい。一人当たりのコメ消費量もそれらの地域で大きく増加している。ラテンアメリカでの近年のコメ供給量の増大とそれにともなう主食の価格低下は，これらの地域の住民，特に都市貧困層の貧困軽減に役立ってきた。ラテンアメリカの稲作は多様である。ブラジルのセラードにおける大規模な陸稲栽培から，ボリビア・コロンビア・中央アメリカ等での傾斜地における稲作，またブラジル南部やウルグアイにおける先進的な大規模機械化稲作などがある。生産量からいえば，最も重要なのは59％を産出している灌漑水田稲作である。

　中・南米の水稲の灌漑方法は，アジアとは異なり，米国ミシシッピー流域などで開発されてきた「等高線畝間断灌漑方式」が主流である。大規模なウルグアイの稲作などでは，美しい等高線が圃場に線を描いている様子が景観となっている。この方式は，まずレーザー水準器を用いて圃場内に10～15 cm程度の高度差がつくように等高線をマーキングする(図4.5.2a)。続いて，タイパとよばれる中央が細くなっている金属製のローラをそのマーカーに沿ってトラクターがけん引し，等高線上に畝を作っていく(図4.5.2b)。次に播種は，大型ドリル播種機を用いて乾田直播を行うが(図4.5.2c)，降雨後で大型機械が圃場には入れない場合は手作業や飛行機等で散播を行う。播種後，圃場の上部から灌漑水を導入する(図4.5.2d)。部分的に畝を壊して水が次の区画に行きやすいようにする。灌漑は通常半日から1日かけて行い，水が圃場下部まで達したときに停止し，再度土壌が乾燥してから灌水を行うということを繰り返す。その間隔は圃場の保水性にもよるが3～7日程度である。出芽およびその後の生育は畝部とその間の水が停滞する部分でほぼ同様に進み(図4.5.2e)，生育が進むと畝の影響がみえない均一な生育となる(図4.5.2f)。大型コンバインを用いて行う収穫の際に，踏圧によって畝はほぼ平らになってしまうため，次の作付けは

図4.5.2　等高線畝灌漑システム。a.レーザー水準器を用いた等高線のマーキング，b.タイパによる等高線に沿った畝の作成，c.ドリル播種機による乾田直播，d.灌漑の開始，e.成長のようす，f.開花期の水田。

再び圃場の耕起からはじめる。

　ラテンアメリカの多くの国では稲作は比較的新しく，経済原則に基づいており，国からの補助も少ない。また借地での稲作が多く，水田均平化の基盤整備ができていないことなどが，毎年畝をつくる理由である。さらに大型機械化に適している，ダイズ・トウモロコシなどの畑作や草地との輪作に適しているなどの利点もある。しかしながら掛け流しのため水および肥料の利用効率が低いことが最大の問題である。ペルーなどでは，アジア的な人力による移植栽培なども行われており，今後，日本の移植機などの導入の可能性もある。

4.5.4　農業の今後の課題と環境保全
（1）アマゾンの熱帯雨林の保護と開発　　アマゾンの熱帯雨林は全面で一様に開発が進んでいるわけではなく，フォーレストマージン（森林縁地）とよばれるように，主要河川や新たに開発されたアマゾン横断道路などの人のアクセスが可能な場所から侵食するように森林から農牧地への転換が進んできた（口絵

図17)。ブラジル政府は，都会の貧困層などを対象にアマゾン地域への60〜100 ha単位の小規模入植を進めてきたが，その際一定の土地面積で原生林を保護することを義務づけた。しかし，入植がうまくいかず土地を手放すことも多く，大企業が土地をまとめて購入して大規模にダイズなどの企業的栽培を行うことになりやすい。集約的に同一作物の連年栽培などを行うため，土壌侵食・土地劣化が進み，やがては農地を放棄したり，粗放な放牧に転換したりする場合も多い。経済的に成立する持続的な農業の継続が，これらの地域において健全な森林保護と開発のバランスをとって進めていくための鍵である。

　また，アマゾンの開発に日系農業者が大きな役割を果たしてきた。初期に大規模な入植を行った例として，トメアス入植地がある。アマゾン開口部，パラー州の州都ベレンから南へ約230 km離れたところにあり，同国北部の入植地としては最も古い。当初はカカオ栽培として入植が行われたが，戦後にコショウが一大ブームとなった。しかしフザリウム菌(*Fusarium*)による胴枯病が1960年頃から蔓延し，1970年代初めまでにコショウは壊滅的な被害を受けた。1970〜80年代にトメアスの日本人らが持続的な栽培法の研究をはじめ，樹木と作物を組み合わせるアグロフォレストリーを導入し成功を収めた。トメアスのアグロフォレストリーは遷移型に分類され，焼畑後，まずはイネ・葉菜類・スイカなどの短期作物を植え，次にカカオ・アサイー(*Euterpe oleracea*)などの中期樹種，そして高木樹としてマホガニー(mahogany)，クラブウッド(andiroba)などを組み合わせるかたちをとる。この遷移型アグロフォレストリーの方法は，持続的な体系としてブラジルのみならず中南米・アフリカなどへの技術移転が進みつつある。

コラム：「換金作物の栽培」（コーヒーと果樹）

　中・南米の農業を考えるときにコーヒーを欠かすことはできない。中・南米では，第1位のブラジルで世界の32%を，第3位のコロンビアで8%を生産している。ブラジルではコーヒー栽培は18世紀にはじまり，19世紀に本格化した。サンパウロの成長にはコーヒーの生産が大きく寄与している。コロンビアではコーヒーは農作物中最大の作付面積を占め，高地の傾斜地で栽培され，手作業でていねいな管理を行っているため品質が良いことで有名である。また，中・南米で驚かされるのは，高度差を利用した多様な気温・雨量によって，さまざまな中・南米独特の果樹が利用されていることである。マンゴーやグアバのほか，トゲバンレイシ(soursop)，チェリモヤ，ドラゴンフルーツ，ルロ(naranjilla)，タマリロ(tamarillo)，モラ(Andean raspberry)などがある。それぞれの品種改良は進んでおらず，甘みも不足していることが多い。砂糖やミルクを加えてジュースとして飲むことも多く，今後の品種改良が期待される。

4.6 大洋州(オセアニア)

本節では，南太平洋に位置する熱帯の島々における環境，独特の根栽農耕文化，伝統的な作物栽培と利用，食料確保の現状と島嶼農業の諸問題について解説する。

4.6.1 大洋州の概要

(1) 地理的特徴 太平洋はアジアとオーストラリアの東から南北アメリカの西に広がる最大の海洋であり，約1億8000万km^2と海洋の46%を占める。この海域の島嶼は南北回帰線の内側にあり，熱帯気候に属する。大洋州はミクロネシア・メラネシア・ポリネシアの三大区分に分けられ(図4.6.1)，ミクロネシアは太平洋西側の赤道以北で，北マリアナ諸島連邦・マーシャル諸島共和国・ミクロネシア連邦・パラオ・キリバス・ナウルなどである。メラネシアは太平洋西側の赤道以南の地域で，ニューギニア島西部(インドネシアのパプア州と西パプア州)・パプアニューギニア(以下PNG)・ソロモン諸島・バヌアツ・フィジー・ニューカレドニアなどである。ポリネシアは日付変更線東側の北回帰線以南で，ハワイ・イースター島・ニュージーランドを頂点とする三角形に含まれるツバル・トケラウ諸島・サモア独立国・米領サモア・トンガ・ニウエ・クック諸島・仏領ポリネシアなどである。大洋州の海洋面積は大きく，排他的経済水域は中国の陸地面積の約2倍に相当するが，土地面積としてはPNGの約46万km^2を別にすれば小さく，人口もPNGの825万人以外は少ない。環境，

図4.6.1 太平洋の島々の三大区分(ミクロネシア・メラネシア・ポリネシア)

植生，住民や生活様式は区分や国・地域で大きく異なる。

(2) 気候　ミクロネシアの平均気温は26〜27℃で年間ほぼ一定で，雨量はグアムの年間2500 mmからミクロネシアのポンペイ島の5000 mmと島によって異なる。高温多雨な熱帯の海洋性気候である。貿易風の影響を受けて一年中東寄りの風が吹き，標高の高い島では東側で雨が多く，西側でやや乾燥する。12月から5月が乾季で降水量はやや少なく，6〜10月には台風の発生があり降水量は多い。メラネシアの気候は幅があり，フィジーでは平均気温25℃，雨季(11〜4月)と乾季(5〜10月)に分かれ，ビチレブ島南東部の首都スバは年間をとおして雨の日が多い。貿易風の影響でビチレブ島西側は比較的雨が少ない。ソロモン諸島は1年中高温多湿で，1〜4月初旬が雨季にあたる。バヌアツは南部が亜熱帯，北部が熱帯気候で，雨季は11〜4月，乾季は6〜9月で乾燥して比較的涼しい。ニューカレドニアは亜熱帯気候で，年間平均気温は24℃前後ですごしやすい。ポリネシアは，気温変化が少ない海洋性亜熱帯気候か熱帯気候で，夏にあたる12〜3月は雨が多い。年間をとおして高温多湿で，季節風の影響を受ける乾季(4〜11月)はやや涼しい。

(3) 島嶼の形成と土壌　大洋州の島嶼は火山島と隆起サンゴ礁の島に大別される。火山島の土壌は酸性で，隆起サンゴ礁の島ではアルカリ性に傾く。火山島は一般に標高が高く，隆起サンゴ礁の島は低い。大きい島は火山島であることが多く，農業の中心であるとともに地域の中心であることが多い。隆起サンゴ礁の島では，農業に必要な耕地面積が不十分な場合がある。高潮や塩害などの被害も深刻となる。メラネシアではPNGの金・銅，ニューカレドニアのニッケルのように地下資源が豊かな国・地域があるだけでなく，PNGやソロモン諸島などは大洋州の他の区分として比べると穀物収量でみた土地生産性は比較的高い。ミクロネシアからポリネシアの太平洋中部の火山島は比較的肥沃な土壌を形成し，熱帯作物の栽培に適するのに対し，珊瑚礁島は面積が狭いだけでなく農作物等の生産性が低い。

4.6.2　農耕文化と作物の栽培

(1) 大洋州の根栽農耕文化　大洋州では，タロイモ・ヤムイモ・バナナ・パンノキ・サゴヤシなどの作物が古くから栽培されてきた。バナナとパンノキが栽培化されたのは東南アジア島嶼部から大洋州にかけてである。これら作物に共通するのは栄養体で繁殖することで，このような作物を中心とした農耕文化を根栽農耕文化とよぶ。いずれも主食用のデンプン作物で，大洋州では種類が多いが，イネなどの禾穀類を欠いており，これが典型的な根栽農耕文化の特

4.6 大洋州(オセアニア)

徴である。独特のタロイモ栽培や，パンノキ・サゴヤシなどの利用(8.2 節参照)に大洋州としての特徴が色濃く残る。

バナナやパンノキは食用の果実をつけるが，熟した果実を生食するわけではなく，未熟果を収穫して加熱して食べる。根栽農耕文化における作物は基本的に多年生である。樹木作物の利用も発達しており，タコノキの果実も利用する。一方，フルーツとしての果樹類は発達しなかった。一般に，イモ類を長期に貯蔵したり遠くに輸送することは難しく，そのため富の蓄積と集中は困難であったと考えられる。根栽農耕文化圏に強大な国家権力が成立していないのは，収穫物を容易に貯蔵できなかったからであろう。西洋人が大洋州に到達した 16 世紀，島々は新石器時代にあった。

(2) 特徴的な主食用作物の栽培と利用方法

ジャイアントスワンプタロ： ミクロネシアのタロイモ(サトイモ科に属する作物の総称)には，ジャイアントスワンプタロ(giant swamp taro, *Cyrtosperma chamissonis*)のほかに *Colocasia* 属，*Alocasia* 属，*Xanthosoma* 属のものがある。大洋州では一般にジャイアントスワンプタロが最も多く栽培されている。この作物はタロパッチ(taro patch)とよばれる専用の湿地圃場で栽培される(口絵図 18-1(左))。流水が得られる湿地帯や土壌水分が高い土地が選ばれるが，土質は選ばない。圃場に大量の有機物を投入して腐熟させ，水を引き，イモの上部をわずかに残した茎葉部分を苗として植え付ける。日本の南西諸島のサトイモ栽培と同じで方法である。植え付けてから収穫開始までは 7〜8 カ月で，季節性がない。葉柄の色や葉柄部の刺の有無などからジャイアントスワンプタロは民俗分類され，それぞれに異なった呼称でよばれる。一部の離島では，タロパッチ作業はかつて女性のみが行う仕事であるとされていたが，最近では変わってきている。

ヤムイモ： ミクロネシアで栽培されるおもなヤムイモは，ダイジョとトゲイモである。特にポンペイ島ではダイジョは食用としてのみならず，さまざまな儀式に利用される重要な作物である。品種数は 170 を超すともいわれる。大型のイモを栽培することは，ブタの飼育やシャカウ(*Piper methysticum*)の栽培とともに男性にとって一つのステータスを示すものとされる(口絵図 18-1(右))。ダイジョの収穫期は 8〜9 月にはじまり，翌年の 4〜5 月に終わる。ダイジョの収穫が少ない時期の食料を補っているのがパンノキである。

パンノミの保存食： 離島では非常食の備蓄が重要である。大洋州ではパンノキ(breadfruits, *Artocarpus altilis*)の実を利用した貯蔵食があり，ミクロネシアではマルとよぶ。収穫盛期は 7〜8 月で，この時期にマルを作っておく。

地面に穴を掘ってバナナの葉を敷き，皮をむいたパンノミを5〜6等分して入れ，再びバナナの葉で覆って石をのせる．1カ月程度発酵させ，調理に使う．取り出されたマルは，石の上で伸ばされ(口絵図18-2)，バナナやパンノキの葉で包んで茹でて食べる．離島では，このような貯蔵食品は不可欠である．高温多雨でも，マルは1年以上貯蔵できる．

　根栽農耕文化の主要な構成要素であるタロイモやヤムイモはメラネシア・ポリネシアでも重要度は高い．メラネシアのフィジーなどでは，タロイモはキャッサバと並ぶ焼畑のおもな作物である(口絵図19)．害虫タロビートルによる食害を防ぐために湛水条件でのタロイモ栽培も試みられている．ポリネシアにおいては，ハワイで古くからの自然環境と伝統的慣習が最もよく残るといわれるカウアイ島で，1982年からタロファームが米国歴史登録財(National Historic Register)として保護されており，湛水タロイモ栽培が伝統的ポリネシア食資源，また，絶滅危惧水鳥種の保護とあわせてハワイ農業と文化的歴史を学ぶための教育プログラムに組み入れられている(口絵図20)．ヤムイモについては，大きなイモを栽培できる技術を有することはPNGなどの地域社会で高く評価される．また，メラネシア全体のさまざまな農業形態がそろうといわれるPNGでは，サゴヤシデンプンあるいはサツマイモを主食とする地域がそれぞれ低湿地と高地を中心に広がっている．

コラム1：伝統的嗜好品——シャカウを飲みベテルナッツを噛む

　シャカウ(*sakau*)はポリネシアではカヴァともよばれるコショウ科の低木である．この根に水を加え，石で叩いて茶色でわずかに粘りがある樹液を絞り出す．これをココヤシの殻のカップで回し飲む．この飲料には鎮静作用があるとされ，さまざまな儀式に用いられる．この習慣はミクロネシアからメラネシアの全域で広く行われ，日常的な飲料として販売もされる．また，ヤシ科のビンロウジュ(*Areca catechu*)の種子を咬噛料とする習慣が東アフリカからインド，東南アジア，大洋州でみられる．種子を1/2〜1/4に割り，コショウ科のキンマ(*Piper betel*)の葉に包み，石灰を混ぜて噛む．軽い興奮と酩酊作用がある．唾液とこれらの成分が反応すると赤くなり，口の中が出血したように見えるので驚く．

4.6.3　大洋州各地の農業

　大洋州の熱帯諸国では，自給農業が大きな位置を占める．重要な作物は主食であるイモ類とバナナである(国によってサゴヤシやパンノキも)．換金農業については，少量輸出国である大洋州の熱帯諸国は価格変動の影響を受けやすく，

輸出産品の数も少ないので，社会的要因が変化した場合に輸出額も不安定になりやすい。換金農業の栽培形態には小農によるものとプランテーションとの両方がある国が多く，小農の生産物は国内消費がおもであるが，輸出に含まれることも少なくない。

(1) ミクロネシアの農業　ミクロネシアとは「小さい島々」の意味であり，面積も小さく耕作地も少ない。一部には焼畑農耕も行われているが，農業の中心はココヤシやパンノキをおもな構成樹種としたアグロフォレストリー（agroforestry）である。デンプン作物として湿生性のタロイモのジャイアントスワンプタロやヤムイモもさかんに栽培される。これら食用作物はほとんどが自給的農業である。2016年の生産量をみると，キャッサバやバナナと同等以上にその他の根栽類（主要イモ類以外の栄養繁殖作物）が多く，続いてサツマイモ，ヤムイモが多い（表4.6.1）。農産物としての輸出量が比較的大きいのは，キリバスのコプラ（約4800 t）であるが，キリバスの農業人口の割合は少ない。

(2) メラネシアの農業　メラネシアはPNGを筆頭に大洋州の熱帯諸国のなかでは土地面積が大きく，他に比べて農業が活発である。PNG・ソロモン諸島・フィジーは大洋州のなかでも農業人口の割合が大きい。作物の種類はミクロネシアと似ているが，全体的にみるとバナナの割合が大きく，次いでサツマイモ・ヤムイモ・その他の根栽類（この分類にサゴヤシも含まれ独特の食習慣を反映する）・タロイモの順である。サツマイモ栽培はニューギニア島の高地で特徴

表4.6.1　大洋州の熱帯諸国における主要な食用作物と工芸作物の年間生産量（単位：t）

作　物	ミクロネシア	メラネシア	ポリネシア
タロイモ	2,056	383,712	44,440
ヤムイモ	——	411,424	17,451
キャッサバ	10,228	226,906	12,775
サツマイモ	3,247	812,318	6,867
バナナ	10,042	1,246,148	31,495
サトウキビ	——	1,774,558	3,506
その他の根栽類	11,976	407,788	13,797
トウモロコシ	——	240,094	129
ココヤシ	143,486	2,095,815	426,036
アブラヤシ	——	2,620,901	——
コーヒー	——	58,938	——
カカオ	33	51,670	481

（2016年，FAOSTATより作成）

的である．サツマイモが伝わったのは約350〜400年前で，それから40〜50年の間に高地でも栽培がはじまったといわれている．ニューギニア高地の人口密度が大洋州ではきわめて高いが，生育期間が短くて単位面積当たりの収量が高いことが高地住民の生活を支えている．換金農業については，フィジーの粗糖（9万t），糖みつ（9万t），PNGのパーム油（パームオイル）（56万t），パーム核油（5万t），パーム核粕（パームカーネルケーキ）（5万t），コプラ（乾燥したココヤシ果実の胚乳）（2万t），やし油（ココナッツオイル）（1.6万t），コーヒー（5万t），カカオ（4万t），ソロモン諸島のパーム油（2万t）が主要な産品となる（8.1.1項参照）．フィジーは，大洋州で地理的にも経済的にも中心的地位を占めている．

(3) **ポリネシアの農業**　産業就業人口の比率からは，仏領ウォリス・フツナ，サモア，トンガにおいて農業依存度が高い．自給農業による食用作物としては，タロイモの重要性が増す．次いで，バナナ・ヤムイモ・キャッサバ・他の根菜類が重要である．ポリネシアではタロイモ栽培とそれをとりまく環境が最も大切な伝統農業の形態であり，タロイモがポリネシア文化を象徴する作物といえる．換金農業としては，仏領ポリネシアのやし油（約6000t）がある．ポリネシアに限らず，大洋州の熱帯諸国における自給農業では，作物栽培と樹木利用を分けて考えておらず，樹木が社会的，経済的，生態学的にも生産システムの一部に含まれている．それが，上でも述べたアグロフォレストリーのコンセプトである．換金農業のためにアグロデフォレステーション（農地開発にともなう森林消失）もみられるものの，土地面積が小さく，他の国・地域と地理的に離れている小島国では，アグロフォレストリーの多様な生態系サービスが土壌環境も含めた生物資源の効率的利用に向けてもきわめて重要である．

コラム2：バナナ栽培の起源

バナナはタロイモと同じくらい古くから利用されてきたと考えられてきたが，ニューギニア高地においてバナナ栽培をする独自の農耕が7000年前にはじめられていたとする研究が2003年に発表された．PNGのマウントハーゲン近くの湿地からバナナの種子（現在の栽培種は三倍体で種子がないがもともとは二倍体）や葉に由来するデンプンの化石が大量（植物化石総量の15％）に出土した．このバナナ栽培は，中東の1.1万年前，中国の9千年前の農耕に次いで古いもので，ニューギニアにひとつの農耕の起源があったとの考えにもつながる．現在の焼畑と似た栽培方法であったようだ．

4.6.4 大洋州の農業の諸問題

　ミクロネシアでは，域外からの輸入食料，特に全量輸入に頼るコメに対する依存度が増加傾向にある。メラネシアにおいてもフィジーでの水稲栽培，PNGの陸稲栽培などの取り組みがあるものの，急速に増え続ける米食のほとんどが海外からの輸入に頼っている。ポリネシアでも米食が増えているものの，輸入への依存は他の区分と同様である。ハワイの例は他の国と事情は異なるが，19世紀後半に主要なコメ産地であったものが，米国本土との生産コスト競争で稲作が消えたという歴史もある。ミクロネシアの主島をはじめ，各地で近代化が進行して食生活が欧米化する側面がある一方，耕作地が限られた離島などでは，伝統的な作物の栽培が困難で輸入食料に頼らざるをえない側面もある。気候変動にともなう台風の大型化や高潮による農業被害の拡大と，それらの自然災害に対しての食糧支援も外部食料への依存を加速させているという指摘もある。しかし，地域の伝統的な文化や習慣は作物栽培や品種保存に密接に関連しており，周囲を海に囲まれ地理的に隔絶された島嶼では，このような変化が地域の食料安全保障に及ぼす影響は大きい。

　近年，温暖化による海面上昇の問題が危惧され，特にツバルで問題が深刻化している。具体的には，土壌侵食によるココヤシの倒伏，満潮時の住居や道路の浸水などが生じており，国土の水没が懸念されている。しかし，海岸浸食や浸水が必ずしも温暖化のみによるわけではないことも指摘される(戦時中の飛行場土木工事の影響，人口の都市集中による低地まで進行した宅地化，生活排水汚染による水質の変化が沿岸における土壌環境への影響)。大洋州には国土が珊瑚礁からなる海抜の低い島々が多く，海面が上昇すれば産業・社会・経済への影響はきわめて深刻となる。また，環太平洋造山帯にあるこれら地域は，地震の多い地域でもあり，自然災害への対策が緊急課題ともなっている。

参考文献

Balick, M.J. 2009. Ethnobotany of Pohnpei. University of Hawai'i Press (Honolulu) pp.203.

ベルウッド著／長田俊樹・佐藤洋一郎監訳　2008.『農耕起源の人類史』京都大学学術出版会(京都)

クリフォード・ギアーツ／池本幸生訳　2001.『インボリューション』 NTT出版(東京)

Denham, T.P., S.G. Haberle, C. Lentfer, R. Fullagar, J. Field, M. Therin, N. Porch, and B. Winsborough 2003. Origins of agriculture at Kuk Swamp in the Highlands of New Guinea. Science 11 July 2003: Vol. 301. No. 5630, pp.189-193.

古川久雄　2011.『オアシス農業起源論』京都大学学術出版会（京都）
畑中幸子　1982.『ニューギニア高地社会――チンブー人よ，いずこへ』（中公文庫）中央公論社（東京）
金井道夫　1982. 南太平洋諸国における経済と農業『南太平洋諸国と農業――現状と開発の課題』国際農林業協力協会（東京）
中野和敏　1994. メラネシアの自給農業．熱帯研究　3(1)：79-86.
大山修一　2015.『西アフリカ・サヘルの砂漠化に挑む――ごみ活用による緑化と飢餓克服，紛争予防』昭和堂（京都）
Ragone, D. and B. Raynor　2009. Breadfruit and its traditional cultivation and use on Pohpei. In: Ethnobotany of Pohnpei. (Balick, M.J. ed.) University of Hawai'i Press (Honolulu) pp.64-88.
Raynor, B., A. Lorens, and J. Phillip　1992. Traditional Yam cultivation on Pohnpei, Eastern Caroline Islands, Micronesia. Economic Botany　46：25-33.
Raynor, W.C. and J.H. Fownes　1991a. Indigenous agroforestry of Pohnpei. 1. Plant species and cultivars. Agroforestry System 16：139-157.
阪本寧男編　1991.『インド亜大陸の雑穀農牧文化』学会出版センター（東京）
四方篝　2013.『焼畑の潜在力――アフリカ熱帯雨林の農業生態誌』昭和堂（京都）
東京農大パプアニューギニア100の素顔編集委員会　2001.『パプアニューギニア100の素顔』東京農業大学出版会（東京）

演習問題1　4.1節では，東南アジア島嶼部をいくつかの地域に小区分して農業を概観してきた。島嶼部を全体としてみた場合，大陸部と対比して，生態環境や農業形態においてどのような違いを見いだすことができるか。

演習問題2　東南アジア大陸部ではコメの輸出国が多く，一方で島嶼部では輸入国が多いのはなぜだろうか。

演習問題3　南アジアにはきわめて多様な作物，農業，あるいは土地利用がみられる。これらの多様性がもつ意味は何か。

演習問題4　ほかの熱帯地域と比較し，どうしてアフリカにおいては一人当たりの農業生産が増加しなかったのか，考察せよ。

演習問題5　熱帯の小さな島々のように，食料輸送を船舶に依存せざるをえない状況では，食料の安定的な自給栽培が望まれる。そのための農業体系はどのようなものか説明せよ。

5

熱帯の稲作

　本章では，世界の稲作の中心でもある熱帯アジアと近年の生産拡大が注目されている熱帯アフリカについて，稲作の背景や自然社会経済環境への適応と問題点，近年の動向などを解説する。

5.1　アジアの稲作

5.1.1　熱帯アジアのイネの生産
　世界のイネの生産のなかで熱帯アジアがどのような位置にあるのかを表5.1.1に示す。収穫面積と生産量は熱帯アジアに相当する東南アジアと南アジアで世界全体の約60％を占めており，世界の稲作中心地であることがわかる。各地域の耕地面積に対するイネ収穫面積の比率は，東南アジアで著しく高い。この地域の農村が世界の1/3の生産をあげる核心域であるといえる。南アジアの農村ではイネの地位は面積的にはそれほど高くないが，耕地面積の広さにより生産が多い。両地域ともに平均収量は決して高くない。消費からみた場合，東南アジア，特にラオスとカンボジアでは一人当たりの精米消費量が年間161 kgおよび159 kgときわめて多い。

5.1.2　立地条件と稲作
　稲作は水環境とその利用の違いから，天水畑稲作（rainfed upland rice cultivation），天水低地稲作（rainfed lowland rice cultivation：本書では天水田稲作（rainfed rice cultivation）とする），灌漑稲作（irrigated rice cultivation），深水稲作（deepwater rice cultivation）に分けられる。天水利用ではその場に降った雨を主要な水源とするが，灌漑利用は他の水源から導入して主水源とする。深

表 5.1.1 イネの生産に関する地域ごとの特徴(値は 2010〜2014 年平均)

地域	収穫面積(%) (1000 ha)	生産量(%) (kt)	平均収量 (t/ha)	全耕地面積 (1000 ha)	全耕地に対する イネの収穫面積 の比率(%)
アジア	143,893 (88.4)	657,243 (90.4)	4.57	480,836	29.9
東アジア	33,424 (20.5)	222,743 (30.6)	6.66	115,523	28.9
東南アジア	49,177 (30.2)	208,091 (28.6)	4.23	68,932	71.3
南アジア	60,867 (37.4)	224,352 (30.8)	3.69	220,815	27.6
他のアジア	425 (0.3)	2,056 (0.3)	4.84	75,567	0.6
アフリカ	11,272 (6.9)	28,076 (3.9)	2.49	232,180	4.9
ヨーロッパ	682 (0.4)	4,513 (0.6)	6.65	275,013	0.2
米国	6,776 (4.2)	36,683 (5.0)	5.42	368,317	1.8
オセアニア	82 (0.1)	774 (0.1)	9.34	47,184	0.2
全体	162,704 (100)	727,288 (100)	4.47	1,403,530	11.6

(FAOSTAT より作成)

水稲作は 1 m を越えるような湛水が続く場合である。熱帯アジアではこれらの種類の面積割合が順に 5.0, 43.4, 47.3, 4.7%である。4 つのシステムは，いずれも立地する地形によって決定，あるいは可能となる。

　熱帯アジアの地形は，大陸部では山地，平原，デルタ，島嶼部では低湿地，火山島，非火山島のように分けられる。いずれもモンスーン気候下にあり，日本の夏にあたる時期は，南西からの季節風がインドやインドシナ半島の山脈あるいは島嶼部の山地に海洋から運ぶ水蒸気を大量の降雨としてもたらす。その背後のインド南東部やミャンマーおよびタイの内陸部ならびにベトナム海岸部は雨季であっても降水量が少ない。夏の期間は熱帯収束帯がフィリピンからインドシナ半島およびヒマラヤにかけて形成され，積乱雲が発達して降雨の原因となる。また，冬にあたる時期には，北東からの季節風がベトナム東海岸やインドネシア島嶼部に降雨をもたらすが，インドシナ半島内部やインド大陸では乾燥を促す。熱帯収束帯はこのときインドネシアからニューギニアにある。稲作水利や土壌栄養の供給可能性は，地形間，季節間で著しく異なる。

5.1.3　大陸部山地の稲作

　インド東部，ベトナム，ラオス，タイ，ミャンマー北部から中国南部にかけては山と谷とが複雑に入り組んだ地形がみられる。モンスーンにより山岳の降雨量は多いが山間に開ける盆地群では比較的降雨量が少ないものの，流域上流から運ばれた風化物の堆積土壌があることで肥沃となっている。山地のうち山腹から尾根，山頂では自然地形をそのまま用いて作付けされる陸稲(upland

5.1 アジアの稲作

rice)が休閑期間を挟んで輪作される（口絵図 21）。上記分類では天水畑稲作であるが、休閑期間に生長する樹木類を陸稲作付け前の乾季に伐採焼却するため、**焼畑稲作**(sifting rice cultivation)とも称する。栽培の特徴は雨季のはじめに耕起せずに種籾を穴播きし、1 カ月後から繰り返し除草をすることと、雨季が終了する 10 月はじめに収穫し、その後休閑することである。肥料を投入することがないが、収量は 1～3 t/ha あり、天水田での収量に匹敵する。イネの生長に必要な養分は伐採された樹木を焼却した灰の養分と**焼土効果**による養分供給に基づくが、灰は土壌酸度矯正にも貢献している。焼却によって付与された養分量と流亡や作物の収穫による支出のバランスは必ずしもマイナスにはならない。ただし休閑期間内に十分な樹木の生長がなければこのような関係は成立・維持できないし、また雑草の死滅のためにも適切な休閑期間が必要である。畑ではイネにゴマやソルガムなどが混作されることが多い。1960 年代までは休閑期間を十数年以上おいて陸稲を 1 年作付けすることが一般であったが、70 年代以降山地での人口増加、森林保全強化などの施策により農民の山地利用が制限され、休閑期間の短縮や除草剤の使用がみられるようになった。

谷間や盆地では、渓流から導水する**灌漑稲作**が行われる（口絵図 22）。山際であれば棚田を造成し、近傍の渓流から小規模な堰と水路を用いての**重力灌漑**が容易である。広い盆地の中央部では河川本流の上流部に設けた近代的な堰堤とコンクリート水路などによって給水がなされる。山間の小渓流に依存するような水田では移植の時期や生育が降雨分布の変動に影響されることも多く、天水依存の田も多い。雨季作の場合、標準的には 6 月に水稲(lowland rice)の苗代播種、7 月に本田移植、10～11 月にかけて収穫される。好適な土壌と水条件を反映して生育は良好であり、収量も高い。水利が十分に整っている場合は二期作や三期作も可能である。タイ北部のチェンマイ盆地では雨季作に常食のもち品種を栽培し、二期作目に販売用のうるち品種も作られ、ダイズや野菜類を裏作として栽培することもみられる。

5.1.4 大陸部平原の稲作

カンボジア、タイ東北部のコラート高原、ミャンマー中部などの平原地形では、数千万年の風化作用のために平坦で緩やかな起伏が連続し、土壌の粘土含量が低く保水性が小さいうえに栄養分もきわめて乏しい。また、山脈に囲まれているために雨季の降水量も少なく、灌漑に利用できる河川が限られているので天水田稲作を余儀なくされる（口絵図 23（左））。インド大陸に起源をもつと考えられる平原の典型的な稲作技術はカンボジアにみられ、耕起後に乾田状態

で直播き，牛の引く耙(図4.3.3参照)を用いた除草，収穫したイネを牛に踏ませる牛蹄脱穀が特徴となっている。

　起伏のあるタイ東北部での在来的な移植栽培では，雨季はじめの降雨を待って苗代に播種，その後の降雨によって水田が湛水していくと低位にある水田から耕起が，さらに雨降があると移植がはじまり，順次降雨に応じて高位部の水田へと移植作業が進むというように，作付けはすべて降雨に支配され，雨季の降雨中断が続くと移植が終了しない田が高位部に残り，その年の作付率は低下する。一方，生育期間中に雨不足があると高位部の田は干ばつ被害を受ける。あるいは過剰な降雨があると低位部の田のイネは水没し洪水害を受ける。したがって，農家は危険分散のために低位部から高位部にかけて一続きの水田を所有し，子供に分与相続させる場合にもこのような地形的なセットで分割するといった伝統的戦略がある。品種には強い感光性があるので，移植の時期にかかわらず早生は9月末，中生は10月中下旬，晩生は11月上旬の出穂となり，1カ月後に収穫期を迎える。雨季がはじまってもなかなか湛水せず，雨季の終わり(10月末)とともにすみやかに乾燥する高位田には早生を遅植え，雨季はじめから湛水が得られ，雨季が明けても湛水のある低位田には晩生を早植するという対応がなされてきた。このような品種配置も地形に応じたリスク回避戦略である。それでも干ばつ年の高位田の収量は低位田に劣り，豊作年であっても水田間の変異は大きく，降雨分布の年次間差により年次間の収量変異も大きい。

　タイの経済成長とともに80年代後半からは多数の伝統品種はまったく姿を消し，肥料反応の良い改良型品種のみとなり，耕耘機やトラクターが水牛による耕起代かきに，コンバインが鎌刈りとたたきつけ脱穀にとって代わった。機械化は降雨に左右されずに作付けが可能な**乾田直播**栽培導入に結びつくと同時に，農家に農外収入拡大の機会をもたらし，化学肥料の使用量も増加した。購入したポンプや水路網の拡充により補助灌漑も容易になって水利の得やすい立地の水田では収量が増加安定した。その結果，平均収量は上昇したが，条件の劣る水田は依然として存在し，格差の大きい状態が続いている。降雨量の少ない地域では自給用のもち品種の生産を基調とする経営方針は変わらず，余剰米が販売にまわされるが，降雨量の多い地域では高価な商品用のうるち品種を生産し自給米は購入するという経営に転換したところもある。

5.1.5　大陸部デルタの稲作

　デルタは広大な流域をもつ大河川の河口部に形成された低平な地形であり，土壌は粘土分に富み肥沃である。デルタ上流部はやや標高が高く古デルタとも

よばれ，広い上流域からの水が集中するので自然堤防と後背湿地が複雑に入り組むなかに多様な水深条件の田が存在し，乾燥傾向の強い天水田(平原での早生品種の作付け田に相当)や長期に湛水する深水田(浮稲(floating rice)のような極晩生の作付け田)が存在する。複雑な地形条件下では多様な品種の運用によって稲作がなされてきた。なかでも深水稲作に特徴的な浮稲は草丈が5～6mに及ぶものもあり，特に深水となりがちな古デルタの氾濫原やデルタ下流部の新デルタとよばれる部分との境界地帯に多い。水田は乾季の終わりにはまったくの乾燥状態であるが，雨季がはじまると降雨によって土壌は湿り気を帯びる。タイのアユタヤ周辺を例にすると，9月には上流に降った雨を集めた河川から水が溢流し10月には水位が3mにも上昇する。乾季に入り1月にかけて水位が下がっていくとともに水田は乾燥する。浮稲栽培では湛水前の乾田に種子が散播され，その後の降雨によって出芽，成長し，水田水位の上昇にあわせて新葉が展開，節間伸長を行う。水位の上昇が止まると分げつを開始し，水位の低下とともに倒伏していくが，12月の出穂前には稈が屈曲して穂を上向きに出し，登熟して収穫を迎える(口絵図23(右))。なお，浮稲でも対応できないほど雨季に極深水になる地域では，乾季の水位低下を待って減水期稲栽培がなされる。後者はデルタ以外にカンボジアのトンレサップ湖周辺でみられる。

新デルタは古デルタを通過した水が拡散するためにまったくの平坦地であり，19世紀に輸出米のプランテーション化を目的に国外資本と技術投入により運河が掘られ，水路網が張り巡らされ，運河の堤防が輪中堤の役割を果たすことにより，水の制御と人の居住と稲作が可能となった。現在では乾季でもポンプ灌漑の利用により二期作やベトナムのメコンデルタのように三期作も行われる。輸出米としての立地条件の良さに加え，非感光性で耐肥性の高い高収量品種と肥料農薬の投入が経営的に十分可能であることから，現在最も生産性の高い稲作地帯となっている。トラクターによる耕起代かきの後，潤土直播によって作付けし，コンバインでの収穫が一般的である。他方，浮稲地帯ではその立地環境の性質から高収性品種の採用は困難で収量性は低いままである。

5.1.6 島嶼部の稲作

島嶼部のうちジャワ島などのような火山島は火山噴出物が土壌養分を供給してきたため，熱帯で例外的に肥沃な土壌である。山岳地形が降雨をもたらすので水利に恵まれ(口絵図24)，IR系の高収性品種(コラム2参照)と肥料の使用により収量性の高い二期作ないし三期作の灌漑稲作が行われている。このよう

なシステムは近年島嶼部でとりわけ影響の大きいエルニーニョなどの気候変動に対しても耐性が高いとされる。一方，ボルネオ島のような非火山島での稲作は焼畑での陸稲栽培が主である。土壌浸食が問題視されることが多いが，プランテーション農園での浸食量に比べると実際にはほとんど問題とはならない。

島嶼部に共通するもう一つの特徴的な地形は，海岸沿いの泥炭低湿地である。開拓当初は10月の雨季の到来とともに2回移植法で育てた苗を穴植え栽培し，海の潮の干満の差を利用する潮汐灌漑を行ってきた。泥炭低湿地利用の問題は，排水による乾燥が泥炭の分解を促進し耕地自体が消滅する可能性と，酸化による酸性硫酸塩土壌化，ならびに塩害である（10.4節「塩害」，10.5節「酸性土壌」参照）。近年この感潮帯の水田では直播による雨季作と株出しによる乾季作が行われ，より内陸の非感潮域の低湿地水田で2回ないし3回移植栽培がなされる。島嶼部に共通する稲作技術要素としては，収穫・貯蔵・播種を穂のまま行う穂摘みがなされることにある（口絵図25）。穂摘みないし穂刈り収穫法は特に通年湿性の沿岸低湿田での収穫には適しているが，タイ南部などではコンバイン収穫に変化している。

コラム1：平原の水田の多目的利用

平原では（水田）田面や畦畔に樹木が入り交じる**産米林**景観がみられる。これら樹木は巨大なシロアリ塚の上に育っていることも多い。樹木や塚は古くから住民の暮らしを支える建材，食料，肥料などとして重要な役割を果たしてきただけでなく，イネの生育にも効果を及ぼしている。近年は稲作の機械化にともない区

画整理の過程でこれらの塚や樹木の撤去がなされる一方で，ユーカリやマンゴーなどがおもに現金収入を目的に畦へ植栽されることも多い。しかし，水不足時にはユーカリとの養水分競合，マンゴー樹冠下では被陰によりイネの生育が阻害される傾向もあるので調和的な経営が望ましい。

5.1.7 熱帯アジアの稲作の今後の展望

　山地では陸稲生産の縮小や畑作物への転換，平原では価格の高いサトウキビへの転作，都市近郊のデルタでは果樹野菜作への転作が進んでいる一方，安定多収技術の普及や多期作の拡大も進んでおり，地球規模の気象変動や国際的な社会経済危機を別にすれば，当面熱帯アジアの米の潜在供給力に強い不安はない．ただし，個別には農家の条件に応じた生産と経営の持続性を阻む立地特有の農学的な課題が多くあり，今後も積極的に対応する必要がある．一方では有機栽培米の需要も高まるなど，量の確保だけではない品質対応も迫られている．熱帯特有の生産現場での課題解決に関しては稲作のみにとらわれない営農体系全般を見据えた思考が必要であろう．

コラム2：IR系改良品種

　1960年にマニラ郊外に設立された国際稲研究所(IRRI)*で作出された**IR系**品種は，高い**耐肥性**と**非感光性**という基本的なコンセプトに沿い，季節にかかわらず用水が保障され肥料が投入できるなら，圧倒的な収量が得られるよう改良されたものである．初期のヒット作 IR8 の後，耐病性や良食味を付与した IR36 や IR64 は広く普及している．IRRI から母本を導入し，各国で環境や食文化に対応して作出された諸品種を含めて IR 系改良品種とよぶことが多い．

5.2　アフリカの稲作

　アフリカでは近年，コメの需要が高く，消費量は急激に増大している．一方で，コメ生産量は消費量の増加にみあっておらず，アジア・北米等からの輸入量が拡大している．アフリカにおいてコメの需要が増大しはじめたのは 1970 年代である．1971 年には WARDA*（現アフリカライスセンター）が設立され，わが国も品種改良等の研究や普及計画を積極的に支援してきた．2000 年には陸稲の NERICA（5.2.2 項参照）が開発されるなど，アフリカのコメ生産に関連した研究開発は成果をあげつつある．本節で，アフリカ稲作の特徴と，近年育成されてアフリカ全域で普及が進む種間雑種の機能と問題点について紹介する．さらに，アフリカ固有の遺伝資源であるアフリカイネの特徴と研究成果についても述べる．

5.2.1 アフリカ稲作の生態系

西アフリカのサハラ砂漠南縁には広大なサバンナ帯が広がり，南から順に森林に高い草が混じるギニアサバンナ帯，草原に樹木が点散するスーダンサバンナ帯，まばらな有棘灌木と低い草のサヘルサバンナ帯の3つに区分される。

一般的に，西アフリカの農業様式は自然環境条件から湿潤地農業と乾燥地農業に大別することができ，前者はギニア・スーダンサバンナ帯に属し降雨量が豊富で水分条件の良い環境の農業，後者は降雨量が制限されるサヘルサバンナ帯や天水に依存した環境の農業である。前者ではコーヒーなどの換金作物が栽培され，後者でトウジンビエなどの乾燥に強い作物が中心的に作付けされる。本来，イネは半水生植物であり，水田の湛水などの嫌気条件下で良好な生育を示す数少ない作物のひとつである。陸稲栽培は高地や傾斜地で行われ，年間降水量1000 mm程度以上の地域で可能である。一方，水稲栽培はおもに低湿地で行われ，深水からマングローブまで広がっている。灌漑稲作は大河川流域の一部の条件の良い場所で行われているにすぎない。さらに，低地集水域や河川支流域に広がる自然氾濫水域でも水稲作が営まれている。

(1) 浮稲栽培　　浮稲のおもな栽培地域は，河川流域の洪水常襲地や深水地である。世界の稲作の約8%にあたるが，アフリカでも数%を占める。浮稲は1 m以上の水位上昇に反応して節間を伸長させ，冠水解除後に茎が倒伏しても上位節を支点として起き上がる能力がある。アフリカの浮稲地域は，アフリカイネ(*Oryza glaberrima*)とアジアイネ(*O. sativa*)が混在するが，年間を通して水の絶えないニジェール河流域の非灌漑地域に広がる氾濫原では，アフリカイネの栽培が一般的である。マリ国内のニジェール河両岸の氾濫水による季節的湿地帯が広がり，稲作中心の農業が営まれる。特に，乾燥地域にあるマリのモプティからトンブクトゥの周辺には，雨季に大氾濫原が出現し(口絵図26)，これら地域を内陸デルタ地帯とよぶ。乾燥地域でありながら河川の氾濫によって水田が湛水され，その水源を利用した伝統的稲作技術体系が経験的に実践されていることは大変興味深い。モプティの年平均気温は約32℃で，最も気温の高い雨季直前の4~5月には40℃前後になる。古くは約3500年前から稲作が営まれ，広くアフリカイネが栽培されている(口絵図27)。アフリカイネの種小名は，"glabrous"「無毛」の意味から命名されたように，籾表面のふ毛の数がアジアイネに比べるときわめて少ない。アフリカイネの栽培の理由は，環境ストレスに対する抵抗性，特に，アジアイネに比べて生育初期の乾燥条件においてもよく生育することである。

内陸デルタの伝統的稲作をマリの例でみると，雨季のはじまりに播種(6~8

月）し，品種にかかわらず12月頃に収穫する。健全な発芽を維持するため，播種時期に土壌が湿っている場合には先に播種をして耕耘する。土壌が乾燥している場合には，先に耕耘してから降雨を待って播種を行う。いずれの場合も，表層の土壌を鍬などで攪拌して種籾が土中に埋まるように覆土する。この技術には鳥害防止効果があり，種籾の乾燥を防ぐ利点もある。また，播種は2年に一度の間隔で行っている地区があり，これは収穫時の脱粒によってかなりの種籾が土中に留まり，翌年にその種籾が降雨や氾濫水からの水分により自然に発芽・出芽することに期待しているためである。このイネの脱粒性は農作業の省力化にもつながっている。生育期間中に化学肥料を施用しない理由の一つは，収穫後の水田での家畜の糞尿が肥沃度を維持しているためである。収量は1～1.5 t/haで，西アフリカにおける陸稲の平均水準である。

播種から数週間後の氾濫水の流入によってイネは急速に成長する。分げつ盛期および出穂期に水位が2m近くになるところもある。イネは水面に葉身をすばやく展開することで光合成による物質生産を可能にしている。水位の上昇は，雑草の種子発芽と繁殖を抑制していると考えられるため，農家は除草を行わない。収穫はほとんど穂刈である。収穫期に水深がある場合は小船などで収穫する場合もある。病害の発生はほとんど認められない。収穫したイネは手作業で脱穀，籾すり・精米を行う。

(2) **深水稲栽培**　深水稲作は生育期間の大半がおおむね0.5～1mの水位で推移する水田で営まれる。畦はなく，谷内田や海岸地域の低湿地など排水不良や地下水位が高く長期間に滞水する地形を利用する。深水稲には，浮稲と同様にアフリカイネとアジアイネが混在している。

深水稲は一般的に初期生長が旺盛で，水深が最大1m程度に上昇し，それにともなって2m以上伸長するイネもある(口絵図28)。深水稲は葉身が長く，冠水を回避して水面上に葉を展開させて好気的代謝を維持できる。アフリカにおいて深水耐性を示す品種は冠水中の地上部伸長性が高く，水面上の葉身における純同化率も高い。このような地上部伸長型品種は退水後倒伏する場合があるので，倒伏抵抗性が重要である。アフリカの深水地域では，生育初期の冠水害のリスクを避けるため，しばしば草丈の長い大苗が移植されるが，この場合，移植が遅れることで分げつ数の増加が抑制されることが多い。ギニアの沿岸の深水地域では，太茎の在来品種が栽培される場合が多く，近代改良品種である半矮性品種はまれである。在来型が冠水被害と倒伏の軽減に有利な特徴を示すからである。ニジェール南部の年間降雨量700 mm程度の深水地帯のガヤ県では，谷間や沢地の水田で0.5～1mの水位が生育期間を通して維持される。6

月の雨季がはじまる前に水牛や鍬を使って耕起し直播する。出芽するのは，ニジェール河の氾濫水が水田に流入する8月頃である。水のコントロールがしやすい一部の地域(低台地部分)では移植栽培も行われる。また，化学肥料を施用する地域もある。一般的に，栽培される品種の籾は大粒で穂重型，茎径は太く，倒伏することはほとんどない。

(3) **天水稲栽培**　低湿地水田はアフリカ全体の約52％を占める。そのうち灌漑水田16％に対して天水田が36％である。西アフリカの天水稲の平均収量は1.4 t/ha（2011年）である。天水田の大部分でアジアイネが作付けされるが，水条件によってはアフリカイネも栽培される。水田には小規模で簡易な畦畔が設置されるか，地形によって畦畔がない場合もある。内陸低地の水田では，渓谷からの流出水，地下水や降雨を水源とする。近年では，アジア型の移植栽培技術を導入する地域も増えているが，一部地域ではコスト削減の面から直播栽培が見直されている。本栽培形態においては，生育後期の水不足からしばしば干ばつの被害にあう。それゆえ，生育期間の短い早生品種を導入する地域もあるが，十分な栄養成長量を得られず低収の場合が多い。このような地域では，リスク回避のために生育期間の異なるイネを栽培する。

地域や農家によっても栽培品種・方法は多様であり，ギニアの一般的な稲作農家は，栽植密度20×20 cmの移植栽培が標準で，5～6齢苗5本/株程度で移植する。ニジェールの天水田では，土壌含水率が低下すると，手除草した雑草を株もとに敷きマルチすることで水分保持，養分供給，雑草防除を行う。セネガルの内陸低湿地では，生育期間に水位が30 cm程度維持される浅水条件下において，アフリカイネが選択的に栽培されているが，アジアイネに比べて低収・易脱粒性のため，積極的には栽培していない。

(4) **陸稲栽培**　一般的には雨水のみに依存し，粗放的栽培で収量は1 t/haと低い。現在も西アフリカ諸国では主要な稲作形態であり，陸稲単作の他にトウモロコシが混作される例が，ギニア・ニジェール・ナイジェリアなどでみられる。アジアイネの割合が多いが，アフリカイネの作付けもギニア・ガーナなど西アフリカの一部でみられる。近年，早生の陸稲NERICA(5.2.2項参照)品種の導入が図られる反面，在来品種など遺伝資源の消失が問題化している。降雨に依存するため栽培適地は限定される。年間降雨量が1000 mm以上で陸稲栽培が可能とされるが，不安定な降雨パターンは水不足問題を助長する。増収には水不足に対する十分な取り組みが必要となる。雑草防除，土壌肥沃度の維持はおもな制限要因である。栽培方法は，**散播(直播)**が行われ，トラクターで耕耘した後に散播し，その上からハローで砕土均平する方法がある。これには，

播種した種籾を土壌と混和することで，鳥害と乾燥害を避ける狙いがある。しかし，多くの場合は十分な均平はとれておらず，土壌水分条件等の違いから発芽に差が生じる。品種は多様であるが，一般的には穂重型の品種が多く，分げつ数は水稲に比べ少ない。

(5) 灌漑水稲　　大規模灌漑水田では，おおかた手植えによる移植栽培が行われる。灌漑用水が確保でき，河川のポンプ取水が可能な場合は雨季・乾季の二期作が行われる。乾季には蒸散による水消費が増大するが，日射量が多いため雨季作に比べて高収な場合が多い。ニジェール河流域の水田では，1960年代から大型ポンプ取水による灌漑稲作が広範囲に行われてきた。過去30年間で化学肥料の導入およびトラクター等農業機械化の推進により，平均収量は約2倍(4.5〜5.5 t/ha，2010年)となった。マリ，ニジェール，ナイジェリアの河川沿いの灌漑水田では，水利組合を組織して稲作の大規模化が進んでいる。

灌漑水田の作付け品種は多様だが，近代品種である半矮性のアジアイネが多い。おもにIRRI, IITA(国際熱帯農業研究所)，およびアフリカライスセンターから導入される。ギニアのように独自に品種開発を行っている場合もある。西アフリカの灌漑水田は，サヘル地域の河川や海岸沿いの地形で多くみられることから，塩害や鉄過剰症の影響を受けやすく，耐塩性など障害抵抗性品種の導入が行われている。ギニアの海岸マングローブ地域では，樋門開閉によって水田土壌中の塩分濃度を低下させ，稲作を可能にしている。

5.2.2　NERICA稲の育成と課題

(1) 陸稲NERICA　　アフリカイネの各種の環境ストレスに対する抵抗性と，アジアイネの多収性の特徴を取り入れた品種を作るために，両種の種間交雑育種が1991年に開始された(11章参照)。1992年には1130系統のアフリカイネを用いて，生育期間の短さ，初期生育の良さ，旺盛な分げつ性の評価を行い，8系統を選抜した。特に雑草との競合性に注目し，雑草による生育阻害が問題となる初期には，栄養生長に優れ葉面が水平方向に展開伸長するアフリカイネの形態的特徴をもちつつ，生殖生長期には受光体制に優れたアジアイネの形態を合わせもつイネの作出を試みた。さらに，干ばつ忌避のため，生育期間の短縮も育種目的とした。結果的には，後代の種子稔性を示したWAB450集団から有望系統が得られた。親品種のWAB56-104はアジアイネの日本型改良品種で，もう一方のCG14はセネガルのカザマンス地方で栽培されていたアフリカイネである。いくつかの雑種後代を作成し，有望な集団を選抜，農民参加型手法により系統の評価を行った。そして，2000年に7品種(NERICA 1〜7)，

2005年に11品種（NERICA 8～18）の陸稲NERICA普及が開始された。

　陸稲NERICA品種は耐肥性に優れたイネであり，多投入を収量向上に結びつける高収量性品種である。また，生育期間が90～110日程度で早生であることが特徴である。一方で，雑草競合性は，アフリカイネ親品種と比較すると小さく，深根性など干ばつ抵抗性においても品種間で異なり，十分ではない。アフリカライスセンターでは穂当たりの籾数が300～400粒着生するとしているが，農家圃場での再現の可能性は低いと思われる。低投入が一般的なアフリカの農家において，高収量を得るための十分な肥料を施用することはきわめて困難である。土壌が肥沃であるか一定の化学肥料の継続的投入が可能な場合以外は，NERICA品種の生育特性を生かして高収量に結びつけることは容易ではない。

(2) 水稲NERICA　　2000年以降，さらなる増収のため収量ポテンシャルの高い低湿地の天水田開発が注目された。アフリカ全般に有望な水稲品種が少ないこともあり新品種の育成が期待された。それまでアフリカ農業では畑地における作物栽培が中心であり，稲作においては大河川流域等の灌漑水田地域を除くと，小規模の天水田は発展しなかった。これは，天水田での不安定な水環境，品種の不備，マラリアなど低湿地特有の病気が問題だったことによる。

　水稲NERICA育成の目的は，イネ黄斑ウイルス病（RYMV）の抵抗性品種の開発であった。RYMVは水田特有の病気であり，被害軽減のための効果的な対策はなかった。セネガルにあるアフリカライスセンター サヘル支所において，アジアイネのインド型IR64とアフリカイネのなかで鉄過剰害に対する抵抗性を示すTOG5681を親品種として交配が行われた。農民参加型手法により，2005年には60品種が作出され，それらの収量ポテンシャルは6～7 t/haであった。同支所で育成したWAS品種シリーズのなかには，多収性・冠水耐性の系統もある。

(3) ポストNERICA　　アフリカライスセンターはNERICAの次世代となる品種ARICAの開発をすすめている。このプログラムはアフリカのみならず東南アジアでの品種育成の経験を取り入れ，対象国研究所等と協力して高収量品種を育成することを目的とした。この育成プロジェクトは"Developing the Next Generation of New Rice Varieties for Sub-Saharan Africa and Southeast Asia"において，わが国の支援が中心となって実施されている。

　現在までに公表されたARICA品種は18品種で，天水田向き5品種（ARICA 1, 2, 3, 6, 18），陸稲5品種（ARICA 4, 5, 14, 15, 16），灌漑・天水田向き4品種（ARICA 7, 8, 9, 10），マングローブ向き1品種（ARICA 11），灌漑田向き2品種

(ARICA 12, 13)，高標高向き1品種（ARICA 17）である。

5.2.3 アフリカイネとアジアイネの比較

イネ属の栽培種でアジアイネは，中国において一年生から多年生に変異している野生種 *Oryza rufipogon* から進化したと考えられている。一方で，アフリカイネは，祖先種で一年生の *O. barthii* から栽培化されたことが明らかになっている。アジアイネには日本型とインド型の亜種があるが，アフリカイネにはそのような分化はなく，遺伝的多様性は小さい。アジアイネとアフリカイネの間には明確な形態的差異が認められ，アジアイネでは穂が品種によって1次から3次枝梗まで分化しているが，アフリカイネでは1次および2次枝梗のみ分化しており，アジアイネに比較すると，分枝，特に2次枝梗の割合が少ない。そのために，一般的に穂当たりの頴花数はアフリカイネで少ない。玄米色にも変異があり，アフリカイネの大半は薄赤色で，アジアイネは乳白から黒色まで多様である。その他，アフリカイネは生育期間は長くて120日以上の晩生品種が多い。湛水条件での節間伸長性も高い。また，登熟期の脱粒性は高いが，穂発芽性は小さく，休眠性は大きい。さらに，籾の芒がよく発達して，野生的である。西アフリカで収集されたイネ品種（アジアイネ8品種，アフリカイネ19品種）について，白米を用いてタンパク質含有率，アミロース含有率およびアミロペクチン鎖長分布を解析した。その結果，表5.2.1のとおり，タンパク質含有率，アミロース含有率について，種平均値間の有意な差異はなかった。アミロペクチン鎖長分布についてはインド型品種のなかでも特徴的な Kasalath

表5.2.1 西アフリカ地域におけるアジアイネとアフリカイネの玄米品質の比較

採取国	種	タンパク質含有率（白米乾重%）	アミロース含有率（白米乾重%）	アミロペクチン短鎖比率（%）[†]
ギニア	*O. glaverrima* 6品種平均	9.0	27.8	0.27
	O. sativa 5品種平均	8.7	28.3	0.27
マリ	*O. glaverrima* 10品種平均	9.3	30.2	0.28
	O. sativa	8.1	28.2	0.27
ニジェール	*O. glaverrima* 3品種平均	7.8	29.1	0.27
	O. sativa 3品種平均	9.4	28.6	0.27
セネガル	*O. sativa*	7.0	27.6	0.36
O. glaverrima 全体の平均		8.9	29.3	0.27
O. sativa 全体の平均		8.6	28.2	0.28

[†] 重合度6〜11/重合度12〜24の比率

(0.28)と同程度であった.このことから,アフリカイネは,高アミロース,低アミロペクチン短鎖比率に基づく硬めの食感であるといえる.

5.2.4 アフリカ稲作の新技術研究開発の可能性

今後,アフリカでは,急激な人口増加,不良環境の拡大や資源の有効利用等の点から,安定生産に加えて労働力の削減や低コストを目的とした技術開発を検討する必要がある.アフリカにおいて,わが国は一貫して移植栽培を中心としたアジア型稲作の技術移転を行ってきたが,労働力の不足と移植栽培による生産コスト増大などの理由から,近年,直播栽培が見直されている.直播栽培では苗作りの作業時間の短縮や生産コストの削減が可能になる.一方,直播栽培における不良条件下での出芽のばらつきによる初期生長速度の個体間差は,イネの受光態勢や乾物生産の低下の原因となり,収量の安定性を低下させる短所がある.乾燥種子を水に浸漬し,発芽段階前に浸種を止め,もとの籾重量まで乾燥させるハイドロプライミング処理は,種子の発芽速度を速め,苗立ちを安定させ,初期生育の斉一性を高める技術として期待されている.

一方で,マダガスカルをはじめとするアフリカの一部また東南アジア地域にも導入されている SRI (System Rice Intensification) は,水管理が可能な水田地帯で成果をあげている.本来のイネのもつ成長ポテンシャルを最大限に生かす低栽植密度,徹底的な水管理,除草機による除草,有機物の投入によって高収量が得られるというものである.国際農林水産業研究センターによれば,マダガスカルでは同国の平均収量 2.2 t/ha に対して,化学肥料なしに最大 10 t/ha のきわめて高い収量を得られることが確認されている.これは,多収の最も重要な因子が,厚い作土層に蓄えられた有機物に起因する土壌の窒素供給力にあることによる.また,水利条件の有利な圃場に集約して有機物を投入し,手作業による深耕を繰り返し,かつ,蓄積された有機物の無機化を促進するため栽培期間中の間断灌漑など排水に注視した水管理を実施していることによる.収量が低く化学肥料の購買力が乏しい地域でも,圃場条件に応じて集約的な土づくりと水管理を施すことで,多収が実現される可能性があるが,その作業は煩雑であり高い管理技術が必要である.

参 考 文 献

Africa Rice Center 2007. Lowland NERICA. Africa Rice Center
（http://www.warda.org/warda/lowlandnerica.asp）

Fox, J. and J. Ledgerwood 1999. Dry-season flood recession rice in the Mekong delta: two thousand years of sustainable agriculture? Asian Perspective 38: 37-50.

福井捷朗 1987．エコロジーと技術．『イネのアジア史 第 1 巻』（渡部忠世編著）
　　小学館（東京） pp.277-331.

古川久雄 1987．熱帯島嶼の稲作文化．『イネのアジア史 第 2 巻』（渡部忠世編著）
　　小学館（東京） pp.81-130.

Jones, M.P., M. Dingkuhn, G.K. Aluko, and M. Semon 1997. Interspecific *Oryza Sativa* L. X *O. Glaberrima* Steud. progenies in upland rice improvement. 94: 237-246.

Maclean, J.L., D.C. Dane, B. Hardy, and G.P. Hettle 2002. Rice almanac 3rd edition. CABI Publishing（Oxford）

Matsushima, K. and J.I. Sakagami 2013. Effects of seed hydropriming on germination and seedling vigor during emergence of rice under different soil moisture conditions. American Journal of Plant Sciences. 4: 1584-1593

Mochizuk, T., K. Ryu, and J. Inouye 1998. Elongation ability of African floatingrice (*Oryza glaberrima* Steud.). Plant Prod. Sci. 1: 134-135.

坂上潤一 1995．ニジェールの伝統的稲作と品種．『農業及び園芸』養賢堂（東京）
　　pp.462-468.

坂上潤一 2017．アジアからアフリカへ——緑の革命は起こされるのか——．熱帯農業研究 10: 36-38.

Sakagami, J.I., Y. Joho, and C. Sone 2013. Complete submergence escape with shoot elongation ability by underwater photosynthesis in African rice, *Oryza glaberrima* Steud. Field Crops Research. 152: 17-26.

Sakagami, J.I., Y. Joho, and O. Ito 2008. Contrasting physiological responses by cultivars of *Oryza sativa* and *O. glaberrima* to prolonged submergence. Ann. Bot. 103: 171-180.

高谷好一編著 1990．東南アジアの自然．『講座東南アジア学 第 2 巻』弘文堂（東京）

田中耕司 1987．稲作技術の類型と分布．『イネのアジア史 第 1 巻』（渡部忠世編著）
　　小学館（東京） pp.215-276.

Tsujimoto, Y., T. Horie, H. Randriamihary, T. Shiraiwa, and K. Homma 2009. Soil management: The key factors for higher productivity in the fields utilizing the system of rice intensification (SRI) in the central highland of Madagascar. Agricultural Systems. 100: 61-71

横山智・落合雪野・広田勲・櫻井克年 2008．焼畑の生態価値．『論集モンスーンアジアの生態史——地域と地球をつなぐ 第 1 巻　生業の生態史』（河野泰之編著）
　　弘文堂（東京） pp.85-100.

演習問題1 国別のコメの生産量は現在中国が第1位，インドは第2位となっているが，一人当たり年間精米消費量は東南アジア諸国に比べて多くはない。その理由はどのように分析できるだろうか。

演習問題2 タイは世界有数のコメ輸出国であるが，IR系改良品種の栽培面積は非常に少ない。その理由は何だろうか。

演習問題3 アフリカにおいて2000年以降に陸稲NERICA品種群の普及が急激に拡大した。その理由はどのように分析できるだろう。

演習問題4 アジアイネとは多くの点で異なるアフリカイネは有望品種育成などの場面で十分に利用されてこなかった。その理由は何か。

6 熱帯の畑作

6.1 穀　類

　熱帯にはさまざまな主食用デンプン作物が栽培されている。そのうち種子を食用に供する作物を穀類，特にイネ科の穀類を禾穀類とよぶ。世界の主要穀類には，イネ・コムギ・トウモロコシなどがあり，なかでもトウモロコシは熱帯農業においてもっとも重要な畑作物である。トウモロコシは熱帯アメリカに起源し，紀元前2000年頃には栽培されていた(4.5.2項参照)。

6.1.1 雑穀とは

　雑穀とはイネ科穀類のうち主要穀類であるイネ・コムギ・トウモロコシなどを除いた穀類の総称である。小さい穎果をつけ，おもに夏雨型の半乾燥気候，熱帯または亜熱帯のサバンナ的な生態条件や温帯モンスーン気候の地域で栽培される，夏作物一群のイネ科穀類と定義できる。世界には多様な雑穀が知られているが，それらの主要な起源地域はユーラシアとアフリカであり，特に重要なセンターは，アフリカのサハラ砂漠南縁からエチオピア高原にかけての地域と，インド亜大陸および東アジアである。

6.1.2 雑穀の種類と起源地

　雑穀は狭義にはイネ科の栽培植物であるが，広義にはソバやアマランサス，キノアも擬穀類として雑穀に加える場合もある。擬穀類を含めた15属24種の雑穀が世界の特定地域のみで栽培化された(表6.1.1)。
(1) アフリカの雑穀　　アフリカ大陸起源の雑穀のなかで，世界中に広く栽培されているのはモロコシである。モロコシは穀粒をコメのように炊いて食べるが，そのまま生食もできる。石臼を用いて粉にし，ひき粉粥とする食べ方は，

表6.1.1 雑穀の起源地とおもな雑穀の種類

起源地		和名	学名
アフリカ大陸		モロコシ	*Sorghum bicolor*
		シコクビエ	*Eleusine coracana*
		トウジンビエ	*Pennisetum glaucum*
		テフ	*Eragrositis tef*
		フォニオ	*Digitarua exilis*
		ブラックフォニオ	*Digitaria ibruna*
		アニマルフォニオ	*Brachiaria deflexa*
ユーラシア大陸			
	インド亜大陸	コルネ	*Brachiaria ramosa*
		コラティ	*Setaria pumlia*
		インドビエ	*Echinocholoa frumentacea*
		サマイ	*Panicum sumartrense*
		コドミレット	*Paspalum scrobiculatum*
		ライシャン	*Digitaria cruciata*
	中央アジア	アワ	*Setaria italica*
		キビ	*Panicum miliaceum*
	西南中国	ソバ	*Fagopyrum escurentum*
		ダッタンソバ	*Fagopyrum tataricum*
	東南アジア	ハトムギ	*Coix lacryma-jobi*
	東アジア	ヒエ	*Echinochloa utilis*
北米大陸		アマランサス(センニンコク)	*Amaranthus hypochondriacus*
		アマランサス(スギモリゲイトウ)	*Amaranthus cruentus*
南米大陸		アマランサス(ヒモゲイトウ)	*Amaranthus caudatus*
		キヌア	*Cheopodium quinoa*
		マンゴ	*Bromus mango*

アフリカ大陸に広くみられる．その他，発酵させてアルコール飲料にしたり，モルトを作ったりする．穀粒の利用のみならず，葉や茎は家畜の飼料，燃料，建築資材としても用いられる．近年では，飼料用作物としても品種改良が進み，世界各地で栽培されているものもある．また，サトウモロコシというサトウキビのように茎に糖分を多く含む品種群や，ホウキモロコシという総状花序の枝梗がよく発達した散開型の穂をつけ，箒(ほうき)として利用される品種群もある．

シコクビエは，東部・南部アフリカ，とりわけ，ウガンダ・ケニア・タンザニア・マラウイ・ザイール・ザンビア・ジンバブエの半乾燥高地帯で栽培される．アフリカ以外でも広く栽培され，中東・アラビア半島・インド・ネパール・ブータンなどヒマラヤ高地をはじめとするインド亜大陸・東南アジア・中国・日本にまで広がっている．モロコシと同様にひき粉の粥を食べる他，薄焼きパンや御練りとして食す．地酒原料としても広く利用される．

トウジンビエは西アフリカのサハラ沙漠南縁に沿った地帯，インド北西部か

らパキスタン南部にかけての地域で栽培されている．この作物は，年間降水量が 250〜800 mm という乾燥地帯でも生育するので，穀類のなかでは最も耐乾性が強いといわれている．

アフリカ大陸で栽培化されたモロコシ・シコクビエ・トウジンビエの三種の主要な雑穀が，栽培初期の段階で，気候や植生の類似したインド亜大陸のサバンナ帯に同じように伝播したことは，アフリカとアジアの人と物の交流を考えるうえで興味深い．

その一方，起源地のアフリカ大陸を出ずに限られた地域で栽培され続けている雑穀もある．その一つがエチオピア起源のテフである．栽培の歴史は古く，エチオピアの人々はテフに依存した農耕を営んできた．他に，西アフリカのニジェール河流域に発達した農耕文化で栽培化されたフォニオとブラックフォニオもアフリカ大陸を出ることはなかった．インド亜大陸で栽培化された雑穀のライシャと同じメヒシバ属の似た植物が，同じ目的で並行的に離れたところで栽培化されたことになる．もう一つ，ニクキビ属のアニマルフォニオも西アフリカのセネガル，マリ，ギニアにまたがるフタジャロン山地で局地的に栽培されている．アニマルフォニオが発見されたのは 1949 年と新しく，栽培型は野生型とよく似ていて，植物体が無毛でよく分げつする点でのみ区別される．

(2) **インド亜大陸の雑穀**　インド亜大陸では今なお多くの雑穀が栽培されている．それらは地理的起源によって次のように分類される．①アジア起源のうち中央アジアで起源したキビ・アワ，②東南インドで起源したサマイ・インドビエ・コドミレット・カーシーミレット・コルネ・コラリ，③東南アジア大陸部で起源したハトムギ，④アフリカ大陸で起源したシコクビエ・モロコシ・トウジンビエ，⑤西南中国で起源したソバ・ダッタンソバ，⑥新大陸起源のアマランサス・キヌア．

インド亜大陸の穀物栽培を地理的に概観すると，ソバ・ダッタンソバ・アマランサスの栽培はヒマラヤ山脈南麓の山間地で，雑穀類はヒマラヤ山脈南麓の丘陵地とデカン高原，東西ガーツ山脈の半乾燥地や丘陵地でおもに栽培され，豆類と混作や間作されることが多い．

(3) **新大陸の雑穀**　イネ科穀類は新大陸ではほとんど栽培化されなかったが，わずかにメキシコ北部においてサウイが，チリにおいてマンゴがごく限られた地域に存在するもののほぼ絶滅の状態にある．一方，擬穀類のアマランサス，キノアが中米と南米で栽培化され，新大陸で栄えた古代文明の食を支えていた．アマランサスは，コロンブスの新大陸到達後に新大陸での栽培が激減してしまったが，ユーラシア大陸に伝播するとインド亜大陸で定着した作物とな

り，特に，ヒマラヤ山脈南麓のパキスタンからブータンにかけての山間地およびデカン高原でよく栽培されている．キヌアは南米高地での栽培が中心で，南米以外でも栽培されるようになったのはつい最近のことである．

6.1.3 雑穀の有用性

熱帯地域にも主要穀類が積極的に導入され栽培面積を増やす一方で，雑穀の栽培利用は減少しつつある．しかしながら，雑穀はその地域の食料供給源として，そして食文化のなかで重要な役割を果たしてきた．それは，雑穀が備えているさまざまな特徴による．まず，土壌や気候条件などが不良な土地でもよく適応し，肥沃でない土壌や雨量が少なく乾燥した気候のもとでも生育が可能である．また，病害虫の被害を受けることが比較的少なく，安定した収穫が得られる場合が多い．次に，穂のまま束ねて納屋や穀物倉に貯蔵しておくと害虫もあまりつかず長期間にわたって保存できるので，不作の年に備える救荒作物としての役割を果たす．さらに，穀粒をひき割ったり，粉にしたり，あるいはそのまま調理するなど，多様な利用方法が確立し，伝統的な主食料源となっている．他にも，地域の農業慣行や食文化ならびに農耕儀礼との結びつきが強く，在来性高い品種が各地に残っていること，また，各地域の，特に畑作や焼き畑農業体系のなかで重要な役割を果たしてきたことなどの特徴を有している．

6.2 熱帯で栽培される穀類

6.2.1 トウモロコシ（maize, *Zea mays*）

祖先種はテオシント（*Euchlaena mexicana*）とする説が有力である．主要な禾穀類として唯一新大陸で起源したトウモロコシは，新大陸の発見以降，数十年でヨーロッパからアジアやアフリカに伝播した．米国や中国など温帯での生産が多いが，熱帯でも重要な畑作物になっている．アフリカ・インド・南米などでは主食用として自給的に栽培される．しかし，トウモロコシはむしろ多くの熱帯地域で商業的に生産され，家畜飼料用や加工用原料（8.2節参照）として輸出されている．換金作物としての重要性が高まっており，アフリカやアジアの熱帯で作付面積は著しく増大した．東南アジアの山岳地帯では，外資系種苗会社によるF1品種の種子生産がかつての焼畑地などの隔離的環境を利用して行われている．トウモロコシはC_4植物であり，高い物質生産力を誇るが，熱帯原産であり，生育には高温を要求する．深根性であり土性を選ばず連作障害を受けにくいが，肥料の収奪性が高い．そのため，自給用に生産する熱帯地域で

6.2 熱帯で栽培される穀類

は，マメ科作物などとの輪作または混作・間作がよく行われている（3.3 節参照）。

6.2.2 モロコシ（ソルガム，sorghum, *Sorghum bicolor* ssp. *bicolor*）

半乾燥熱帯の農業における主要穀物である。インダス川流域から農耕文化が南方へ伝播する際に，インドでは熱帯の穀物が必要となった。紀元前 2000 年～3000 年紀には，モロコシはエチオピアとの交易によってもたらされていた。モロコシは栽培型亜種のほか，ssp. *arundinaceum* および ssp. *drummondii* に分類されている。モロコシの栽培型品種群は，近縁種との複雑なかかわり合いによって成立している。直接の祖先種は var. *verticilliflorum* と考えられる。栽培品種群は，最初に頴に包まれた耐鳥害性の小粒種子をもつ Bicolor 品種群が，次に良好に加工できる中粒種子をもつ Guinea 品種群が発達した。エチオピアで発達し，耐乾性が強く大粒種子をもつ Durra 品種群はインドや東アジアまで伝播している。Caudatum 品種群は大変ユニークな特性を亀甲状種子の形態や色・味にもっている。Kaffir 品種群は南アフリカでバンツー族とかかわりをもって栽培されている。

6.2.3 シコクビエ（finger millet, *Eleusine coracana*）

アフリカの東から南部の高地やサバンナ地帯で栽培されている一年生の穀物で，祖先種は *E. coracana* ssp. *africana* である。シコクビエは中央スーダンでは 5000 年前に栽培されていた可能性がある。その後，紀元前 1000 年紀にはインドに到達した。アフリカでは約 100 万 ha，インドでは約 300 万 ha で栽培されている。花序の形態に基づいて，次の 5 品種群に分類される。① Corocana 品種群：アフリカとインドで広く栽培され，穂中央の枝梗をよく発達させており，インドではモロコシとトウジンビエ畑で間作される，② Vulgaris 品種群：アフリカとインドで最も普通に栽培されているが，インドでは灌漑イネ栽培に続く乾季作物として直播のほか苗床に播種，育苗後，移植栽培される，③ Compacta 品種群：北東インドからウガンダまで栽培されている，④ Plana 品種群：インドの東西ガーツからマラウイまで栽培されている，⑤ Elongata 品種群：枝梗が長く，東アフリカの他，インドの東ガーツでも栽培される。インドではトウジンビエの栽培がシコクビエの栽培を圧迫してきているので，栽培面積はこの 20 年間に 200 万～300 万 ha の間を変動し，減少傾向にある。モロコシやトウジンビエが乾燥に強いのに対し，シコクビエは湛水に強い。

6.2.4　トウジンビエ (pearl millet, *Pennisetum glaucum*)

　アフリカ起源の一年生草本で，暑熱と乾燥に強く，アフリカでは1600万haで栽培されている。インド亜大陸ではパンジャブからタミルナドゥ州にかけて約1100万haで栽培されており，ラジャスタン州では主要な食糧である。トウジンビエの近縁野生種は，乾燥した東から西アフリカに広く分布している。分類学的に適切な名称は *P. glaucum* とされ，近縁雑草を *P. sieberianum*，近縁野生種を *P. violaceum* として整理されている。トウジンビエと近縁2種の違いは，生育場所の選択と種子散布の機構にある。*P. violaceum* が祖先種であり，*P. sieberianum* はアフリカではトウジンビエ畑の擬態随伴雑草として花序の大きさや形態，栄養体の形態および開花期を類似させている。西アフリカでは雑草性の「半栽培品種」の雑種集団をシブラス (shibras) とよんでいる。シブラスは栽培型と雑草近縁種 *P. violaceum* との浸透性交雑によって生じており，花序の大きさや形，栄養体の形態および開花期で栽培型に類似する擬態随伴雑草といえる。次の4栽培品種群が認められる。卵型の頴果をもち，最も祖先型に近いTyphoides品種群は現在でもアフリカで広く栽培されており，考古学的な証拠から4000年前にアフリカで栽培化され，少なくとも3000年前に北西インドに伝播した。しかし，他の3品種群，Typhoides品種群，Nigritarum品種群，Globosum品種群はアフリカの外に伝播しなかった。

6.2.5　アワ (foxtail millet, *Setaria italica*)

　ユーラシア全域で広く栽培されている一年生穀物で，祖先種はエノコログサ (*S. italica* ssp.) である。エノコログサ属植物は雑草化し，いくつかの種が新旧大陸で野生穀物として利用されている。中国では約5000年来栽培されており，ヨーロッパでも約3600年前には栽培されていた。次の2品種群に分類されている。Moharia品種群は多数の稈と小さくて円筒型の穂をもち，おもにヨーロッパや西アジアに分布する。Maxima品種群は1ないし少ない稈と長くて垂れ下がる穂をもち，ロシアから日本に分布する。栽培化の地理的起源は中央アジアからインド亜大陸北西部で，紀元前5000年以前に栽培化され，ユーラシア大陸の東西に漸次伝播して地方品種群を分化させていったと考えられる。その根拠は，アフガニスタンやパキスタン北西部のアワの品種は祖先種エノコログサに類似して，小さな穂を多数つけ，分げつ性が高く，交雑花粉稔性からみて品種分化があまり進んでいないことである。

6.2.6 キビ(common millet, *Panicum miliaceum*)

キビは最も古い栽培植物のひとつで，少なくとも8000年前には中国で，8500年前には北ヨーロッパで栽培されていたとされる。ユーラシア大陸全域において各地の新石器時代の文明を支えた重要な食糧であった。①イヌキビ(ssp. *ruderale*)，②栽培型 ssp. *miliaceum*，③ ssp. *agricolum* の3亜種に分類され，①は②からの逸脱，③は②からの突然変異によって生じた。栽培化の地理的起源には諸説がある。たとえばバビロフは，ユーラシア各地のキビの比較分類学的な研究により，東アジアから中央アジアにかけて高い遺伝的多様性を認めて中国北部で起源したと考えた。一方，ハーランは，中国とヨーロッパの両地域で独立・並行的に栽培化された可能性を示唆している。それに対して阪本寧男は，インダス河の上流域へのフィールド調査(1987)をふまえて，上記の諸説を総合して中央アジアからインド亜大陸北西部の地域において起源し，アジアとヨーロッパ各地へと伝播したと考えた。栽培品種群にはMiliaceum, Patentissimum, Contractum, Compactum および Ovatum の5つがある。

6.2.7 アマランサス(amaranth, *Amaranthus* spp.)

新大陸起源のヒユ属の一年生作物である。*Amarantus hypochondriacus*, *A. cruentus* および *A. caudatus* の3つの栽培種があり，アマランサスとはそれらの総称である。和名は，それぞれセンニンコク，スギモリゲイトウ，ヒモゲイトウという呼称がつけられているが，一般的ではなく，ひとくくりでアマランサスとよばれることが多い。これら3種は，新大陸で栄えた3つの古代文明があった地域で栽培化されたと考えられている。すなわち，*A. hypochondriacus* は中米のアステカ文明が栄えたメキシコ周辺地域，*A. cruentus* はマヤ文明が栄えたグアテマラからメキシコ南部地域，そして *A. caudatus* はインカ文明の栄えたペルー・ボリビア・アルゼンチンの高地で栽培化され，それぞれの文明を支える作物のひとつであった。*A. hypochondriacus* の栽培の歴史は古く，紀元前3000年頃のメキシコのテワカン渓谷の遺跡から遺物がみつかっている。アステカ文明においては，トウモロコシ，インゲンマメと並ぶ重要な作物であったことがわかっている。宗教儀礼とも密接な関係をもっていたが，コロンブスの新大陸到達以降，キリスト教の布教を名目に侵攻してきたスペイン人によってアマランサスが異教の象徴として扱われたため，その栽培が厳しく禁じられることとなり，その後の作物としての大きな進化を獲得することはなかった。一方で，観賞用の花として価値を見いだしたヨーロッパ人は，自国に持ち帰って導入した。

6.2.8 キノア (quinoa, *Chenopodium quinoa*)

栽培の歴史は古く，アンデス地方では紀元前5000年代のアジャクチャ遺跡からもキノアを栽培した痕跡が発見されている。西暦1400～1500年にかけて南米のアンデス地方を支配していたインカ帝国では，キノアの栽培が奨励されていたといわれている。しかし，スペインによってインカ帝国が滅ぼされるとキノアの栽培はほとんど途絶えてしまい，その後，アンデス地方で細々と栽培されているにすぎなかった。1970年代に米国科学アカデミーが将来有望な作物のひとつにキノアを取り上げたことから世界で知られるようになり，それにともない生産量も急激に増加してきた。FAOによると，2008年に世界中で生産されたキノアの子実は約6万tである。世界に流通しているキノアのほとんどが南米で生産されている。

キノアは南米ペルーのチチカカ湖周辺を起源とするヒユ科アカザ属に属する一年生植物である。草丈が10cm程度から2mと品種や栽培条件によって大きく異なる。形態・生理的特徴と栽培地域の違いから，谷型 (valley type)，アルチプラノ型 (altiplano type)，塩地型 (salar type)，海岸型 (sea-level type) に分類される。谷型はペルー北部からエクアドル，コロンビアなどの標高2500m前後の谷間で栽培され，日長感受性が高く，収穫までに長い期間が必要で，草丈が2m程度と高い。アルチプラノ型は標高4000m前後のアルチプラノ高原を中心に栽培される。塩地型は耐塩性が高く，ボリビアのウユニ塩湖周辺やアルチプラノ高原で栽培される。海岸型は，標高が低く温暖な気候に適応している品種群で，おもにチリの海岸地帯で栽培されている。

これらの他に，エチオピア原産でほぼエチオピアでのみ栽培されているスズメガヤ属の一年生穀物テフ (*Eragrostis tef*)，セネガルからカメルーンにかけてのサバンナ地帯でのみで栽培されるメヒシバ属の一年生穀物フォニオ (*Digitaria exilis*) も，地域的には重要な雑穀である (4.4.4項参照)。

6.3 イモ類

イモ類とは，根や茎に炭水化物などの養分を蓄えた植物もしくはその器官である。根や茎に養分を蓄える植物は野生も含め世界に1000種類以上あるといわれている。イモ類は挿し木や株分けによって増やすことができ，掘り棒などの簡単な農具で栽培が可能なことから，古来よりさまざまな地域で人々に受け入れられてきた。

数種のイモ類を基本とした**根栽農耕文化**では，ヤムイモ (yam, *Dioscorea*

6.3 イモ類

spp.) やタロイモ (taro, *Colocasia esculenta*) などのイモ類やプランテイン (plantain, *Musa* spp.) などが栽培化され，多様な品種が作り出された。世界のイモ類生産量は，ジャガイモ (potato, *Solanum tuberosum*) が約3億9000万t，キャッサバ (cassava, *Manihot esculenta*) が約2億7000万t，サツマイモ (sweet potato, *Ipomoea batatas*) が約1億t，ヤムイモが約7000万t，タロイモがyautia を含めて約1000万tと，これら5つの作目で全体の99％を占める。FAO によれば，イモ類の生産は熱帯アジアや南米で低下傾向にある一方，サハラ以南のアフリカで増加している。アフリカにおける生産の増加は，キャッサバやヤムイモにおける生産面積の拡大によるもので，生産性の向上をともなっていない。農地開発が限界に近づいている今日，栽培技術の革新による生産性向上が急務である。

6.3.1 キャッサバ (cassava, *Manihot esculenta*)

トウダイグサ科の草本性低木で南米・中米を起源とし，世界の熱帯地域の大部分で栽培されている。キャッサバは乾燥や病虫害に対する耐性が高く，痩せ地でも栽培が容易であり，従来のヤムイモやプランテイン (7.3.1項「バナナ」参照) を中心とした焼畑の耕作システムで栽培が可能であったために，アフリカなどで急速に広がった。キャッサバの栽培適地は，年間降雨量が1500 mm以上の湿潤熱帯であるが，乾燥に対する適応能力は非常に高く，近年は600 mm程度の半乾燥熱帯や降雨の不安定な地域まで分布が拡大している。最適生育温度は25～35℃であり，その温度帯で光合成能力も最大になる。光合成速度は品種，土壌水分，湿度などによって左右されるが，条件がそろえばサトウキビなど熱帯C_4作物と同程度の高い生産能力を示す。乾燥条件下では，すみやかに気孔を閉じることで葉の水分を保持してある程度の乾燥に耐えられる。また，下位葉が脱落して蒸散を防ぐ (口絵図29)。

キャッサバは，一般に20～30 cm (5～7節) に切断した茎を挿し木に繁殖し，12～18カ月で収穫する。その生育段階は，一般に次の5段階に分けられる。

第1段階：萌芽期，苗木が萌芽して栄養成長を開始する時期。
第2段階：塊根発生期，デンプンの貯蔵根の発生段階。
第3段階：塊根一次肥大成長期，葉面積が最大になる。乾期に遭遇すると葉面積を減ずる。
第4段階：茎葉回復期，降雨により茎葉が再伸長する。
第5段階：塊根二次肥大成長期。

キャッサバの品種改良は，1990年代までには高収量・キャッサバモザイク

ウイルス抵抗性のハイブリッド品種の開発を目標に行われてきた。キャッサバの収量は1961年に8.8 t/haであったものが2014年には17.3 t/haまで増大した(FAO)。近年は，病虫害に対する複合抵抗性や cassava brown streak disease 抵抗性がおもな目標となっている。キャッサバはこれまで零細農民の食料とみられていたが，収量性の改善により，工業用澱粉や家畜飼料としての利用が拡大している。

6.3.2 ヤムイモ(yam, *Dioscorea* spp.)

ヤマノイモ科に属する栽培植物の総称であり，作物として重要な熱帯産の種はダイジョ(*D. alata*)，ホワイトギニアヤム(*D. rotundata*)，イエローギニアヤム(*D. cayenensis*)，トゲイモ(*D. esculenta* (*laur*))，ビターヤム(*D. dumetorum*)，カシュウイモ(*D. bulbifera*)，ミツバドコロ(*D. trifida*)などである。なかでも，西アフリカ原産のホワイトギニアヤムや東南アジア原産のダイジョなどが熱帯・亜熱帯地域に広く分布している。西アフリカ・ギニア湾沿岸の熱帯雨林地帯では古くからヤムイモが主食とされており，「ヤムゾーン」とよばれている。紀元前3000年には，アフリカでヤムイモ栽培を基本とした農耕様式が成立していたとする説もある。現在でも，西アフリカのヤムイモ生産量は世界の96％を占める(口絵図30)。

ほとんどのヤムイモ種は雌雄異株であり自然交雑で種子をつくるが，栽培では塊茎の分割による切りイモから増殖させるのが一般的である。栽培期間は8～10カ月である。東南アジアやオセアニアのヤムイモ生産は年間降雨量が1500 mm以上の湿潤地帯で行われているが，西アフリカのヤムイモは，人口の増加にともなう需要の拡大と換金作物としての重要度が増したことにより，湿潤サバンナの疎開林地帯(年間降雨量1000 mm強)まで拡大している。ホワイトギニアヤムは気温25～30℃で最も良く生育するが，ダイジョは熱帯・亜熱帯の標高の高い地域にも分布し，温度への適応範囲が広い。栽培に適するのは肥沃な壌土であるが，耕起がしやすいことから砂質土壌での栽培も好まれる。他の熱帯根菜類に比べやや高いpHを好む。

熱帯産の種では，種イモの植付け後2～3週間で萌芽するが，初期の茎葉の成長は遅い。ダイジョの中生品種をナイジェリアにおいて4月に植え付けた場合，茎葉が繁茂しはじめるのは6月からで，イモの肥大がはじまるのは7月以降である。塊茎の生長で生育段階をみた場合，それは伸長期，肥大成長期および成熟期に区分され，茎葉の成長の衰えとともに，塊茎が成熟する。しかし，塊茎の成長パターンは種や品種によって異なる。温帯原産の種や熱帯・亜熱帯

の標高の高い地域に生育するヤムイモでは，塊茎の肥大成長と成熟が早い。また，ホワイトギニアヤムやダイジョの塊茎の肥大成長は短日条件下で促進され，早生品種は弱い感光性を示す。イエローギニアヤムは強い感光性をもち，塊茎の生長が遅く，晩生である。

熱帯原産の種は乾季の間は休眠し，雨季のはじまるころに萌芽する。ヤムイモの休眠期間はほとんどの種で 3〜4 カ月とされ，西アフリカの品種では休眠期間が乾季と一致する。萌芽は，高温やジベレリン生合成阻害剤の処理などで早まる。休眠期間を人為的に短縮したヤムイモ品種を用いることにより周年栽培が可能になり，水田後作の乾季にヤムイモを栽培する「イネ-ヤムイモ二毛作」が提案されている。

品種改良は国際熱帯農業研究所(IITA)で行われており，ヤムイモ遺伝資源のなかから収量性に優れる開花系統を選抜，人工交配が行われてきた。その結果，2000 年頃から焼畑で 13 t/ha 程度の収量が見込める多収品種の配布が開始されている。現在の育種ではヤムイモに被害を及ぼすモザイク病・炭疽病抵抗性品種の開発が進められている。

6.3.3　サツマイモ (sweet potato, *Ipomoea batatas*)

中央アメリカ原産であるが，紀元前には南太平洋やオセアニアに，16 世紀には奴隷船の食糧としてアフリカ西海岸に伝わった。サツマイモは痩せ地や乾燥した気候での栽培に適し，収量も高いことから，熱帯・亜熱帯地域に広く普及し，ナイジェリア・ウガンダ・タンザニア・ベトナム・インドネシアなどで生産が多い。

栽培適温は 20℃ 以上で，気温が高いほど生育が良いが，35℃ 以上では減退する。土壌の適応幅は広く，pH 5 程度の酸性土壌からアルカリ土壌でも栽培できる。一方で，滞水・冠水害にはきわめて弱いため，栽培には排水性の良い土壌が望まれる。熱帯では多年生であり，つるの先端を切って土に挿すだけで節の基部から不定根を発生させて活着するため，周年生産が可能である。収穫物の塊根は，植え付け前に葉柄の基部に形成されていた根原基から伸びた根が肥大したものである。塊根の肥大は日照不足，低温，過湿，窒素過多，硬い土壌によって阻害される。

熱帯・亜熱帯地域におけるサツマイモ生産はトウモロコシやマメ類などとの間作や混作によって行われる場合が多い(口絵図 31)。粗放的に栽培されるので肥培管理はあまり重要視されないが，施肥量は 30〜90 kg/ha とされ，窒素過多ではつるぼけになる。サツマイモがあまり肥料を必要としないことはよく

知られるが，最近，サツマイモに窒素固定細菌が内生し，それらが植物体の生育に関係していることがわかってきた。今後，サツマイモと窒素固定細菌の共生に関する研究が進めば，新しい肥培管理技術が開発されるものと期待される。

　国際ポテトセンターは，途上国におけるサツマイモの生産技術開発を行っている。アフリカにおけるサツマイモの生産性改善を支援し，高収量品種の普及を行っているが，サツマイモは主食としてだけでなく栄養改善や農業開発の所得向上プロジェクトなどにかかわっていることに特徴がある。栽培が簡単なサツマイモは小規模農家でも扱いやすいため，自給農家に導入しやすい。栄養強化を目的としたβカロチンの豊富な品種の普及，ジュースやパンなどの加工原料としての利用もみられる。

6.3.4　タロイモ (taro)

　タロイモはサトイモ科に属する数種の栽培植物の総称である。生産が多いタロイモはサトイモ (*C. esculenta*) とアメリカサトイモ (*Xanthosoma sagittifolium*) である。サトイモの原産地はインドから東南アジアがその中枢地域であり，古代にはすでにインドからオセアニアやアフリカへ伝わっていたとされる。一方，熱帯アメリカ原産のアメリカサトイモは19世紀に西インド諸島からアフリカに伝播し，熱帯・亜熱帯地域に広く普及した。サトイモとアメリカサトイモの生育適温は25℃以上で，多湿条件で多収となる。特に，サトイモは水田で栽培されることもある（口絵図32）。アメリカサトイモは土壌の乾燥に強いことからおもに畑で栽培されるが，土壌水分の多い土壌でもよく育つ。栽培では子芋を種イモとするほか，イモを除いた主茎を苗として植える（口絵図33）。植え付けられた種イモや苗は1～2週間で発根し，3～4カ月で草丈が最大となって2～3mに達する。イモ（塊茎）の生長は品種によって異なるが，草丈が最大になるころから肥大をはじめ，7～10カ月で成熟する。

　アフリカにおけるサトイモやアメリカサトイモの栽培は自給用であることから，ヤムイモ・キャッサバ・プランテインなどと混植される場合が多い。サトイモなどはこれらの作物より草丈が低いが，日陰になってもイモの収量が低下しない。タロイモの収量が維持されるのは，日射量が低下した条件下では葉の気孔の密度が高くなり，光合成能力の低下を補うためと考えられている。アフリカではタロイモへの施肥はあまり行われていないが，換金作物として集約的に栽培するハワイや南太平洋の島々では施肥が行われている。ha当たり50～100kgの窒素・リン酸・カリウムの施肥はイモの収量を増加させ，また，カリウムの施用はイモの数を増やす効果がある。しかし，タロイモの生産性は収

6.4 マメ類

量の統計がとられはじめた1960年代からいままでほとんど変わっていない。熱帯・亜熱帯ではタロイモは慣行的な農法で粗放的に生産されているほか，他の熱帯産イモ類に比べて品種改良などの取り組みが少ない。

6.4 マメ類

熱帯は，東南・南アジア，オセアニア，アフリカ，中南米などに広がり，同じ熱帯気候内でも農業気象環境の多様性は大きく，栽培されているマメ類にも各熱帯地域で特徴がある。そこで，熱帯地域で栽培されているさまざまなマメを起源地ごとに紹介する。

6.4.1 ダイズ (soybean, *Glycine max*)

東アジアで起源したが，詳細な起源地の定説が得られていない。日本の国産ダイズはおもに食用だが，世界的には油糧作物としての利用が大半を占める(8.1.3項参照)。マメ科作物のなかでは生育適温の範囲が広く，高温にも低温にもよく耐える。日長反応性にも幅広い変異があり，これらの特性により栽培地域は赤道直下から高緯度地帯にまでと広い。世界総生産量は約3.1億tで，世界で最も多く生産されるマメである。米国，ブラジル，アルゼンチンが主要な生産国で，起源地から遠く離れた北・南米大陸の国々で，世界の約88％の生産量を占める。中南米外の熱帯では，インドでの生産が大きい(総生産の約3.4％)(表6.3.1)。インドにおいてもダイズの主用途は食用油であり，国内の食用油自給率を改善するために海外より導入された作物である。主要な生産地はインド中央部で，天水条件のもと広大な農地で単作されることが一般的であるが，栽培適地を選んで導入されたわけではない。天水栽培のため，播種はモンスーンによる降雨開始を待って行う。播種時期がモンスーン到来時期によって大きく変動し，これが収量に大きく影響する。また，播種時期の降雨が想定以上に長く，多かった場合には，出芽・苗立ち不良といった湿害を生じる。その後の降雨も保証されないため，生育期間中には干ばつ害の危険性がある。このため，インドでのダイズ収量は世界平均の1/3程度にとどまっている。収量改善のためには，生育初期の湿害耐性，生育の中・後半での干ばつ耐性を兼ね備えた品種育成という困難な課題を乗り越える必要があり，現時点では高収量品種の育成は思うように進んでいない。

食用作物としては，東南アジアの熱帯地域での栽培が認められる。しかし，油糧作物としての大規模・機械化されたダイズ栽培ではないため，総生産の

表 6.3.1 熱帯で栽培されているマメ類の世界総生産量(生産量)，世界総栽培面積(栽培面積)および世界平均収量(収量)

作物名	生産量(百万 t)	栽培面積(百万 ha)	収量(kg/ha)
ダイズ	306.5	117.5	2607.6
キマメ	4.9	7.0	695.3
ヒヨコマメ	13.7	14.0	982.1
ヒラマメ	4.8	4.5	1067.0
エンドウ†	11.2 (17.4)	6.9 (2.4)	1613.7 (7395.5)
ソラマメ	4.1	2.2	1924.8
ササゲ	5.6	12.6	443.2
ラッカセイ	43.9	26.5	1654.6
インゲンマメ	26.5	30.6	866.6

† ( )内はグリーンピース
(FAOSTAT より作成(2014 年のデータ))

1%にも満たない。食用作物してのダイズはアジアでは長い歴史をもつが，他の地域では必ずしも重要な食料として定着しなかった。これは，浸水して煮るのみでは独特のえぐみを取り除くことができなかったことなどが一因と考えられる。このため，発酵食品としての利用もアジア各地にあり，インドネシアではテンペとよばれる発酵食品もみられる。また，必ずしも一般的ではないが，ダイズ栽培は中米およびアフリカの熱帯地域においても認められる。

6.4.2 キマメ (pigeon pea, *Cajanus cajan*) (口絵図 34)

インド東部が起源地とされ，太古に熱帯アフリカ，マダガスカルに伝播し，紀元前 1500～2000 年頃に栽培化されたと推定されている。多年生の常緑低木であり，矮性タイプのものを一年生として栽培することが多い。根系が大きく，土壌下層の地下水を利用できるため，高温・乾燥地域でも栽培が可能である。根粒の着生した強固な根系が収穫後も土壌に残るため，表土が流亡した傾斜地の植生回復に利用されることもある。緑葉は飼料として，乾燥した茎葉は燃料としてなど多用途に使われるが，栽培は食用が主目的でマメを食する。インドでは挽き割りのマメが，ダル(あるいはダール)とよばれるスープなどに料理されることが多い。また，緑莢のまま直接軽食として消費するなど，食材として利用されることもある。

総生産は約 4900 万 t で，インドがその約 67％を生産しており，第 2 位のミャンマー(12％)を大きく引き離している。インドでは，人口の多いベジタリアンの貴重なタンパク源である。生育期間の系統間変異が非常に大きく(90～300日)，環境適応性が大きい特徴がある。晩生系統は生育期間の短い他作物と間

作されることが一般的であったが，長すぎる栽培期間は通常の年間栽培体系には組み込みにくい問題点があった．近年は，熟性が90日程度の早生の栽培品種が育成され，コムギ作や稲作の輪作体系に組み込まれている．東南アジアでは，主としてインドへの輸出用としてミャンマーで栽培されている．熱帯アフリカでも総生産の約18％の栽培がある．中米熱帯地域での栽培は，総生産の約4.8％である．

6.4.3 ヒヨコマメ (chickpea, *Cicer arietinum*) (口絵図35)

中東地域が起源地として有力とされ，紀元前8000〜9500年頃には栽培化されたと推定されている．いくつかの近縁野生種があり，交雑率は低いものの *C. reticulatum* が栽培種 *C. arietinum* と交雑可能で，主として耐病性改善の育種資源として用いられている．褐色・小粒の子実を産する *desi*，乳白色で大粒の子実を形成する *kabuli* とよばれる民族分類 (folk taxonomy) がある．植物体は草丈0.2〜1mほどに生長し，通常1個の子実を含む2cm程度の釣鐘状の莢を複数個形成する．種子の臍付近が小さな突起のような形状を有している点がこのマメの特性で，ヒヨコ-マメ ("chick"pea) の名の由来である．属名の *Cicer* は「仔羊の頭」を意味するギリシア語からである．子実を食用とするが，マメ類としては炭水化物含有率が高いことが特徴で，食味に優れることもあり，中近東ではフムスいうペースト状の料理にして一般的に食される．総生産は約1300万tで，世界で4番目に多く生産されているマメである．総生産の約72％がインドで生産され，インドでは煮豆としてカレーなどの料理として供されることが多いが，製粉したものを揚げ物に，あるいは炒り豆や未熟粒をスナックとして食す．また，マメもやしとしてサラダに用いることもある．インドでは，ベジタリアンの貴重なタンパク源としてキマメとならび重要なマメである．

インドでの栽培地域は，比較的冷涼で長い栽培期間が得られる北部地域であったが，「緑の革命」時にその栽培地域がコムギに置き換わり，南部の低緯度地域に栽培地域が移された．そこでは，乾期に天水栽培を行うために，干ばつが生産の大きな制限要因となり，機械化も進んでいなかったため低収量にとどまっていた．今日では，日長反応性の鈍い感温性の早生品種が育成され，収量が向上している．天水条件での単作が一般的であるが，辺境地域ではモロコシなどとの間作も一般的にみられる (口絵図36)．熱帯アフリカでの栽培はエチオピアが最大で，総生産の約3.3％である．東南アジアの熱帯地域ではミャンマーで栽培されている (総生産の約4.1％)．中米熱帯地域への導入は比較的近年になってからで，メキシコでの栽培が総生産の約1.3％と多い．

6.4.4 レンズマメ（ヒラマメ，lentil, *Lens culinaris*）

南西アジアが起源地とされる。ヒヨコマメと並び古くから栽培されているマメであり，紀元前2000年頃には小アジアやエジプトで食料として利用されていたとされる。その後，アフリカ北部を含む地中海地方，ヨーロッパへと伝播した。インド，中国にも伝播したが，日本には伝わっていない。現在では，新大陸でも栽培されている。ヒヨコマメと同様に，草丈は50 cm程度と小型の羽状複葉を有する植物体である。100粒重は変異が大きいが，およそ10 g以下である。可食部位である種子は，ビタミンBを多く含み，完熟種子を挽き割りや製粉して，スープとして食することが多い。冷涼な気候での栽培に適しており，カナダでの生産が最も多い。総生産は約480万tで，熱帯ではインドの生産が多い（総生産の約23％）。熱帯アフリカでは，エチオピアで栽培されているが（総生産の約2.8％），その他の国では一般的ではない。中米熱帯地域での栽培は，一般的ではないようである。

6.4.5 エンドウ（pea, *Pisum sativum*）

ヨーロッパから西アジアにかけての地域が起源地と考えられている。ソラマメとともに，世界で最も栽培の歴史が古く，新石器時代の南西アジアでは栽培化されていたらしい。日本でも食用として栽培する。一～二年生作物で，草型は多様である。それにともない草丈も0.3 cm以下から1.2 m以上のものまである。莢の長さは3～13 cm程度，1莢内には通常3～6粒ほどの種子が入るが，5～7粒ほど入る長莢品種もある。子実100粒重が15～50 gほどである。食用のマメでは冷涼な環境に最も適応している。総生産は約1100万tで，熱帯地域で最も栽培がさかんな国はインドである（総生産の約5.4％）。アフリカの熱帯地域では，エチオピアがおもな生産地である（総生産の約3.6％）。中南米，東南アジアは主要な栽培地域とはなっていない。グリーンピースでの総生産は約1700万tで，インドでの栽培が総生産の約22％となっている。中南米の熱帯地域における生産は，総生産の約1.8％程度である。東南アジア・アフリカの熱帯地域は主要な栽培地域とはなっていない。

6.4.6 ソラマメ（broad bean, *Vicia faba*）

起源地は，西南アジア～北アフリカの地中海沿岸にかけての地域と考えられている。エンドウとならび，世界で最も栽培の歴史が古いマメである。日本でも食用として栽培される。一年生または越年生作物で，直立の草型で，草丈は0.3～2 m程度である。小粒種と大粒種とがあり，前者は莢が10 cm程度，後

者は 4～5 cm 程度になる。1 莢内には通常 2～3 粒ほどの種子が入るが、5～7 粒ほど入る長莢品種もある。子実重は大粒種だと 100 粒重が 110～250 g と非常に大きく、小粒種では 28～120 g ほどである。冷涼な環境に適応しており、栽培北限はロシアやスカンジナビア半島にまで及んでいる。熱帯の低地では開花するものの、高温による障害のため通常は結莢に至ることは少ない。また、乾燥にも弱いとされる。総生産は、約 410 万 t（broad beans と horse bean の合算）で、最も栽培がさかんである熱帯地域はアフリカで、エチオピアがおもな栽培地である（総生産の約 20%）。中南米は、世界総生産の約 4.4% で、東南アジア・南アジアの熱帯ではほとんど栽培されていない。

6.4.7　ササゲ（cowpea, *Vigna unguiculata*）

起源地は西アフリカ、南アフリカ、エチオピアなどの諸説があり、明らかとなっていない。アフリカから古代にインドへと伝わり、東南アジアに広まったとされ、中国への伝播はシルクロード経由と考えられている。日本でも食用として栽培される。一年生作物で、蔓性あるいは直立の草型で、草丈は直立型だと 30～40 cm のものが多く、蔓性だと 4 m ほどに達するものもある。莢は円筒形で 10 cm 程度から 1 m にも達する非常に長いものまで存在する。1 莢内に 8～15 個ほどの種子が入る。比較的高温での栽培に適応し、土壌栄養が劣る環境にも適応する。アフリカの栽培では、単作だけでなく間作、混作も行われる。子実や未熟な莢が食用とされる。総生産は約 560 万 t で、アフリカの熱帯地域で栽培がさかんである。主要な生産国はナイジェリア（総生産の約 38%）である。乾燥環境に対しても強い特性のため、ニジェールでの栽培もナイジェリアに次いで多い。アフリカの熱帯地域での栽培は、総生産の約 55% に達する。東南アジアの熱帯地域ではミャンマーで栽培されており、総生産の約 2.1% である。中南米の熱帯地域では栽培が一般的ではない。

6.4.8　ラッカセイ（groundnut, peanut, *Arachis hypogaea*）

ボリビア南部のアンデス山脈東部山麓地域が起源とされる。日本では食用として消費されることが多いが、世界的には油料作物としての栽培が多い（8.1.5 項参照）。受精後には子房と花托の間の部分が伸びて子房柄となり、地面に向かって伸長し、先端の子房が地表面から数 cm 下で肥大して地中に莢を形成する点が、このマメ独特の特性である。露地に積み上げて収穫後の乾燥を行う地域では、土壌カビに由来する発がん性物質（アフラトキシン）に汚染されることが問題となっている。一般的に乾燥に強い作物とされ、熱帯地方でも広く栽培

されている。総生産(殻付)は約4400万tで、起源地から遠く離れたインドでの生産が、約15%を占めている。インドへはフィリピンを経由して18世紀頃に伝わったとされ、19世紀頃から栽培が普及した。同国では、重要な油糧作物のひとつであるが、料理の食材やスナックとしても広く用いられる。インド中南部が主要栽培地域で、単作栽培されることが多く、モンスーンに依存した天水で栽培される。アフリカへは、16世紀頃に伝播したとされる。アフリカの熱帯地域でも広く栽培され、そのうちナイジェリアの生産が多い(総生産の約7.8%)。栽培は低資源投入で、機械化が進んでいないことが多い。東南アジアでも栽培され(総生産の約4.5%)、塩茹で食べたり、菓子や料理の材料やタレ、あるいは食用油に用いられる。中南米の熱帯地域では総生産の約1.4%の生産がある。

6.4.9　インゲンマメ(kidney bean, *Phaseolus vulgaris*)

起源については多源説が有力で、小粒種、大粒種それぞれの野生種から、前者は中央アメリカで、後者は南米アンデス山脈で栽培化されたとされる。日本でも食用として栽培される。一年生作物で蔓性あるいは直立の草型で、草丈は直立型だと30cm程度のものが多く、蔓性だと3mほどに達するものもある。莢は10〜30cm程度の長さになり、1莢内に、5〜10個ほどの種子が入る。色彩や紋の変化に富んだ種子を産する。多湿な環境に弱いが、栽培地域は、温帯から熱帯・亜熱帯までと、世界中で広く栽培されている。総生産は約2700万t(beans dryとしてアズキ、緑豆も含む)である。熱帯地域で最も栽培がさかんな国はミャンマーで、総生産の約18%を産する。その他の東南アジアの熱帯地域でも栽培され、インドでの栽培も多い(総生産の約16%)。アフリカの熱帯地域でも広く栽培されており、総生産の約18%に達する。中南米の熱帯地域でも栽培され、総生産の約23%になる。

この他にも、バンバラマメ、ルーピンやガムの原料となるクラスタービーン、インドで多く栽培されるガラスマメなど、熱帯地域で栽培されるマメは多くある。

マメ類には非常に長い栽培の歴史があり、起源地周辺のみならず熱帯を含め世界各地で栽培されている。一般的に、マメ類の子実生産性は穀類よりも低いが、人類の重要な食用作物として、マメ類は穀類などと組み合わされながら栽培され、農耕文化の成立と発達に貢献してきた。食料としてのマメ類は、穀物だけでは不足しがちなタンパク質の供給源として、また栽培体系においては根

粒菌との共生により土壌窒素の供給源として重要である。熱帯の気候には高温多雨があり，これは農業上恵まれている反面，土壌養分の溶脱といった問題もある。したがって，熱帯地域での地力回復を考えたとき，マメ類の栽培は重要な意味をもつ。そして，輪作，混作，間作，リレークロッピングなどを通じて，栽培体系に組み込まれている（3.3節参照）。そこには，地力劣化を回避しようとする現地農民の巧みな知恵として，マメ類の栽培の意義をみることができる。

参 考 文 献

Asis Jr., C.A. and K. Adachi 2003. Isolation of endophytic diazotroph *Pantoea agglomerans* and nondiazotroph *Enterobacter asburiae* from sweetpotato stem in Japan. Letters in Applied Microbiology. 38：19-23.

Cock, J.H. and R.H. Howeler 1978. The ability of cassava to grow on poor soils; In Crop tolerance to suboptimal land conditions.（G.A. Jung ed.）Amer. Society of Agronomy（Madison, USA） pp.145-154.

Degras, L. 1993. The Yam：A Tropical root crop. MacMillan Press（London, UK）

El-Sharkawy, M.A., S.M. de Tafur, and L.F. Cadavid 1992. Potential photosynthesis of cassava as affected by growth condition, Crop Science 32：1336-1342.

FAO 2013. Save and grow, Cassava. FAO（Rome）

ハーラン, J.R. 著／熊田恭一・前田英三訳 1984. 『作物の進化と農業・食糧』学会出版センター（東京）

Hartemink, A.E. and M. Johnston 1998. Root biomass and nutrient uptake of taro in the lowlands of Papua New Guinea. Tropical Agriculture 75：1-5.

星川清親 1983. 『新編 食用作物』養賢堂（東京）

Jones, W.O. 1959. Manioc in Africa, Stanford University Press（USA）

木俣美樹男 1990. インドにおける雑穀の食文化.『インド亜大陸の雑穀農牧文化』（阪本寧男編） 学会出版センター（東京）

木俣美樹男 2003. 雑穀の亜大陸インド.『雑穀の自然誌——その30 起源と文化を求めて』（山口裕文・河瀬真琴編著） 北海道大学図書刊行会（札幌）

国分牧衛 2010. 『新訂 食用作物』養賢堂（東京）

Lebot, V. 2009. Tropical root and tuber crops, sweet potato. CABI（UK）

前田和美 1987. 『マメと人間——その一万年の歴史』古今書院（東京）

Onwueme, I.C. and M. Johnston 2000. Influence of shade on stomatal density, leaf size and other leaf characteristics in the major tropical root crops, tannia, sweet potato, yam, cassava and taro. Experimental Agriculture 36：509-516.

阪本寧男 1988 『雑穀のきた道——ユーラシア民族植物誌から』日本放送出版協会（東京）

Sangakkara, U.R. 1990. Response of Cocoyam（*Xanthosoma sagittifolium*）to rate and time of application of potassium fertilizer. In：proceeding of the 8th symposium of the ISTRC (Bangkok, Thailand) pp.654-660.

志和地弘信　2008．キャッサバとヤムイモにおける生産性向上の技術と利用の新展開．熱帯農業研究 1：42-48．

Smartt, J. and N.W. Simmonds ed.　1995．Evolution of crop plants. Longman Group (UK) pp.531.

Terakado-Tonooka, J., S. Fujihara and Y. Ohwaki　2013．Possible contribution of *Bradyrhizobium* on nitrogen fixation in sweetpotatoes. Plant Soil：an international journal on plant-soil relationships. Vol. 367：639-650.

Vavilov, N.I.　1926．Studies on the origin of cultivated plants. Inst. Bot. Appl. Amel. Plants. Breeding 16：1-245．(Leningrad, Russia)

吉田集而　2003．『イモとヒト』(吉田集而・堀田満・印東道子編)　平凡社(東京)

演習問題 1　1960 年代からの「緑の革命」以降，熱帯アジアにおけるイモ類の収量はサツマイモとヤムイモが微増，タロイモでは低下した．どのような理由が考えられるだろうか．

演習問題 2　熱帯アメリカ原産のアメリカサトイモは 17 世紀に西インド諸島からアフリカに伝播してきた．そのきっかけとなったのは何だろうか．

演習問題 3　間作・混作は耕作地の空間的・時間的な利用効率を高めることのできる栽培体系であるにもかかわらず，世界的には単作による農業体系が一般的である．その理由は何であると考えられるか．また，どのような栽培環境では，間作・混作が有利であると考えられるか．

演習問題 4　乾燥したマメは，子実が硬いことに加えて，有害成分を含むことや，種皮が消化されにくい．これらのことが，しばしば食用としての妨げとなる．これに対応するために発達してきたさまざまな加工や調理法について考えてみよ．

7
熱帯園芸

　熱帯の野菜や果物などが園芸的に商業生産されるようになったのは比較的最近のことである。近年の経済発展によって野菜や果物などの市場価値が高まるにつれ，こうした園芸作物は熱帯各地で重要な商品作物としての地位を確立していった。本章では，野菜や果樹の熱帯における利用の多様性と自給用作物としての重要性，およびそれらが集約的な商業生産へと展開する過程を理解し，各地の栽培事例と新しい栽培技術や環境に対する応答性および生産上の問題点について学ぶ。

7.1　熱帯の野菜と花卉

7.1.1　熱帯の野菜栽培の成立と発展
　熱帯地域には，高温や多雨あるいは乾燥や洪水といった厳しい気象環境や病虫害などを含む熱帯生態環境の影響があり，こうした環境に適合した野菜が伝統的に利用されてきた。熱帯における野菜栽培はもともと家庭菜園やホームガーデンなどにおける自給的なものであった。もっと古くは採集に近いものであったろう。こうした段階から，近年徐々に商業的にまた集約的に野菜が栽培されるようになってきた。これには地域の経済発展と，加速する都市化の影響が大きい。近年は，熱帯高地などでも集約的栽培や輸出のための大規模な野菜・花卉(かき)の生産が行われている(口絵図37)。

7.1.2　熱帯の野菜の多様性
　熱帯で栽培される野菜の種類は多い(口絵図38)。熱帯に特有のものもあれば，利用する部位や利用方法が温帯とは異なるものもある。熱帯では，果樹の新芽や花のように，本来ほかの目的でしている植物の一部を野菜として利用す

ることも少なくない。また，野菜としての利用を目的とする木本植物も多い（7.1.4項を参照）。水辺や森林などの自然生態系で採集した植物を野菜として利用することも日常的に行われている。タケノコやキノコなどの非木材林産物はNTFP（Non-timber Forest Products）とよばれる。自然の植物利用は園芸の範疇ではないが，熱帯の野菜としての重要な地位を占めている。世界の温帯で共通してみられる温帯野菜が多数存在するのとは対照に，世界の熱帯に共通する在来野菜は少ない。熱帯野菜の多くは特定の地域で限定的に栽培されている。

7.1.3　熱帯の在来野菜と導入野菜

(1) 熱帯の在来野菜　熱帯で成立した在来野菜は，一般に高い環境ストレス耐性をもち，年間を通しての高温と変化の少ない日長という熱帯特有の環境に適合している。熱帯では一般に病虫害の発生も多く，雑草やその他の植物との競合も激しい。熱帯の食生活をはじめとしたさまざまな社会文化的影響も受けながら在来野菜は成立してきた。

(2) 温帯にもある熱帯野菜　温帯にある野菜のなかにも，熱帯原産のものがある。たとえば，熱帯アメリカ原産のサツマイモは，イモ（塊根）ではなく茎葉を野菜として利用する地域が熱帯には多い。カボチャやハヤトウリも温帯ではふつう果実が利用されるが，熱帯では茎葉の利用が一般的である。東南アジアで葉を炒め物やスープに使うヤサイカラスウリでは，果実をあまり利用しない。地中海地方原産であるが熱帯アジアで普及しているサヤダイコンは，もっぱら莢（さや）を食べるダイコンである。周年収穫が可能で，開花が日長にほとんど反応せず，塊根も肥大しない。

(3) 導入野菜　導入野菜の中心は温帯野菜である。温帯野菜の需要は熱帯で高く，ハクサイ・ブロッコリー・キャベツ・ニンジン・レタス・トマト・タマネギなどが導入されてきた。温帯野菜は冷涼な気候で育成されたために熱帯低地での栽培は困難で，気温の低い高地に導入された。しかし，導入してみると熱帯高地は温帯野菜の栽培に適した気温が温帯より長く続き，温帯野菜の適地であった。導入野菜は熱帯各地で定着し，高原野菜の産地が出現した。タイ北部のチェンマイ周辺やベトナム南部のダラット周辺（図7.1.1）では，政府や国際協力機関の支援もあって，大規模な温帯野菜の集約的産地が成立している。

7.1.4　熱帯における野菜の利用

　熱帯地域には，温帯にないさまざまな野菜が存在し，その利用部位も多岐にわたる。ここでは熱帯のおもな在来野菜および在来系統・品種を利用部位によ

7.1 熱帯の野菜と花卉

図 7.1.1 ダラット高原に立ち並ぶ簡易ハウス。野菜や花卉などが栽培される。（ベトナム）

図 7.1.2 バンコク近郊の市場で売られる果菜類。上段左から，ナス，ヘチマ，キュウリ，ヒョウタン，下段ニガウリ，ヘビウリ，ナス。（タイ）

って大別し，その種類を解説する。

(1) 葉菜類　熱帯には，草本の地上部をすべて利用する典型的な葉菜類は多くない。よく利用される葉菜類には，カイラン・空芯菜（エンサイ）・アマランサス・ツルムラサキ・イヌホオズキなどがある。世界の温帯でよく利用されるアブラナ科の葉菜は熱帯低地では多くなく，見られるのはカイランなど限られた種類である。一方，空芯菜は世界の熱帯で人気の野菜であり，炒め物などによく利用される。アマランサスはミネラル含量の高さなどから「熱帯のホウレンソウ」ともよばれ，炒め物などに利用される。特にアフリカの一部では重要な野菜となっている。ツルムラサキもアジアやアフリカの熱帯各地で栽培されている。イヌホオズキは熱帯にふつうの雑草で，果実には毒成分を含むが，改良系統が東南アジアやアフリカでよく栽培される（口絵図39）。熱帯では多くの香草類（香料野菜）が使われる。**香料野菜**には，コリアンダー（パクチー）やスイートバジルなどがある。

(2) 果菜類　熱帯には，若い果実を利用する果菜類が多い（図 7.1.2）。温帯では夏野菜に果菜類が多いのと背景を共有する。葉菜類と比べて病虫害の被害を受けにくいことも一因であろう。熱帯の果菜類には，ウリ科・マメ科・ナス科のものが多い。ウリ科にはヘビウリ・トカドヘチマ・ニガウリ・ハヤトウリ・ヤサイカラスウリなど，マメ科にはシカクマメ・ナガササゲ・フジマメなど，ナス科にはナスのほか，ニガナスなどがある。ウリ科の果菜は熱帯アジアで煮炊きによく使われるが，ニガウリはときに生食され，ハヤトウリとヤサイカラスウリは葉を利用することが多い。マメ科野菜は若い莢を利用するもので，ナガササゲは東南アジアではしばしば生食する。アフリカ原産のニガナスは東アフリカで煮物などに用いて人気があり，苦みが清涼感を感じさせて美味である。

(3) **根菜類**　根菜類の多くは日長や気温の変化を感知して塊根や塊茎などを肥大させる。しかし熱帯では日長や気温の年較差が小さく，そうした環境変化を感知して肥大する根菜類の多くは栽培が困難であった。そうした困難も育種などの努力によって克服されてきたが，熱帯の伝統的な根菜は多くはなく，代表的なものには以下のものがある。たとえばクズイモは，肥大した塊根を炒め物などに使うが，生食して甘く，果物のようにも利用する。熱帯ではさまざまなヤムイモ(ヤマノイモ科)やタロイモ(サトイモ科)も栽培され，地域によっては主食としても重要である(4.6節「大洋州」を参照)。ショウガ科のウコンやナンキョウなどの地下茎は乾燥させると香辛料になるが，そのまま使う場合は**香料野菜**である。根菜類に分類される香料野菜にはニンニクやシャロットなどもある。

(4) **樹木野菜**　熱帯では，木本植物を野菜として利用することはめずらしくない。極相が森林となる生態環境で，草本の野菜の成立は温帯ほど容易でなかったと考えられる。一方熱帯では，身近にある多年生・蔓性・木本性の植物が野菜として頻繁に利用され，栽培化もされてきた。若い葉を利用するものが多いが，他の部位も利用する。世界の熱帯でよく利用される樹木野菜に，インドセンダン(ニーム，*Azadirachta indica*)とワサビノキ(モリンガ，*Moringa oleifera*)がある。インドセンダンは，熱帯に広く分布する有用樹である。花と若い葉が炒め物などに利用される。樹皮や種子は薬用にもなり，葉の抽出液は殺虫剤にも使用される(9.2.4項(2)参照)。東アフリカでは「40の効用樹」とよばれ，利用部位も用途もきわめて広い。ワサビノキもアジアからアフリカの広い地域で利用される樹木野菜である。葉・若い莢・花が野菜として利用される。より地域限定的なものにバウヒニア(*Bauhinia* spp.)・シロゴチョウ(*Sesbania grandiflora*)・ギンネム(*Leucaena leucocephala*)・チャオーム(*Senegalia pennata*)・イエライシャン(夜来香 *Telosma cordata*)・チャムワン(*Garcinia cowa*)などがある。バウヒニアは焼畑後の二次林などに多く，羊蹄型の葉が特徴のマメ科樹木である。若い葉をスープなどに入れると酸味が清々しい。シロゴチョウは熱帯アジア原産で，白い花を茹でて食べる。ギンネムは伐開地などに最初に侵入してくる**先駆性樹種**(pioneer tree)の代表で，若い葉と未熟な種子が食用になる。チャオームは商業的にも栽培される樹木野菜で，中国南部から東南アジアで炒め物などに広く利用される。イエライシャンは中国南部から東南アジア大陸部で集約的にも栽培される蔓性植物で，花を集めて炒め物などにする。チャムワンはタイ東部で肉を煮込む郷土料理に用いられる樹木野菜である。熱帯各地にはこうした地域限定的ながら伝統料理に利用される樹木野菜が多い。

7.1 熱帯の野菜と花卉

図 7.1.3　インドセンダン(ニーム)

図 7.1.4　チャオーム

　熱帯では，作物の一部を野菜として利用することも多い。キャッサバやマンゴーの新葉は野菜としてよく利用される。バナナの花は熱帯アジアで野菜として生食される。東南アジア大陸部ではチャの新葉を発酵させて食用する。ココヤシの生長点は上品なタケノコのようで美味であり，東南アジアで商業生産されている。熱帯アジアではジャックフルーツやパパイアの未熟な果実を野菜として煮物やサラダに使うことも多い(口絵図 49)。

コラム：山地部における集約的園芸産地の形成

　東南アジア山地部の伝統的な農業形態は斜面の焼畑と山間低地の水田であり，いずれも自給用の農作物を生産していた。温帯野菜などの商品作物栽培は，1980 年代以降の急速な経済発展にともなう貨幣経済の浸透によるところが大きい。熱帯高地における現在の商品作物栽培の中心は**温帯野菜**や花卉および**温帯果樹**(か き)(7.2 節参照)などの**園芸**である。

図 7.1.5　山岳少数民族によるかつてのケシ栽培

図 7.1.6　チェンマイの市場に出荷されてきた山岳地域のバラの花(タイ北部)

　かつて，東南アジアの山地部は換金作物ケシの栽培で知られていた。ケシは少量でも換金性はきわめて高く，道路のない山地からでも容易に搬出できた。そのため各地の反政府勢力が山岳少数民族に奨励し，その資金源としてきた経緯がある。しかし，各国政府がケシに代わる換金作物として温帯の野菜や花卉，

果樹の普及に努めた結果，現在ではこれらが重要な**換金作物**になった。東南アジアではタイ王室の**ロイヤルプロジェクト**が有名であり，王室の威信のもと集約的な園芸産地の形成が推し進められた。その背景には，麻薬撲滅政策とともに森林保全政策があった。減少しつつあった森林面積を維持するため，当時その元凶と目された焼畑農業を禁止し，代わりに土地生産性の高い園芸プロジェクトを開始し，焼畑をおもな生業としていた山岳少数民族を巻き込んでいったのである。ロイヤルプロジェクトは道路建設等のインフラ整備も行い，また豊富な水資源と傾斜による重力灌漑を利用してスプリンクラーなどの設置も行った。簡易なハウス栽培も導入され，病虫害の被害は大幅に抑制された。こうした総合的な取り組みにより，タイ北部山岳地域に集約的園芸産地が出現し，都市部に向けて出荷される温帯野菜や果物は地域の名産になっている。

7.1.5 熱帯各地の野菜生産

(1) デルタの野菜栽培　東南アジアにおける熱帯低地での野菜栽培は，明の時代に中国広東省あたりで行われていた「果基魚塘」(ridge-ditch system)という農業様式が20世紀前半に移民とともに伝搬し，各地のデルタに適用されたものである。周囲を高い土手で囲まれた浅い池のような圃場に高畝を造成して作物を栽培する。現在でも多くの地域でみることができる(口絵図40〜42)。雨季の終わりには，河川の増水にともなう洪水による冠水を防ぐため，ポンプを使って排水が行われる一方，乾季には水不足を防ぐために，河川から圃場内へ取水が行われる。農家のなかには，数年に一度，一定の日数，圃場全体を冠水させるところもある。これにより，病害虫の発生が抑えられ，低農薬での野菜栽培が安定的に継続できると考えられている。10年くらいの間隔で，高畝を造成し直す農家もみられる(口絵図41)。これも，土壌病害の抑制や塩類集積を防ぐ目的である。

(2) 温帯野菜の導入と展開　熱帯で栽培されている野菜には，近年温帯から熱帯に導入された種類や品種・系統も多い。これらの野菜のなかには，温帯への輸出をおもな目的として導入されたものもある。たとえば，タイにおけるアスパラガス栽培(口絵図42)は1980年代に輸出を目的としてナコムパトム県を中心に拡大した。しかし，輸出の規格にあわないものが国内の市場に出まわった結果，一般家庭でも頻繁に消費されるようになった。アスパラガスは現地のことばで「ノーマイファラン(西洋筍)」とよばれ，一般食堂のメニューにも登場する人気の野菜となった。温帯野菜の熱帯への導入と現地社会への普及は，このような需要面の課題だけでなく，高温・短日という熱帯環境のために栽培困難なものに対する技術支援が必要な場合がある。現在では，新品種・系統の

育成や園芸施設での栽培により，多くの温帯野菜が大都市近郊を中心に商業的に栽培されるようになった。

7.1.6 熱帯における花卉の施設栽培

熱帯における園芸施設栽培は，熱帯低地のランや熱帯高地のバラなどの切り花で，輸出を目的として1970年代頃から多くみられるようになった。この時代の施設は木や竹を利用した簡易なものであった。1990年代から，IPM (Integrated Pest Management)の推進とともに，病害虫防除を目的としたネットハウスが東南アジア各国で建設された（図7.1.7）。2000年代に入ると，熱帯低地でも昇温抑制設備を備えたフィルムハウスが建設され，高品質な野菜やメロンなどの栽培や，野菜の育種・採種に利用されるようになった。

図7.1.7 病害虫防除を目的とした野菜生産のためのネットハウス（タイ）

図7.1.8 ラン（デンファレ）を栽培する遮光ハウス（タイ）

しかし，熱帯における施設園芸の主役は花卉生産，それも切り花である。2013年の世界の切り花市場はおよそ200億米ドルで，およそ半分をオランダが占め，残りのほとんどは中米や東アフリカの熱帯高地および東南アジアの国々が占め，バラ・カーネーション・キク・ランなどが熱帯から先進国に輸出される。日本の輸入切り花は，カーネーション・キク・バラが多く，カーネーションはコロンビア・中国・エクアドルから，キクはマレーシア・ベトナム・中国から多く輸入されている。1970年代以前から輸出されている熱帯の花卉には，ランのデンファレ（*Dendrobium phalaenopsis*）などがある。東南アジアでは，培養苗による優良系統の増殖と簡易遮光ハウスによる栽培が行われている（図7.1.8）。

熱帯高地では1980年代以前から簡易な施設園芸が行われてきた。特に，切り花生産では，数 ha という大きな施設で輸出用のバラやカーネーションが生

産されている。たとえばウガンダでは，ケニアやエチオピアに続き，ヨーロッパへの輸出を目的とするバラを中心とした花卉栽培が行われてきた。ウガンダ花卉輸出協会(2010)によると，大規模施設栽培を行っている会社は 18 社にのぼり，平均施設面積は 11 ha であるという。外国資本も多い。これらの大規模施設では養液土耕栽培を行っていることが多く，肥料を溶かした培養液を灌水チューブで施設全体に送り，施肥と灌水を同時に行っている。ウガンダでは，ビクトリア湖の豊富な水資源を利用した灌水が行われている。この方法は熱帯各国の高地における大規模施設園芸で行われているが，近年は環境への配慮が求められており，水資源や肥料成分の再利用，利用効率の改善，被覆資材のリサイクルなどの取り組みがはじまっている。

7.2 熱帯果樹園芸

7.2.1 熱帯果樹園芸の発展

(1) 自給的な庭先果樹栽培　　熱帯各地にはさまざまな種類の果物が豊富に存在する。その多くは庭先などに植えられている。熱帯の屋敷地では，果樹が観賞用や薬用を含むさまざまな植物とともに植栽されて叢林的景観をなし，それは屋敷林(ホームガーデン)とよばれている(口絵図 43-1, 2)。ホームガーデンでは多くの樹種が樹高に応じて多層に空間的配置され，その生産物はおもに自家消費されるものの余剰分は市場に出まわる。地域によってはいまでもこうした形態が果実生産の主力となっている。

(2) 混植から単植へ　　熱帯ではさまざまな樹種がよく混植される(口絵図 44)。混植園地は自然生態系に近い景観を形成し，栽培管理作業はあまり行われず，環境調和型の安定した栽培が続けられている。しかし近年，果樹園は混植から単植へと変化してきている(口絵図 45)。単植にすると管理作業は容易になるが，管理しないと成り立たなくなる。病虫害の大発生は単植の園地全体を壊滅させることにもなりかねず，一般に農薬も肥料も高頻度で投入される。熱帯の果樹は，果実を食用する以外にもさまざまに利用されてきた。若い果実や新葉を野菜や家畜飼料として利用したり，根や樹皮を薬用としたり，枝や幹は薪炭材や建材にも利用される。しかし，経済の発展とともに，こうした植物利用の機会は減少しつつある。果樹栽培は次第に果実の販売を目的とした商業園が主体となり，栽培される樹種は減少する方向に向かっている。熱帯果樹が商業園で集約的に栽培されるようになったのは最近のことである。それは品質の向上や増収を図るためであった。高投入の果実生産は，高い需要がなくては

7.2 熱帯果樹園芸

成立せず，経済発展がその前提となる．また，果実は重くて傷みやすい農作物で，その商業生産には流通インフラも不可欠である．果樹園芸の技術が東南アジアで急速に発達したのは，急速な経済発展と流通インフラが整備されたことが大きい（口絵図46）．

(3) 優良品種の開発　熱帯果実の品質は近年急速に向上した．たとえば，無核のグアバ，四季成りのマンゴー，穏やかな香りのドリアン，渋みの少ないゴレンシ，酸味が少なくジューシーなサラッカ，甘味が強いドラゴンフルーツなどである．これらの品質改善は生産技術の改善よりも，品種の改良に負うところが大きかった．

コラム1：マンゴーの市民育種

マンゴーには多くの品種が存在する（口絵図55）が，世界の主要な商業品種のなかにはフロリダで成立したものが多い．これは，フロリダがマンゴーの栽培適地だからというわけではけっしてない．むしろ，頻繁に襲来するハリケーンと寒波，低湿地に広がるアルカリ土壌，多湿のために蔓延する炭疽病などが栽培の妨げとなり，商業生産は成立していない．あるのは園芸を楽しむ市民と庭であり，マンゴー栽培は趣味の園芸として楽しまれてきた．フロリダでは各自の好きな味という価値観でさまざまなマンゴーが植えられ，熱心に手入れされている．自家消費され，あるいは近所に配られ，多くの市民が庭先マンゴーの評価を楽しんでいる．良いものがあれば評判をよび，やがて近所で流通しはじめる．こうしてしだいに品種として確立していったのが，キーツやトミーアトキンス，アーウィンといったフロリダ系品種群である．熱帯果樹の品種には，このようにして育種プログラムによらずに成立したものが少なくない．熱帯の庭先栽培は優良品種のゆりかごなのである

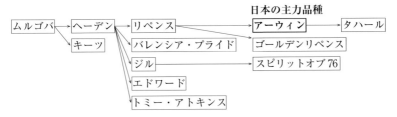

図7.2.1　世界を席巻するフロリダ系マンゴー品種（Campbell, R.J. 1992. A guide to mangos in Florida. Fairchild Tropical Garden (Florida)をもとに作成）

7.2.2 熱帯果樹栽培の技術展開

　品種が成立すれば親と同じ形質を引き継ぐための栄養繁殖の技術も必要になる。熱帯では気温が高いために穂木の消耗が早く，挿し木や接ぎ木には温帯より高い技術が要求される。そのため，寄せ接ぎ，取り木などの工夫が行われる。しかし，熱帯果樹にはまだまだ育種の進んでいない樹種も多い。野生種に近い品種では巨大な樹に成長し，そうなると十分な管理はできなくなる（図7.2.2）。樹冠内部は薄暗く空洞化し，果実生産の効率も低下する。剪定は樹を小さくするのだから生産も低下するとか，巨大な熱帯果樹に剪定はできないといった意識がかつては支配的であったが，樹高を低く仕立てることが高度な栽培管理を可能にするという理解が広まるにつれ，低樹高のほうがかえって収益性は高いという認識に変わりつつある。低樹高になってはじめて適用可能となる栽培技術は多い。農薬や肥料の葉面散布，袋掛けや適期の収穫も低樹高でなければ困難である。

図7.2.2　在来系統のドリアン。巨木に成長し，樹冠には手が届かない。管理はされず，熟して落果した果実を収穫するのみである。（ミャンマー）

（1）剪　定　熱帯果樹においては，萌芽をそろえることも剪定の重要な目的である。萌芽が斉一であればその後の農作業も効率が良いだけでなく，開花の制御もしやすくなる。たとえばリュウガンは，花芽分化促進剤の発見によって東南アジアの低地でも栽培できるようになったが，高温下でも開花を確実にするために，剪定によって樹体をコンパクトにして萌芽をそろえ，薬剤の効果を高めている（口絵図47）。

(2) 袋掛け　袋掛けもしばしば行われる。袋は新聞紙などで作ることが多いが，目的によってビニール袋なども使われ，ビニール袋と新聞紙を併用することもある。害虫防除や日焼け防止，果皮の傷防止などの目的のほか，グアバやレンブなどでは色の薄い果実が好まれるため，着色抑制の目的でも袋かけが行われる。ジャワ島などでは獣害からジャックフルーツの果実を守るのに肥料袋などを掛けている（口絵図48）。

(3) 灌漑　整然と列植された商業園では，灌水チューブやスプリンクラーなどを使った灌水システムがよく導入されている。マウンドの上に植栽して土壌の水切りをよくしたうえで灌水管理を行えば，土壌水分をより厳密に管理することができる。後述するように，ドリアン・マンゴー・リュウガンなどでは薬剤による花芽分化促進技術が開発されているが，土壌乾燥と組み合わせれば薬剤投入の効果は高まる。これらのほかにも乾燥によって花芽分化が促進される樹種は多いので，安価で効果的な土壌水分の制御技術には大きな関心が払われている。

(4) 省力化　これまで熱帯果樹の栽培技術は労働集約的な方向に進んできた。しかし，労働力を高投入して高付加価値の果実を生産するモデルはすぐに転換期を迎えることになろう。経済発展による所得の向上に後押しされて高級果実の需要は高まったが，これはその生産にかかわる労働者の賃金をも向上させる変化と根底でつながっている。その結果，熱帯の果樹園では急速な労働力不足に直面している。その様相は先進国の農業現場と同じであり，賃金の安い周辺国から労働力を受け入れつつも，機械化などによる効率化を余儀なくされている。一時期に多くの労働力が必要となる収穫作業を機械化することには特に関心が高い。機械化のためには，整枝剪定法の工夫が必要になると思われる。

7.2.3　熱帯果樹の多様性

世界には数百の熱帯果樹がある。温帯果樹にはバラ科やミカン科が多いが，熱帯果樹ではそうした偏りはなく，多種多様な果物がある。世界の果物はほとんどが熱帯原産といってよく，それらはほぼすべて熱帯アメリカと熱帯アジアに原産する。熱帯アフリカ原産の果樹は極端に少ない。

熱帯果樹は植物分類学上も多岐にわたっている。世界の果物で系統発生上最も古い被子植物グループはおそらくバンレイシの仲間であり，原始的な被子植物の特徴と古代の虫媒システムを残している。フトモモ科は世界各地の熱帯に適応放散していて，多くの重要な果樹を含む。熱帯にはヤシ科を中心に単子葉の果樹も多い。熱帯果樹は形態的にも多様であり特徴的な外観の果実も多い。

コラム2：熱帯果実の果物ではない食べ方

パンノキの若い果実はデンプン質で充実しており，これを1個茹でると3～4人分の食事になる。甘藷を蒸したような味でなかなかの美味である（口絵図49）。無核の系統もあり，オセアニアやアフリカの一部で主食となっている。バナナも未熟なうちに収穫してヤギ肉などとともにシチューにしたものがアフリカの一部で主食となるほか，炙ったり揚げたりして広い範囲で主食として消費されている。炭火でじっくりと皮ごと黒焼きにした焼きバナナは，皮を剥くと半透明のとろっとした果肉が甘酸調和した絶品であり，スライスしてごま風味の衣でサクッと揚げた天ぷらは，熱帯アジアで最高のスナックである。さらに，世界各地で酒を醸すことにも使われる。これらは果物というより芋に近い利用法であり，果実ではあるが作物の代用をなしている。極相が森林となるような湿潤熱帯で，樹木作物を栽培して果実を主食とすることは，効率的な食糧生産の方法であるといえる。

図7.2.3 バナナの酒（タンザニア）

7.2.4 熱帯果樹の季節性

熱帯には年中収穫可能な果樹がある。たとえばバナナには特定の開花時期はなく，株ごとに開花結実のリズムが異なる。そのため，たくさん植えておけば年中いずれかの個体が収穫可能になっている。このように，植物体が刻む開花結実のリズムが季節変化の影響を受けにくい果樹にはパイナップルなどがある。グアバやパパイアにも特定の収穫期はなく，一年中開花し続け次々と結実するが，同一個体が年中いつでも開花し続けている点でバナナやパイナップルとは異なる。サラッカやココヤシなどもおおむねいつでも開花している。

一方，ほとんどの熱帯果実には決まった収穫期がある。これは，常夏にみえる熱帯にも季節変化があり，果樹はそれぞれの開花習性に従って限られた時期にしか開花しないためである。季節性の開花習性をもつ樹種には，環境変化に応答して花芽分化させているものが多い。熱帯果樹では日長感応性のものは少なく，多くは低温や乾燥のストレスによって花芽分化を開始する。ストレスによって栄養生長を停止させ，生殖生長へと移行するのである。したがって，低温や乾燥の不明瞭なところでは，果実生産は安定しないことになる。

種による開花習性の違いは環境応答の違いによる。そのため，異なる地域では開花期も異なる。花芽分化に一定の低温時期を要求するドリアンを冷涼な1000m近くの高原で栽培すると周年開花する。この温度応答を利用してベトナム南部の高地ではドリアンの周年出荷が行われている。同様のことはほとん

どの熱帯果樹で可能であろう。

　環境ストレスが開花期を限定している例もある。たとえば，パッションフルーツは本来グアバやパパイアのように年中開花し続ける習性をもつ。熱帯高地の冷涼な環境であれば，蔓の伸長とともに次々と花芽を分化し，年中いつでも開花結実している。しかし，熱帯果樹にしては珍しく蔓の伸長は日長に感応性で，高緯度地域では短日となる冬には温暖であっても蔓が伸張せず花芽も形成されない。また気温の高い地域では，冷涼な雨季明けの一時期にしか着花しない。こうしたことから，ほとんどの栽培地で季節性の開花パターンとなり，収穫期も限定される。

7.2.5　熱帯果樹の環境要求性

(1) 温　度　熱帯果樹は熱帯に生育するが，特に高温耐性が高いということはなく，むしろ低温耐性が低いことに特徴がある。ほとんどの熱帯果樹は氷点下では枯死し，弱いものは5℃で枯死する。

　熱帯果樹はしばしば亜熱帯果樹と区別される。亜熱帯果樹を特徴づけるのは，さらなる高温耐性の低さである。熱帯果樹に比べて低温には多少耐性があるがその差はあまり問題にならず，むしろ高温に弱いことに留意すべきである。そのため，チェリモヤやパッションフルーツなどの亜熱帯果樹は，熱帯低地では栽培できない。こうした亜熱帯果樹の多くは冷涼な熱帯高地の原産である。亜熱帯果樹のなかでもアボカドやレイシは少し温度の適応範囲が広く，暖温帯から熱帯低地にかけて栽培される。マカダミアやリュウガンの温度応答もこれらに近い。

　マンゴーの栽培可能な温度の範囲はさらに高温側に拡大する。湿潤熱帯にはあまり適さないが，低地から高地を含むほとんどの熱帯で栽培される。ジャックフルーツやグァバも同様であるが，マンゴーよりもやや低温に弱い。いずれも乾季に一時的に気温が下がる気候でよく栽培される。パパイアやバナナの温度応答もこれらに近いが低温は特に要求しない。ドリアン・マンゴスチン・ランブータンなどは高温多湿を好み，熱帯島嶼部でよく栽培される（図7.2.4）。しかし，気温が少し下がる乾季に花芽分化するので，多少の低温や乾燥はむしろ好ましい。ドリアンとマンゴスチンはしばしば同じところで栽培されるが，環境要求性は微妙に異なる。ドリアンは低温に多少耐えて最低気温が15℃くらいまでの丘陵地にもよく栽培されるが，マンゴスチンにはこうした高原での栽培はみられない。

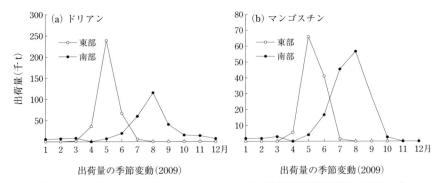

図7.2.4 タイ産ドリアン(a)とマンゴスチン(b)の産地別時期別出荷量の推移。熱帯モンスーン気候の東部では季節変化が明瞭で，乾季の終わりに気温が低くなるといっせいに花芽分化するため，収穫時期も集中する傾向である。熱帯多雨気候の南部では季節変化は不明瞭で，開花期間が長く，出荷時期も長く続く。（タイ農業統計，2009）

(2) 降 雨　熱帯果樹では樹種によって水分要求性が大きく異なるので，降雨条件によって栽培地が異なる。熱帯の湿潤な気候に適しているのはサラッカ・マンゴスチン・ロンコン・ランブータン・ドリアンなどである。バナナ・パパイア・ジャックフルーツも乾燥に弱いが過湿は好ましくない。サボテン科のドラゴンフルーツは乾燥によって容易に枯死することはないが生育は抑制される。マンゴーは深根性であるが乾燥にも強く，明瞭な乾季のある熱帯でよく栽培される。しかし，過湿には弱く，湿潤熱帯ではあまり栽培されない。カシューやバンレイシも同様に，やや乾燥した地域によく栽培される。インドナツメやナツメヤシは耐乾性に優れ，乾燥地でもしばしば栽培される。パイナップルは多雨でも支障はないが乾燥にもよく耐えるため，熱帯半乾燥地でも栽培される。

　乾燥は多くの果樹の新梢伸張を抑制する一方，花芽分化を促進させる傾向があり，その効果は低温と似ている。レンブ・カシュー・バンレイシなどでは乾燥は花芽分化に重要である。柑橘では乾燥による果実糖度の上昇が認められるが，熱帯果樹では必ずしも乾燥で糖度は上昇しない。

　いくつかの樹種はある程度の湛水耐性を示す(10.6節「湿害・洪水」を参照)。洪水の際，マンゴーやドリアンは早々に枯死するが，レイシやマンゴスチンは容易には枯死しない。ココヤシやサポジラには耐湿性にくわえて耐塩性もあり，沿岸部や塩害の影響を受ける低湿地でも栽培される。しかし，ほとんどの果樹にとって湛水は好適な条件ではない。土壌の過湿が頻発する地域での栽培では，明渠を設けるなどして排水に努めるが，ベトナムのメコンデルタやタイのチャ

7.2 熱帯果樹園芸

図 7.2.5 ブドウの高畝栽培における舟を使った薬散作業。ブドウは熱帯低地で栽培可能であり，灌水と施肥を組み合わせて周年収穫を可能にしている。2年に5作の収穫が行われる。（タイ中部）

オプラヤデルタの湿地帯には，水路に囲まれた高畝上でブドウ・パパイア・ブンタン・ココヤシ・マンゴー・サポジラ・レンブなどを栽培する園芸産地が発達している（図 7.2.5，口絵図 50）。

7.2.6 早期出荷や周年栽培の新技術

多くの果樹では，特定の時期に収穫が集中して価格が低迷する問題が深刻である。収穫時期の分散は，果樹栽培農家の長い間の悲願であり，多くの労力がその技術開発に捧げられてきた。

ドリアンでは，ジベレリンの生合成を抑制する薬剤パクロブトラゾール（PBZ）による花芽分化の促進技術が開発され，早期出荷のために実用化されている。土壌乾燥によっても花芽分化は促進されるので，ドリアンはゆるやかな傾斜地や盛り土にしばしば栽培され，チオ硫酸を用いて一斉に萌芽させてから葉が硬化する直前に PBZ を散布する。PBZ は土壌に施与される場合もある。この方法はマンゴーの花芽分化にも有効である（口絵図 51）。

リュウガンでは，花芽分化に**塩素酸カリウム**が有効である。火薬工場にあったリュウガンが時期外れに開花したことから，その有効性が知られることになった。それまで花芽分化に低温が必要であったため，東南アジアでは内陸部の山地に栽培が限定されていたが，塩素酸カリウムによる花芽分化技術が普及すると，開花に必要な低温が得られない低地でも栽培されるようになった。薬剤散布の効果を高めるためには樹体を低樹高に仕立てるのがよく，剪定後に一斉萌芽した枝葉が完全に展開してから葉面散布する。この技術によって，リュウガンの周年出荷が可能になった。

しかし近年は，特別な薬剤などを使用せず，剪定や灌水，施肥のタイミングだけで開花時期を調整する技術が蓄積してきた。レンブやブドウなど多くの樹種で出荷時期を幅広く分散させる栽培が行われている。レンブでは，遮光によって花芽分化を促進する技術が開発されている（図 7.2.6）。逆にパイナップル

図7.2.6 レンブを遮光して花芽分化を促進する技術（台湾南部）

やバンレイシでは，作業の省力化のために，植物ホルモンや剪定技術などを用いて開花時期をそろえ，一斉に収穫できるようしている農家がある。

7.2.7 熱帯の果樹栽培と農村開発

果樹は，換金作物の種類が限られた農村に新規導入することによって，生業の多様化と生活基盤の安定に寄与する余地が大きいと考えられている。また，機能性成分を多く含むことから栄養改善にも貢献できる作物である。果樹の多くはバイオマスの大きい永年性作物であり，その栽培は環境保全機能の高い農業となる。そのため，農村開発のプロジェクトなどでしばしば注目され，新規導入栽培が行われてきた。たとえばタイのロイヤルプロジェクト（7.1節コラム）では，ケシに変わる換金作物として多くの果樹が山岳地帯に導入され，地域に定着している。

7.3 園芸作物

園芸の対象となる作物はおもに野菜や果物であるが，熱帯の多種多様な蔬菜類・果樹類のうち，熱帯での生産量が多く，経済的にも文化的にも重要なバナナ・マンゴー・パパイアについてここで解説する。バナナは主食用作物として，パパイアは野菜としても，熱帯では重要である。

7.3.1 バナナ（banana, *Musa* spp.）

熱帯の農業において，バナナは特に重要な農作物である。それは生産量が世界で最も多い果物であるというだけでなく，地域によっては主食となって人々の生活を支えているからである。熱帯地域の暮らしに深くかかわってきたバナナには，園芸作物としてだけでなく，主食用作物やプランテーション作物としての側面がある。そのため生産形態もさまざまであり，ホームガーデンや家庭

7.3 園芸作物

菜園に組み込まれる一方，主食用の焼畑や販売を目的とした小規模商業栽培，多国籍企業などによるプランテーション栽培などがある。

(1) **系統と品種**　バナナは最大で5m以上にも達する巨大な多年生草本である。バナナ(*Musa* spp.)の祖先野生種は *M. acuminata*(遺伝子型 AA)と *M. balbisiana*(BB)で，栽培種はこれらおよびその倍数体(同質倍数体，autopolyploidy)や交雑倍数体(異質倍数体, allopolyploidy)で，生食用品種と調理用品種が含まれる。日本でよくみかける品種は，フィリピンから輸入されたキャベンディッシュ(Cavendish)である。かつてはグロスミッチェル(Gros Michel)が多かった(9.1節コラム参照)。いずれも遺伝子型はAAAである。世界の熱帯には，ほかにAA・AAB・AB・ABB・BBBといった多くの遺伝子型が栽培されている。一般にAだけの系統は生食用で，Bの系統およびその交雑種は調理用とされるが，必ずしもあてはまらない。調理に使うバナナのうち，特にAAB系統をプランテイン(plantain)とよんでいる(口絵図52)。一方，調理用に使うバナナすべてをプランテインとよぶこともある。その場合，AABだけでなく，ABBやBBBはもちろん，若採りして調理に使うAAA (EAHB, East African Highland Banana, 東アフリカ高地バナナ)さえもプランテインに含む。逆に，AABやABBの遺伝子型をもつ生食用バナナも存在する。バナナには，地域ごとに無数の品種が存在する。生食用と調理用の両方を自家消費する地域では，一村で20以上の品種を数えることもある。生食のほか，揚げバナナ，焼きバナナ，シチュー，酒の醸造にと，さまざまな用途に対してそれぞれ最適の品種が存在する(口絵図53)。

(2) **栽培化**　バナナは人類が栽培化に成功した作物の最高傑作であろう。野生のバナナも甘い果実をつけるが，果実内部は種子ばかりで可食部とよべるほどのものはない。これを人類は，農耕自体の歴史にも匹敵する長い時間をかけて栽培化し，種子をもたず年中収穫できてナイフなしで食べられ，栄養繁殖して栽培容易な現在の栽培種バナナに育種してきたのである。バナナは最も古い栽培植物のひとつであり，5000年から1万年くらい前に東南アジアで栽培化された。それは，たまたま単為結果性を獲得した種なしバナナ(AA)を野生のなかから発見し，住居の近くに移植したことからはじまったと考えられる。その後，確実に種なしとなる三倍体(AAA)が作出された。これらがフィリピン付近に今も残る *M. balbisiana* と交雑して多くの遺伝子型が作出された。東南アジアで栽培化されたバナナは，インドを経由して紀元前にアフリカに到達し，アフリカで調理用品種が多様化した。大航海時代には中南米に到達した。

(3) **生産と流通**　生産量が最も多いのはインドである。ついで多いのは統

計上ラテンアメリカである。しかし，これはプランテーションによる輸出量が反映されている一方，自家消費が多い熱帯アジアやアフリカ諸国の生産量は正確に反映されていない可能性がある。バナナの生産形態は地域によってもさまざまで，東南アジアでは自家消費用の小規模生産と小農による商業生産が中心となっているが，フィリピンでは古くから輸出産業として外国資本によるプランテーション栽培が続けられている。ラテンアメリカでは上述のとおりプランテーション栽培の割合が大きく，アフリカでは西アフリカの焼畑などによるプランテイン(AAB)栽培や東アフリカの高地バナナ EAHB にみられる主食用バナナの栽培がさかんである(口絵図53)。こうした主食用バナナを大規模商業生産する主体はみられず，農家の自家消費と小規模に商業生産された主食用バナナが域内流通しているにすぎない。

(4) **生理と栽培**　高温多湿を好み，生育適温は27℃，10℃以下で生育が停止する。熱帯高地における生育限界は1600 m付近である。土壌の乾燥は生育を妨げるため，降水の安定した地域での栽培が好ましい。強風は葉を傷め光合成を大きく低下させる。開花から成熟に要する期間は3～6カ月で，低温ほど時間がかかる。1株から1年間に約1回収穫されるが，プランテーション栽培では2回目の収穫後に切り倒して改植している。早取りして輸送中に追熟させる方法がよく知られているが，商業生産の場合は国内向けであっても早めに収穫し，流通過程で追熟させている。バナナ果実は熟すと樹上で裂開するので，完熟果実は商品にならない。若採りした果実は13℃で1カ月間保存できる。商業的には，追熟を促すためにエチレン(100 ppm で24時間)が使われる。

(5) **利用**　生食用と調理用に大きく分けられる。生食可能な品種もよく調理に使われるので，世界の調理用としての消費は全体の半分くらいである。熱帯に限れば調理して消費される量のほうが多いであろう。バナナには多くの食べ方があり，生食のほか，菓子として炭火焼き・スライスして揚げ・ケーキやパンなど，飲料としてジュースやスムージー，主食としてシチュー・素揚げ・網焼きなどである。醸造にも使われる。花は野菜として生食や炒め物に使う。葉は皿や食品を包む用途に，また繊維をとって衣料やロープなどに使われる。

7.3.2　マンゴー(mango, *Mangifera indica*)

マンゴーの原産地はインドとされる。しかし，野生種(*Mangifera* spp.)は東南アジアの島嶼部や大陸部にも多くみつかっている。そのなかには，東南アジア島嶼部のクイニ(*M. odorata*)やタイ東北部のカロン(*M. pentandra*)のように品質優良なものが少なくない。マンゴーは16世紀頃には島嶼部を含む東南ア

ジア全域と中近東地域に伝播しており，東アフリカには15世紀に到達していた(口絵図54)。マンゴーの樹は数百年も生き続け，奴隷貿易時代にインド商人らによって植えられた巨大な樹がいまもタンザニアの沿岸部でゴルフボールのような小さな果実をつけている。中南米にはスペインを経由して18世紀頃にもたらされた。

(1) **主要産地と主力品種**　マンゴーは世界の熱帯で栽培されて，品種数もきわめて多い(口絵図55)。最も生産量が多いのはインドであり，ついで多いのは中国である。以下，熱帯アジアと中南米の国々が続く。マンゴーの品種は単胚系と多胚系に大別でき，インド起源の品種には単胚系が多く，東南アジア起源の品種には多胚系が多い。多胚系品種の種子には受精胚と数個の珠心胚が含まれ，珠心胚は母樹のクローンである。すなわち，種子を播いて育てると親と同じ形質の果実が得られる。この特性は，品種の成立に一役買ったと思われる。経済的にみて世界で最も重要な品種はトミーアトキンス(Tommy Atkins)であろう。南北アメリカ大陸での生産が多く，主要な輸出品種である。特別に味がよいわけでないが，輸送性と貯蔵性に優れることで世界を席巻する。多湿なフロリダで育成され，炭疽病に抵抗性がある。インドではアルフォンソ(Alphonso)が主力である。生産量が多く安価であるが，風味が評価されて日本にも加工用濃縮果汁が輸入されている。タイでは完熟果用品種のナムドクマイ(Nam Dok Mai)や未熟果用品種のキアオサワイ(Khieo Savoy)がある。ナムドクマイは甘くて柔らかく生食用に，キアオサワイは青取りしてサラダや料理の付け合わせなどに使われる。カラバオ(Carabao)はフィリピンの主力品種で日本にも輸入されている。インドネシアやマレーシアではアルマニス(Arumanis)が有名で，オーストラリアではケンジントンプライド(Kensingtong Pride)が有名である。

(2) **栽培特性と立地**　しばしば洪水が発生するような低湿地ではマンゴーの経済栽培は困難である。また，開花期の長雨は炭疽病を誘発し，収穫を激減させる。沖縄県でマンゴーがハウス栽培されるのは，寒さ対策というより開花期の長雨を避ける意味合いが強い。逆に，乾燥と高温には高い耐性をもつ。乾季の数カ月間降雨がなくてもマンゴーは枯れない。地下水に到達する深い根をもつためでもあるが，鉢植え個体でも無灌水で数週間耐え抜く耐乾性を示す。年間降水量600 mm程度のサバンナ地域でも栽培は可能である。また，低温や乾燥は花芽分化を促すのに有効で，15℃以下の夜温が1週間程度続き，この間に雨が降らなければたいていの品種は花芽分化する。これは熱帯モンスーンにおける乾季当初の条件と一致するが，このような環境要求性から，明瞭な乾

季をもつやや乾燥した地域での栽培が多い。

7.3.3 パパイア(papaya, *Carica papaya*)

　パパイアは，世界の熱帯・亜熱帯にみられる巨大な草本である。種子から容易に繁殖でき，生長が速くて1年以内に結実し，年間をとおして収穫可能である(口絵図56)。野菜や果物として利用される。商業的な生産もみられるが，熱帯の農村ではむしろ自給用に家庭菜園などに栽培されることが多い。

(1) 伝播と品種　　熱帯アメリカ原産である。スペイン人によって16世紀に東南アジアへ持ち込まれたあと，急速に世界の熱帯に広がった。実生繁殖されるために多様な系統に分かれ，品種の成立は20世紀以降と遅かったが，繁殖・栽培が容易なことから家庭菜園の重要な作物として世界の熱帯に定着した。完熟すると柔らかくなって輸送に適さないことからも，ながく商業的な栽培の対象にはならなかった。一方，これらのことが理由で多様な遺伝資源が維持される結果となった。ハワイに導入されてからはソロ(Solo)を中心とした多くの優良品種が育成された。東南アジアの品種のなかにもハワイ系統を改良したものがある。パパイアは雌雄異株であるが，ソロ実生からは雄株は出現しない。食味が優れ，ハワイでは唯一の経済栽培品種である。沖縄などで栽培されるサンライズもソロの系統である。近年では，高さ1mほどで結実しはじめる矮性品種もある。

(2) 栽培特性と立地　　パパイア最大の生育特性は繁殖容易で成長が速いことである。高温下で成長は優れ，播種後半年で開花する。しかも，開花結実し続けるので，収穫がとぎれることがなく，きわめて生産性が高い作物である。一方，養水分の要求量も多い。降水量は1000mm以上が必要である。過湿に弱いため，排水の良い土壌が必要である。ウイルス病にも注意が必要である。標高の高いところで栽培すると気温が低いために風味が落ちる。栽培には25℃以上が望ましい。

(3) 利　用　　パパイアの用途は広い。熟した果実は果物として，未熟な果実は野菜として利用する(口絵図57)。乳液からは薬品や工業原料が得られる。特に野菜としての用途は多様で，未熟なパパイアのサラダはタイやベトナムで人気があり，千切りにした未熟果実は炒め物にもなる。肉を軟らかくする目的で乳液を加えることも各地で行われている。乳液にはパパインとよばれる酵素を含み，消化を助けるはたらきがあるほか，医薬品原料にも使われる。

参 考 文 献

Acedo Jr., A.L., M.A. Rahman, B. Buntong and D.M. Gautam 2016. Establishing and managing smallholder vegetable packhouses to link farms and markets. The World Vegetable Center（Taiwan）

樋口浩和・香西直子・本勝千歳・塚田森生・片岡郁雄・米本仁巳・緒方達志 2012. タイ南部におけるドリアンとマンゴスチンのオフシーズン生産の現状と技術. 熱帯農業研究5：33-43.

Higuchi, H., K. Takata 2018. Similarity of homegarden component species and their genetic distance between Tanzania and Indonesia. African Study Monographs. Suppl. 55：51-84.

星川清親 1987.『栽培植物の起源と伝播』二宮書店（東京）

Kumar, B.M. and P.K.R. Nair 2006. Tropical homegardens. Springer（Berlin）

Paull, R.E. and O. Duarte 2012. Tropical fruits. 2nd edn. CABI（London）

杉浦明編 2008.『果実の事典』朝倉書店（東京）

Yaacob, O. and S. Subhadrabandhu 1995. The Production of economic fruits in South-East Asia. Oxford University Press（UK）

演習問題1　温帯の野菜を熱帯高地に導入する際の注意点を，（1）作物生理学的な視点と，（2）農業技術的な視点とに分けて答えよ．

演習問題2　花芽分化を促す薬剤が開発されるまえは，東南アジアの山地部では，標高の高いところにレイシ，低いところにリュウガンが栽培されてきた．中国南部の山地では逆に，高地にリュウガンが，低地にレイシが栽培される．両種の環境応答性の違いから，栽培立地の違いを説明せよ．

8

工芸作物

　工芸作物(industrial crops)は複雑な工業的加工を経て利用される作物である。熱帯地域の開発途上国では工芸作物の生産が農家の現金収入源になることから，「食用作物の生産を阻害しない範囲で」という条件がつくが，国民生活の向上に重要な役割を果たすことが多い。プランテーション作物として栽培される場合でも，現金収入源になる雇用が生まれることから同様である。途上国では国民の多くが農業に従事していることから，工芸作物生産の重要性は明らかである。また，工芸作物は輸出作物として栽培されることが多いため，国家としても重要な外貨獲得の手段である。

8.1 油料作物

　油料作物(oil crops)は油脂やロウを生産する作物である。近年，原料からの油抽出，精製，加工技術は高度になっている。熱帯諸国で油料作物の新規栽培，生産増加を図るときには，集荷，加工，輸送，販売などいわゆるバリューチェーン全体に配慮する重要性が増している。また，近年の世界経済のグローバル化に油料作物の栽培も強い影響を受け，加工工場へのアクセスの条件を満たせば，①安価で生産でき，②輸送に便利なインフラを備えている地域に栽培が移動している。表8.1.1に2014年における世界のおもな油料種子および果実16種類(15作物)の生産量と，おもな生産国および世界生産に占める割合を示した。少数の国に生産が集中している作物が多く，安定供給という意味で非常に危険な状態にあることを意味している。ここでは主要な11種の作物のうちの8種について解説する。

8.1 油料作物

表 8.1.1 2014年における世界のおもな油料種子の生産量とおもな生産国

	世界生産量(万 t)	収穫面積(万 ha)	収量(t/ha)	おもな生産国(世界生産に占める割合%)
ダイズ	30652	11754	2.6	米国(35) ブラジル(28)
パーム油	27462	1870	14.7	インドネシア(48) マレーシア(35)
パーム核	1533	—		
ナタネ	7380	3612	2.0	カナダ(21) 中国(20) インド(11)
ココナッツ	6051	1194	5.1	インドネシア(30) フィリピン(24) インド(18)
綿実	4699	3475	—	中国(26) インド(26) 米国(10)
ラッカセイ	4392	2654	1.7	中国(38) インド(15) ナイジェリア(8)
ヒマワリ	4142	2520	1.6	ウクライナ(24) ロシア(20)
オリーブ	1540	1027	1.5	スペイン(30) イタリア(13) ギリシア(12) モロッコ(11) エジプト(10)
ゴマ	624	1082	0.6	タンザニア(18) インド(13) スーダン(12) 中国(10)
アマ種子	265	263	1.0	カナダ(33) カザフスタン(16) 中国(15) ロシア(14)
ヒマ種子	195	144	1.4	インド(89)
ベニバナ種子	73	94	0.8	メキシコ(20) カザフスタン(18) インド(15) 米国(13) ロシア(11)
アブラギリ	48	17	2.8	中国(87)
ホホバ	0.015	0.030	0.5	メキシコ(100)
シアーバター種子	55	46	1.2	ナイジェリア(66)
合計	89111	29752		

(FAOSTAT, 2017年5月15日より作成)

8.1.1 アブラヤシ(oil palm, *Elaeis guineensis*)

西アフリカ原産の樹高 20～25 m になるヤシ科の作物である(口絵図 58)。果実からパーム油(palm oil), 種子からパーム核油(palm kernel oil)がとれる。1980 年代から生産が増加し, 2000 年以降は増加が著しく, 現在, 油脂原料生産としては第 2 位の作物であるが, 油脂生産では第 1 位である。含油率がパーム油(中果皮の 45～50%)もパーム核油(胚乳の 45～50%)も高いことによる。以前は, 原産地に近いナイジェリアの生産が多かったが, 現在は世界生産の約 80% がインドネシアとマレーシアの 2 国による。この生産地の移動の原因のひとつとして, 周年降雨のあるこれら 2 国は, 収量が 12～13 t/ha とナイジェリアの 5 倍以上であることが考えられる。通常, 発芽から 11 カ月の苗を 9 m 間隔で正三角形植えに定植し, 6 年目から実を付け, 20～25 年で更新する。アブラヤシ生産拡大は大手農園による熱帯雨林の開墾によっているため, 環境破壊の懸念を生んでいる。

パーム油はパルミチン酸を主成分とし, 酸化安定性からパーム油中心の配合

油で揚げた食品は長期間品質が劣化せず油臭くならないため，日本ではフライ油および即席麺や冷凍食品のプレフライ用にされる。価格が安定していることから，最近ではヤシ油やパーム核油の代用として氷菓用乳脂肪にも使用されている。パーム核油はラウリン酸が主成分であり，用途はヤシ油と同様である。

8.1.2　ココヤシ(coconut palm, *Cocos nucifera*)

太平洋起源であり，ヤシ科では最も古くから人類に利用されている樹高20〜30 mになる作物である(口絵図59)。内果皮(ヤシ殻)の内側に白い胚乳が貼り付いているが，成熟時には1〜3 cmの厚さになる。これを乾燥させたものがコプラ(kopra)とよばれ，含油率は55〜65％であり，この油をヤシ油(coconut oil)という。東南アジアで広く栽培されているが，コプラ生産は油脂原料中第4位の生産量で，その73％がインドネシア・フィリピン・インドの3国による。輸出は世界の78％がフィリピンとインドネシアによる。栽培は苗を8〜10 m間隔の正方形または正三角形植えにし，3〜4年で幹立ちし，6〜7年で結実がはじまる。経済的樹齢は60〜70年とされる。

ココヤシは幹が材木，葉は屋根葺き材，花梗からの溢泌液が砂糖原料，コイヤとよばれる中果皮は褐色の繊維質でタワシやマットの材料，内果皮(ヤシ殻)は硬く，その内側に入っているココナッツミルクは飲料など，多様な用途に利用される。ヤシ油の食用用途ではマーガリンは少ないが，ショートニング，ホイップクリームやラクトアイスが多い。工業用途としてはラウリン酸が多いため，洗剤，石鹸，ヘアケア用品の原料である。

8.1.3　ダイズ(soy bean, *Glycine max*)

日本では食用作物であるが，世界的にみると油料としての利用が圧倒的に多く，全生産量の2/3が油料用である(6.4.1項参照)。生産量は戦後著しく増加して，現在では油脂原料中の第1位の作物になった。その原因として以下の三点があげられる。①ダイズ油はリノール酸が60％であるが，約8％含まれるリノレン酸の酸化が主原因となる「臭の戻り」が原因で食用には向かなかった。しかし，品種改良やリノレン酸への水素添加などの研究が進んでその問題が軽減され，油がサラダ油などの食用にされるようになった。②搾油技術が圧搾法から効率の良い抽出法に進歩したことにより，含油率(18〜20％)の低さをカバーできるようになった。③搾油かすがタンパク質を多く含み，飼料や肥料として高い評価を得た。生産は，1973年の米国のダイズ禁輸により大豆価格が急騰したことがきっかけでブラジルが増産するようになった。

8.1 油料作物

8.1.4 ワタ（cotton, *Gossypium* spp.）

ワタは繊維採種を目的として栽培されるが，その副産物として種子に18～24%含まれる綿実油が利用される。綿実の生産量は油脂原料中の第5位であり，生産国は中国，インドおよび米国の3国が世界生産の62%を占める。輸出は米国・オーストラリア・ギリシアが多いが，その次にコートジボアールやモザンビークをはじめとするアフリカ諸国が名を連ねる。綿実油はリノール酸が52～54%，オレイン酸が20～21%，パルミチン酸が23～24%であり，おもに食用とされる。

8.1.5 ラッカセイ（groundnut, peanut, *Arachis hypogaea*）

日本では食用作物だが，世界的にみると子実生産の50～60%が搾油原料となり，子実生産量は油料原料中の第6位で，油は食用にされる（6.4.8項参照）。生産は中国が世界生産の38%を占めており，次いでインド・ナイジェリア・米国であり，さらにこの下位にはスーダン・タンザニアなどアフリカの国が名を連ねる。日本では輸入油と国産油があり，輸入油は中国・シンガポール・ベトナムの3国から輸入されており，国産油は食用に適さない「クズ実」や食用輸入マメの規格外子実から搾油されている。ラッカセイは含油率が37～38%であり，油の脂肪酸組成はオレイン酸38～42%，リノール酸35～41%であるが，ベヘン酸などの長鎖飽和脂肪酸が多いことが特徴である。そのため，ゲル化などが起こりサラダ油には向かないが，熱酸化に強いため中華料理やフランス料理の強い火力での加熱調理に用いられる。

8.1.6 ゴマ（sesame, *Sesamum indicum*）

アフリカのサバンナ地帯原産のゴマ科の一年生草本植物である（口絵図60）。種子の含油率は約50%で，おもに食用にされる。ゴマの生産量は油料種子中の第10位であるが，第8位のオリーブと収穫面積がほぼ同じにもかかわらず生産量が半分以下なのは，収量が低いためである。また，ゴマは収穫と調整作業に著しく手間のかかる作物である。それでも需要は増加しており，21世紀の生産量増加は特に著しい。ゴマは高温多照を好む作物であり，高温で1茎当たり果実数が増加するが，長日によっても増加する。熱帯地域のように日長時間の変化が小さくても影響があり，収量増加のためには播種期が重要な影響を及ぼす。生産国はタンザニア・インド・スーダン・中国・ミャンマーのほかに西アフリカ諸国が多く，比較的多数の国に生産が分散している。2010年以降のアフリカ諸国の生産量の増加にはめざましいものがある。また，世界貿易量

は約 150 万 t であり，アフリカ諸国からの輸出が世界貿易の 2/3 を占めている。輸入は 2003 年から急に増やしてきた中国が第 1 位で，日本が第 2 位である。日本の輸入は油用が大部分でアフリカからであり，食品用としては白ゴマをパラグアイ，黒ゴマを中国・ミャンマー，金ゴマをトルコから輸入している。

　ゴマ油はリノール酸を 45%，オレイン酸を 40% 含むが，抗酸化作用をもつリグナン類（セサミンが種子の 0.2〜0.5%）を含むことに特徴があり，その健康機能性によって年々需要が増加している。練りゴマや粒ゴマなど食品としての利用の場合，黒ゴマ，白ゴマ，金ゴマ，茶ゴマなど種皮の色による区別が重要になる。

8.1.7　ヒマ（トウゴマ，castor, castor bean, *Ricinus communis*）

　北東アフリカ原産でトウダイグサ科の草本植物であるが，冬の低温にあわなければ多年生になる（口絵図 61）。種子にヒマシ油を 50% 含み，工業用に使われる。搾油かすは猛毒のリシンを含むため肥料にされる。以前はインド・中国・ブラジルの 3 国の生産が多かったが，1990 年代以降インドの一国の支配的状態が進んで，世界生産の 89% も占めている。需要が供給を上回る状態が続いており，生産をインドだけに頼るのは限界になりつつある。種子での貿易が少なく，ヒマシ油，または他国でさらに加工されて 12-ヒドロキシステアリン酸およびセバシン酸などの誘導体の形で輸出されている。インドにおいてはハイブリッド品種の栽培がさかんであるが，熱帯で大規模単作を行うとヤガの幼虫などによる食害で壊滅的打撃を受ける場合があるため，混作が必須になる地域がある。リシノール酸が構成脂肪酸の約 90% であり，これがユニークな物理的・化学的特性を示す原因である。ヒマシ油は古代エジプトから利用されており，下剤として有名であったが，現在，さまざまな誘導体に転換されてハイテク分野を含む工業用に特殊で幅広い用途をもっている。潤滑油・潤滑グリース，合成繊維・合成樹脂（ナイロン原料・ポリウレタン），プラスチック添加剤，インキ・塗料，界面活性剤，化粧品，皮革油剤などである。ヒマシ油は環境負荷の小さな原料として注目をあつめ，ウレタン原料としては環境面が評価されて需要が堅調に推移している。

8.1.8　ナンヨウアブラギリ（ジャトロファ，jatropha, physic nuts, *Jatropha curcus*）

　熱帯アメリカ原産のトウダイグサ科に属する 3〜10 m になる小高木である（口絵図 62）。現在では広く熱帯地域で栽培または半野生になっている。植物体全体に毒性物質を含み，動物が忌避することから，しばしば圃場や家を囲む

生け垣にされている。ジャトロファ油は19世紀半ば頃までは煙の少ない街路灯油として重用され，20世紀になって燃料作物として考えられ，1970年代の石油ショック後，バイオディーゼルへの利用の研究がブラジルでさかんに行われた。日本でもタイでの生産を目標に調査研究が行われたが，実用化していない。

　このほかのおもな油料作物として，ホホバ(jojoba, *Simmondsia chinensis*)，シアーバター(カリテ, shea nut tree, karite, *Vitellaria paradoxa*)，ワサビノキ(モリンガ，horse radish tree, ben oil tree, drumstick tree, *Moringa oleifera*)などがある(口絵図63)。また，メキシコとインドのベニバナ，地中海沿岸地域のオリーブ，中国南部のアブラギリ，ナタネ，ヒマワリおよびアマも熱帯・亜熱帯で栽培される。

8.2　糖料・デンプン料作物

8.2.1　サトウキビ(sugar cane, *Saccharum* spp.)

　サトウキビは，イネ科サトウキビ属(*Saccharum*)の多年生草本で，ニューギニア原産の *S. officinarum* と *S. robustum*，インド原産の *S. sinense* と *S. barberi*，アフリカ原産の *S. spontaneum* に分類される。栽培の歴史はインドが最も古く，紀元前にさかのぼるが，作物化されたのは紀元前15000〜18000年にニューギニアと周辺の島々であったとされる。

(1) **南西諸島におけるサトウキビの品種変遷と多様性**　琉球時代には *S. sinense* が栽培されていたが，1902年頃，台湾，ハワイ，ジャワなどから海外品種の導入がはじまった。1932〜60年には *S. officinarum* のインドネシア(東ジャワ)の糖業研究所で育成されたPOJ系統，1961〜89年にはインドで交配・採種し，南アフリカで育成されたNCo系統が，1990年代前半からは台湾糖業研究所で育成されたF系統が主要品種群となった。日本で育成されたNiF8(農林8号)は，2000年代より主要な品種となり，黒穂病，黄さび病等の重要病害に対する抵抗性が強く，多収かつ早期高糖性なため，現在も種子島など一部地域では主要品種である。現在は，NiF8を母本としたNi27(農林27号)が2010年に奨励品種に指定され，沖縄の主要な品種となっている。南西諸島では単一品種(多くが導入品種)の占める割合が長期にわたって高く，依存度が大きかった。しかし，育種技術の発達した現在では，適地適品種の志向のもと，多くの農林品種が育成され，品種構成も比較的多様となり，気象災害や病害蔓

表 8.2.1 世界のサトウキビの主要生産国の収穫面積,収量,原料茎生産量,粗糖生産量および歩留り

国　名	収穫面積 (1000 ha)	収量 (t/ha)	原料茎生産量 (1000 t)	粗糖生産量 (1000 t)	歩留り (％)
インド	4,739	70.0	331,926	22,500	6.78
中　国	1,827	69.3	126,522	9,681	7.65
タ　イ	1,408	74.1	104,363	10,000	9.58
パキスタン	1,233	54.9	67,668	6,000	8.87
インドネシア	440	58.3	25,666	2,413	9.40
フィリピン	403	72.6	29,273	2,150	7.34
ベトナム	351	57.4	20,114	1,522	7.57
イラン	108	75.4	8,145	850	10.44
日　本	23	45.1	1,034	119	11.48
米　国	354	95.6	33,816	3,563	10.54
メキシコ	811	74.4	60,318	6,635	11.00
グアテマラ	256	94.4	24,151	2,950	12.22
キューバ	452	37.3	16,863	1,800	10.67
ニカラグア	82	85.6	6,987	713	10.20
エルサルバドル	90	70.1	6,346	770	12.13
ドミニカ共和国	138	32.3	4,446	500	11.25
ブラジル	9,111	74.8	681,952	40,600	5.95
コロンビア	441	96.7	42,642	2,450	5.75
アルゼンチン	379	64.4	24,418	2,175	8.91
ペルー	103	124.1	12,764	1,300	10.18
エクアドル	109	72.9	7,913	560	7.08
豪　州	393	90.3	35,500	5,230	14.73
南アフリカ	289	56.1	16,234	1,700	10.47
エジプト	139	115.8	16,094	1,122	6.97
スーダン	75	80.1	6,040	728	12.05
スワジランド	42	110.9	4,650	605	13.01
ケニア	79	89.7	7,072	750	10.61
モロッコ	8	75.3	605	30	4.96
エチオピア	75	92.2	6,872	522	7.60
世界合計,平均	23,957	76.2	1,730,395	129,937	7.51

(2016/2017年度　農畜産業振興機構(ALIC)資料より作成)

8.2 糖料・デンプン料作物

延に対するリスク軽減に貢献している(口絵図64)。一方で，品種選択の難しさや一圃場内での異品種混植といった問題も顕在化してきている。

(2) 生産状況　世界の収穫面積は約2400万haで，第1位はブラジル(約910万ha)で全体の約39%，次いでインド(約470万ha)が19%を占める(表8.2.1)。総原料茎生産量は約17億tで，第1位がブラジルで約6.8億t(世界総生産量の39.4%)，インドが約3.3億t(同19.8%)で，両国あわせると世界総生産量の半分以上になる。わが国の生産地は南西諸島に限定され，生産量は約100万tである。収量はペルーの約124 t/ha，エジプトの約116 t/haが高く，日本はおもな生産国のなかでは最下位の約45 t/haである。しかし，1998年には沖縄県で約240 t/haもの収量が記録されており，台風や干ばつなどの自然災害も少なく条件さえ整えば，このように高い潜在能力が発揮される。粗糖生産量と原料茎生産量はほぼ一致した傾向を示し，両者の比を歩留りという。豪州の約15%が最高で，日本の約12%は上位に位置する。

(3) 形態・物質生産　茎の長さが3～4mになる大型植物で，栄養体で繁殖可能である。茎径は1.5～4cmで多数の節と節間からなり，多い品種では40～50節に及ぶ。節と隣接する節間部には，成長帯，根帯，根基，芽，葉鞘痕，蝋帯，成長亀裂がある。節間の内部は充実し，やや硬く多汁質で，成熟期には多量の糖分を含む。葉身内部には，C_4型光合成を行うクランツ構造をもち，CO_2濃縮のためのC_4経路があるために高い光合成能力を発揮する。根は苗からでる蔗苗根と，発芽成長後に茎の各節の根帯からでる茎根があり，深根性で多数のひげ根が根系を形成する(図8.2.1)。サトウキビの初期生育は種子からはじまるトウモロコシやソルガムに比べ緩慢で，その改善がサトウキビ育種の

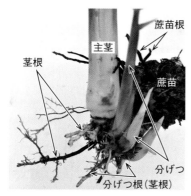

図8.2.1　サトウキビの根系。蔗苗根，茎根および分げつ根がある。

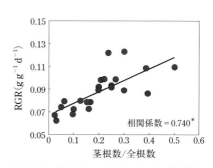

図8.2.2　移植後30日目における茎根数/全根数と相対成長率(RGR)との関係(*：5%水準で有意)

大きな課題のひとつである。品種によっては地下部の発達や分布が著しく異なり，全根数に占める茎根の割合が大きい品種が生育の初期段階の相対成長率（RGR）を大きく支配し，深根性とは直接的な関係はない（図8.2.2）。

C_4型光合成の最初の発見は，ハワイのサトウキビ研究所における業績である。そのため，サトウキビの光合成・蒸散に関する研究は数多い。野生種の光合成速度は栽培種より高く，葉の厚さと関係している。サトウキビの光合成速度は2000 µmol/m²/s以上の光量子密度でも飽和せず，強光では40〜60 µmol/m²/sと，C_3植物のイネの約2倍である。光合成最適温度は32〜40℃で，67 t/ha/年という高い乾物生産量も報告されている。サトウキビには耐乾性の高い品種もあり，葉の水ポテンシャルが−2 MPa近くまで低下しても光合成がある程度維持されるものもある。また，葉身窒素含率は2%前後でイネ（3〜4%）に比べると低いが，もともと比葉面積（葉面積/葉乾物重）が低いため，光合成速度は高く窒素利用効率（単位窒素当たり光合成量）はきわめて高い。

ショ糖収量は，蔗茎収量×糖度 で決まり，蔗茎収量は 茎数×1茎重 で決まる。これら各要素を高めるには，生育初期の発生茎数を増やして葉面積の拡大を促し，生育中期には茎の伸長肥大を促すために葉面積の拡大を継続し，かつ受光態勢が良好な草型を維持することが重要である。生育後期の茎への糖蓄積を促すためには，日射量が多いことと乾燥した条件が重要である。

(4) **栽培および作型**　サトウキビは有機物を多量に自己生産し，連作障害は少ない。沖縄における作型は「夏植え」，「春植え」，「株出し」に大別できる。沖縄でも地域で異なるが，夏植えは7月下旬〜10月下旬に植付け，先島（宮古諸島と八重山諸島）や南大東島で8月上旬〜10中旬にかけて植付け，翌々年の1〜3月に収穫する。春植えは，2〜3月に植え付け，翌年の1〜3月に収穫する。株出しは，収穫後の株の萌芽茎を肥培管理して再度収穫する方法である。栽培期間は，夏植えが約18カ月，春植えと株出しは約12カ月である。したがって，夏植えは収量が高いものの，病害虫・台風・干ばつなどの自然災害を受けやすく，収穫量の年次変動が著しい。また，夏植えは収穫から植付けまで畑を裸地状態にしておく期間が長いので赤土流出の原因ともなり，環境保全の面から緑肥や被覆植物の活用が必要である。熱帯では一般に，乾季のはじめまたは雨季の直前に植え付ける新植では12〜18カ月ほどで収穫されるが，株出しでは11〜12カ月くらいで収穫になる。地力などによるが，株出栽培では1〜3回くらい栽培が行われる。

(5) **収穫と加工**　収穫は手刈りと機械（ハーベスター）刈りの2通りがある。手刈りが理想的で，工場搬入後の歩留りも高いが，労働が過酷なため機械刈り

8.2 糖料・デンプン料作物

へ移行しつつある。

工場では，細断した蔗茎を圧搾して得た汁液を加熱しながら石灰乳を混和して不純物を沈澱・ろ過により除去し，濃縮，結晶化の工程を経て，ショ糖の結晶と糖蜜とに遠心分離し，糖分97％の分蜜糖（粗糖）を製造する。黄褐色を呈する分蜜糖は精製糖工場に輸送され，精白・再結晶を通じて，白糖・グラニュー糖などの製品となる。蔗茎汁を煮沸して石灰乳を加え，不純物を沈澱除去して得たショ糖と糖蜜の混合物を凝固させたものが黒糖（含蜜糖）である。基準糖度帯は13.1～14.3度である。糖度と収量は逆相関の関係にあるので，重量と糖度を同時に向上させる栽培技術の開発が必要である。

単糖類にはブドウ糖（glucose）と果糖（fractose），二糖類にはショ糖（sucrose），麦芽糖（maltose），乳糖（lactose）が，三糖類にはラフィノース（raffinose）が，多糖類にはデンプン（starch）およびセルロース（cellulose）がある。

コラム：砂糖以外の用途

蔗茎汁を絞った残渣をバガスといい，製糖工場の燃料になるほか，パルプや家畜飼料となる。バガスを炭化した「バガス炭」を畑に還元すれば，良質の土壌改良剤となる。炭化の過程で得られる木酢液もさまざまな用途が期待できる。ショ糖製造の副産物である糖蜜は糖濃度が50％前後で，蔗糖，ブドウ糖，果糖，ミネラル成分，有機酸類，アミノ酸類を含み，ラム酒，アルコール化，有効成分の抽出などに利用されるが，サトウキビ畑に10倍に希釈して散布すると微生物の活動が活発になり，収量と糖度が高まる。不純物は肥料，残葉部は飼料や堆肥となり，サトウキビは全体を余すことなく利用できる。

8.2.2 サゴヤシ（sago palm, *Metroxylon sagu*）

デンプン料作物としては本書ではサゴヤシを取り上げたが，このほかにキャッサバ（6.3.1項参照）などのイモ類やトウモロコシ（6.2.1項参照）が広くデンプン料作物として利用される。

サゴヤシは，トウ亜科・サゴヤシ属 *Metroxylon* 節の常緑高木である（口絵図65）。同属 *Coelococcus* 節の4種が大洋州に分布する。sagoという名の由来は，ジャワ語でヤシの髄から得るデンプンの意味であったが，多くの言語でデンプンの総称となっている。他のヤシやソテツの幹，キャッサバから得るデンプンをsagoとよぶことも多い（パプア語ではパン，マレー語では食料粉を意味する）。従来は，サゴヤシを葉柄のトゲの有無により2種に分類していたが，現在は1種として扱っている。

(1) 産　地　ニューギニア島と周辺のマルク諸島を含む地域が原産と考えられる。現在は，タイ南部からマレーシア，インドネシア，フィリピン中・南部，パプアニューギニア，ソロモン諸島まで，東南アジア島嶼部とメネラネシアの一部の赤道を挟む南北緯10度以内の地域に分布する。他の作物が生育できないような低湿地，泥炭土壌，硫酸酸性土壌，汽水域にも生育でき，環境適応力が高く，沿岸部から標高700m程度まで，おもに湖沼や河川近くに生育する。

幹に多量のデンプンを蓄積し，バナナ，タロイモ，パンノキと同じく古い時代から利用されてきた。中国南部での考古学的発見から，約5000年前，稲作が広まる以前は，ヤシの幹から得たデンプンが亜熱帯アジアでも主要な食物であったと考えられている。原産地域の住民にとっては，今も主食としての重要性は変わらない。1997年発行のFAOの資料では，分布地域全体の生育面積は約250万haとみられ，インドネシアとパプアニューギニアが大きく，それぞれ約140万haと100万ha，ほかにマレーシアが約4.5万ha（東マレーシアが約4万ha）である（表8.2.2）。これらの多くが自然林で，そのうち利用されて

表8.2.2　サゴヤシの推定生育面積

国・地域	自然林(ha)	栽培林†(ha)
パプアニューギニア	1,000,000	20,000
東セピック州	500,000	5,000
ガルフ州	400,000	5,000
他州	100,000	10,000
インドネシア	1,250,000	148,000
パプア州(西パプアを含む)	1,200,000	14,000
マルク州	50,000	10,000
スラウェシ島		30,000
カリマンタン		20,000
スマトラ島		30,000
リアウ諸島		20,000
ムンタワイ諸島		10,000
マレーシア		45,000
サバ州		10,000
サラワク州		30,000
西マレーシア		5,000
タイ		3,000
フィリピン		3,000
他の国々		5,000
合　計	2,250,000	224,000

† 半栽培を含む.

(Flach, M. 1997. Sago palm *Metroxylon sagu* Rottb. International Plan Genetic Resources Institute (Rome)より作成)

いるのは10％程度である。近年は，東マレーシアや，インドネシアのリアウ州や西パプア州でも商業的なプランテーションがみられるが，全体としては小規模農園の割合が多い。デンプンの年間生産量は，インドネシアが約20万t，パプアニューギニアが約2万tである。東マレーシアのサラワク州は2011年に約5万tを輸出している。インドネシアのリアウ州にある企業もサゴデンプンの輸出をはじめている。

(2) 形態と成長　　サゴヤシは種子繁殖とサッカー(sucker，吸枝)による栄養繁殖の両方が可能であるが，一般に，親木から切り離したサッカーを水苗代のような状態で3～5カ月間養成し，新しい根の発生を待ってから移植する。サッカー苗の移植栽培では，苗の定着率は必ずしも高くない。それに対し，インドネシアやタンザニアで行われた実生苗を用いた試験栽培では，サッカー苗よりも定着は良好であった。植え付けから約4年後，幹が形成され，樹齢12年前後で幹長約10 m，樹高約15 m，幹直径45 cm前後となる。形成層はなく幹は二次肥大成長をしないので，樹齢による幹直径の変化はあまりない。

　原産地では，葉柄・葉軸に着生するトゲの有無，長短，疎密，縦にはしるバンドの有無や色の特長からさまざまな民俗変種(folk variety)に分類されている。しかし，DNA多型解析からは，サゴヤシ個体群の遺伝的距離は地理的分布と関連し，マレー諸島東部地域で遺伝的多様性が大きいものの，形態的特徴との対応関係はみられない。

(3) 収量と生産性　　幹の中の髄(pith)デンプン含有率は成長にともなって変化して，幹の伸長終期から開花期に最高値に達し，収穫の適期となる。果実発育期に入ると，デンプン含有率が低下しはじめ，成熟期には全体的に低くなる。収穫に達するまでの年数や樹体のサイズは生育環境，特に土壌の自然肥沃度，あるいは民俗変種によって異なる。土壌環境についてみると，鉱質土壌では8～12年で収穫期となるが，泥炭質土壌では12～15年と差がある。塩水が混じる条件では，過剰なナトリウムイオンが地上部，特に小葉へ移行するのを抑える塩ストレス回避性が発揮され，蒸散速度を低下させて体内水分状態の悪化を防ぐ生育反応がみられる。栽培する場合には，サッカーの本数を制限するなどの管理によって，母樹を収穫した後も同一株を継続して利用することが可能となる。収穫適期の髄密度0.8前後，乾物率40％前後，乾燥した髄のデンプン含有率は70％前後であり，幹1本当たり300 kg前後の乾燥デンプンが得られる。自然林，半栽培林，栽培林で単位面積当たりのデンプンの生産力は異なり，それぞれ7，11，18 t/haと推定され，イネや主要なイモ類と比較して高い。

(4) デンプンの特性と利用　　伝統的な家族労働では，伐採した幹を縦に割

り，先端が平らな手斧のような道具で髄を掻き出し，おがくず状の髄をサゴヤシの葉鞘で作った樋状の容器に入れ，水をかけてデンプンを揉み出す。これを樋の先に取り付けたココヤシの繊維を通過させて髄の繊維分を取り除き，えぐり貫いたサゴヤシ幹で作った丸木舟状の水槽に入れてデンプンを沈殿させる。このような伝統的方法では，デンプン抽出効率は50％程度である。産業規模では抽出，乾燥過程が機械化され，その場合は伐採した幹を1m前後の丸太(ログ)に切断し，剥皮以後の工程が行われる。

　デンプンの粒径は30μm程度で，ジャガイモより小さくコムギより大きい。アミロース含量，ゲル化性は種実デンプンに近く，構造特性や粘度はタピオカやジャガイモなど根茎デンプンに近い。コムギ，コメ，タピオカよりタンパク質，脂肪などの含量が低い。食品としての利用は地域によって異なるが，①水で溶いたデンプンに湯をかけたもち状，②ビスケット状に焼き上げたもの，③パンダナスなどの葉で包み蒸し焼きにしたもの，④ココナッツミルクや魚のすり身などと混ぜて粒状にして炒ったものなどが主食となる。このほか，麺，ソーフン(サゴデンプンを20％程度混合したビーフン状麺)，練物，焼菓子，揚菓子，冷製デザートの材料に使われる。サゴデンプンはアレルギーを起こしにくい食料粉としても期待されている。工業的には，デンプン糖，加工デンプン，調味料などとして利用される。日本では年間2万tが輸入され，打粉として利用される。高い粘性やアミロース含量を生かした利用，石油代替エネルギー原料としての利用が期待され，バイオエタノール変換や生分解性プラスチック製造の研究が進められている。

8.3　ゴム料作物

　ゴム・樹脂料作物としては，パラゴム，クワ科のインドゴム，キョウチクトウ科のキョウチクトウ，マメ科のアラビアゴム，トウダイグサ科のマニホットゴムなど500種類にのぼるが，天然ゴム生産の90％以上をパラゴムが占めている。

8.3.1　パラゴム(para rubber, *Hevea brasiliensis*)

　パラゴムは，南米アマゾン原産のトウダイグサ科の高木である。樹液を加工した生ゴムを工業原料とする。利用がはじまったのは18世紀半ばからで，1876年にブラジルから英国へ持ち出され，王立キュー植物園が育成した。1898年までにマレー半島においてプランテーションが開かれた。

8.3 ゴム料作物

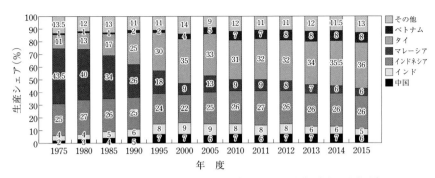

図 8.3.1 天然ゴムの生産シェアの推移(国際ゴム研究会 資料より作成)

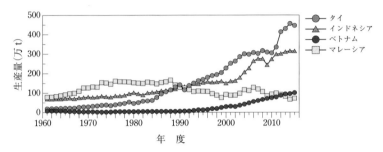

図 8.3.2 主要生産国における天然ゴム生産量の推移(FAOSTAT より作成)

　2010年の世界の天然ゴム生産量は約1,000万tであるが，主要な産地は東南アジアで，タイが約300万tと世界の31%，インドネシアが約260万tで26%と，2カ国で56%を占める(図8.3.1, 8.3.2)。天然ゴムの需要は，石油加工品である合成ゴムの普及により一時低下したが，近年，品質に優れる天然ゴムの需要が再び高まっている。世界全体の1961年の約200万tから2005年には約1,000万tと40年あまりで5倍に増大した。天然ゴムは，大型トラックや航空機のタイヤ素材として必要不可欠であるほか，地震対策用の免震システムの要としても欠かせない物質である。外科手術用ゴム手袋などの医療材料においても薄く弾性に富む筒状製品の製造には天然ゴムラテックスが必要で，合成ゴムでは代替できない。このような特徴から，感染症拡大への対応や防災といった分野での需要の伸びが天然ゴム価格の変動に強い影響を与えている。ただし，後述のように植樹から数年後でなければ乳液を採取できず，急速な需要増加にも対応し難いという側面がある。
　樹高は20～30 m，幹直径は50～60 cmになる。葉は長卵形の小葉3枚からなる複葉。幹には樹皮と形成層の間の篩部組織に乳管が走行しており，傷をつ

けると白色の乳液(latex)が得られ，樹齢が5〜6年に達するとゴム原料となる乳液の採集が行えるようになる。樹齢15〜18年が最盛期であり，経済的に乳液を採集できる期間は約30年である。

原産地が熱帯雨林地域であることから，年間降雨量が2000 mm を超える地域が適地と考えられていたが，現在は，熱帯モンスーンや熱帯サバンナにも栽培が広がっている。一時的な冠水には耐性を示すが，排水の良い弱酸性の肥沃な土壌で表土が厚いところが最も栽培に適する。表土が浅いところでは，有機物の投与などが望まれる。土壌の保水性が良ければ，乾季がある地域でも栽培できる。一般に，雨季の雨の降っていない日の朝しか乳液採取はできない。季節的に落葉がみられるため，落葉の時期には，乳液の採取を行わない。

繁殖には，実生苗に優良系統の芽を接いだ芽接ぎ苗が用いられている。台木にはカビに強い系統が，穂木には多収の系統が選ばれる。マレーシアゴム研究所（PRIM）では，乳液収量を高めるために，ブラジル原産種とPRIM改良種の交配系統を作出している。また，成木の木材量を高めるために，早生タイプのクローンも選抜されている。

もともとプランテーション作物であったが，タイやインドネシアでは4〜5 ha の小規模農家での生産が増えている。それにともない，苗木生産に特化する農家もみられるようになった。原油価格に連動したゴム価格の変動により，すばやく他の業態へ移る者もでるなど，不安定な状態も生じている。苗木生産では，接ぎ木を行う（口絵図66）。穂木の活着率は80%程度である。育苗期間は庇蔭を必要とする。栽植間隔は地域によって異なるが，6.6×3.3 m ないし5×4 m 程度の並木植えで，450〜500 本/ha 程度の栽植密度がとられている。経済樹齢に達するまでは，しばしば他の作物が混作され，タイではキャッサバ，パイナップルが多い。スリランカでは，茶園の被覆樹を兼ねることもある。

乳液の採取作業をタッピングといい，樹齢5年以上で開始する。幹の周囲を，木の生長が阻害されない程度の深さ（形成層の外側）にまで，乳液管と交差するように斜め線状に切り，流れ出る乳液を下部に取り付けたカップに採取する。乳液を得るための傷つけには，まず樹皮に1本切れ込みを垂直に入れ，次に，幹周囲の1/3から半分程度にわたって螺旋状に25〜30°の角度で左から右下方向に切れ込みを入れる。乳液の量は早朝ほど多いので，タッピングは10時頃前には終わるように行われる。生育年数の長い木ほど多くの乳液が得られる。1本の樹から採取できるのは3〜3.5 kg/年であり，年間生産量は1300〜1500 kg/ha 程度である。

乳液のゴム含有量は30〜40%，主成分は炭化水素のシス-1, 4 ポリイソプレ

ンである。金網でろ過，異物を取り除いて，少量の酢酸または蟻酸を加え，凝固させる。ローラーにかけて水洗し，乾燥したものが生ゴムとなる。近年，パラゴムの木材が安価な家具材料として需要が高まり，樹液採取年限を短縮して材として価値あるうちに伐採する農家もでている。主としてヨーロッパ方面へ輸出されている。また，種子には20～30％の油分を含み乾性油として利用できる。

―― コラム：ゴムの名前の由来 ――

ゴムという名は，こすって字を消せることから，「こするもの(rubber)」と付けられた。パラゴムのパラという語は，ブラジル北部のパラ港に由来する。コロンブスの新大陸到達以後，パラゴムの存在は知られていたが，栽培が広まったのは19世紀末である。

8.4 嗜好料作物

8.4.1 チャ (tea, *Cameria sinensis*)

チャは亜熱帯原産の植物で，原産地は中国雲南省付近とされている。初めて利用したのも中国で，紀元前から飲用・食用とされ，6世紀初頭には薬用として利用されたことが唐時代の薬書「神農本草経集注」に記載がある。

(1) 変種と伝播 チャは，中国変種(var. *sinensis*)とアッサム変種(var. *assamica*)に分けられる。ほとんどの品種は二倍体であるが，日本の「まきのはらわせ」，「はつみどり」，南インドの「UPASI3(B/5/63)」（口絵図67）は三倍体である。アッサム変種は樹高が高く，地際の枝分かれが少なく，葉が大きくて葉の先端が尖っている。中国変種は樹高が低く，地際での枝分かれが多く，葉が小さい。耐寒性はアッサム変種では弱く，中国変種は強い。発酵性は変種間に差がないが，カテキン，カフェイン含有量についてはアッサム変種で多い。アッサム変種からは紅茶が，中国変種からは紅茶と緑茶がつくられる。繁殖は種子と挿し木が一般的である。自家不和合性が強く遺伝的に固定できないため，栄養系繁殖品種の導入が不可欠である。しかし，挿し木では樹の根が浅く，干ばつや多雨などの気象災害に弱い。それらの弱点を改良するために，南インドでは接ぎ木挿し（図8.4.1）が急速に普及している。台木には地下部の生育が良い品種を用いる。

図8.4.1 チャの接ぎ木挿し（インド）

チャは雲南省付近から中国全土，中国国外へ広がり，国境を越えて往来していたタイ族などの少数民族によってベトナム北部，ラオス，タイ北部，ミャンマー北部，インド・アッサム州へ伝えられた。この地域にはミャンマーのラペソー，タイのミアンのような漬物茶や，中国雲南省の竹筒茶，涼拌茶葉など，少数民族によって伝えられた食用茶が残っている。ラペソーは柔らかい新芽を用い，蒸熱によって酸化酵素を失活させ(殺青)，堆積発酵後水洗いするため，苦渋味が緩和されて柔らかくて風味がよく，都市部へも消費が広がっている。ラペソー以外は成葉を用いるため，繊維が残り，噛み続けながら少しずつカフェインを摂取する。若い世代の嗜好にあわず，消費が減少している。19世紀のヨーロッパでは産業革命の影響で茶の消費が貴族階級だけでなく一般市民にまで広がり，中国からの輸入だけでは不足した。そのため英国植民地のインド・セイロン(現スリランカ)，オランダ植民地のインドネシアでチャ栽培が始まった。20世紀に入るとチャ産地は東アフリカまで拡大した。

(2) **茶の種類**　茶は緑茶，黄茶，白茶，青茶，紅茶，黒茶の6種類に分類される。緑茶は新芽を収穫後，ただちに酵素の発酵を止め，外観の緑色と新芽内の化学成分が変化しないようにした後，揉捻，乾燥を行う。黄茶は殺青後，悶黄とよばれる密閉性の高い容器の中で放置して，茶葉自身の熱と水分で変化させる工程を経て，乾燥を行う。生産量はきわめて少ない。白茶は萎凋と乾燥だけで，揉捻を行わない。青茶(半発酵茶)は萎凋中に攪拌を行うことによって，香気を発揚し，殺青後，揉捻，乾燥を行う。紅茶(発酵茶)は萎凋後，殺青を行わずに揉捻し，発酵を行った後，高温で発酵止めを行ってから通常の乾燥を行う。黒茶以外の茶の発酵は微生物によるものではなく，酵素による化学反応である。黒茶は，殺青して軽く揉捻した後，堆積して微生物による発酵を行う。

紅茶の製茶は，①萎凋，揉捻，発酵，乾燥工程によるオーソドックス製法，②揉捻後ローターベインで圧搾，破砕して発酵を促すセミオーソドックス製法，③揉捻に代わって異なる回転数のローラー2本で茶葉を捻って引き裂き，潰して粒状にするCTC(Crush-Tear-Curl)製法がある。青茶にも台湾の東方美人のように発酵が進んで水色(紅茶の浸出液の色)が濃く，紅茶にもダージリンやネパールのファーストフラッシュのように発酵が軽く，外観に緑色が残り，水色がレモンイエローのものもある。両者の区別は発酵の程度ではなく，殺青後揉捻するのが青茶(半発酵茶)，殺青せずに揉捻するのが紅茶である。

(3) **世界の代表的な茶産地の状況**

　a) **中国**　国別のチャ栽培面積も茶生産量も第1位であり，どちらも伸び続けている(表8.4.1)。チャは揚子江の南の地域で栽培され，最近は雲南省・

表 8.4.1 世界のおもな国別チャ栽培面積，茶生産量および輸出量（2014年）

	面積(千 ha)	生産量(千 t)	輸出量(千 t)
中　国	2,650	2,096	301
インド	567	1,200	205
ケニア	203	445	499
スリランカ	188	338	318
ベトナム	125	175	132
インドネシア	121	134	66
トルコ	77	130	5
日　本	45	81	4

（公益社団法人 日本茶業中央会(2016)のデータから作成）

貴州省・四川省・湖北省など内陸部の栽培面積が伸びている。中国では，さまざまな種類の茶がつくられているが，最も多いのは緑茶である。緑茶・青茶・紅茶・白茶・黒茶のほか，緑茶にジャスミンなどの香りを付けた花茶がつくられている。上等のジャスミン茶は花で香りを付けるが，普及品は香料を添加して着香する。緑茶の殺青は，日本の煎茶のように蒸熱によって行うものはほとんどなく，釜で炒る方法が大部分である。中国の緑茶は収穫後ただちに殺青するのではなく，短時間萎凋して香気を発揚させるものが多い。青茶は，発酵が進んだものから発酵が浅いものまで多種多様である。白茶は福建省で生産される。未展開の芽のみ，あるいは未展開の芽と上位1～2葉を手摘みしたものを原料とする。紅茶の製法は中国で確立されたが，世界の紅茶生産量に占める割合は少ない。中国の紅茶は形状をよく締めて撚ることを目的としているため，萎凋での水分減がインドやネパール産の紅茶と比べると少なく，水色が赤くて漢方薬のような香りである。黒茶は雲南省，四川省などの内陸部が産地である。成型しない散茶と圧力をかけて成型した緊圧茶とがある。緊圧茶は散茶を蒸気で蒸して型に入れて，圧力をかけてレンガ状，餅状，碗状に成形する。茶を固めることで酸化を防ぎ，体積を減らし，保存，運搬しやすくする。数十年熟成され，高価で取引されるものもある。

　b) インド　　チャ栽培面積，茶生産量とも世界第2位である。古くから茶園が開かれた北インドでは，英国人が植民地時代に持ち込んだエステート方式が主流である。エステートの所有者は，植民地時代は英国人であったが，独立後インド人へ移行した。北インドの代表的な産地はダージリンとアッサムである。ダージリンは傾斜地で，ほとんどが中国変種とアッサム変種の雑種の実生で，標高が低いところはアッサム変種の影響が大きく，高いところは中国変種

の影響が大きい。花や果物のような香気が特徴で，知名度は高いが，生産量は1万t以下と少ない。すべて手摘み，オーソドックス製法である。ファーストフラッシュは2000年以降，萎凋でカラカラに乾かして酵素活性を弱めて，発酵が浅いグリニッシュ(greenish)な紅茶が多くなっている。アッサムは平坦地で，降水量が多く，茶園には明渠(めいきょ)が掘られて，庇蔭樹が植えられている。すべてアッサム変種で，品種の導入を進めている。手摘みであり，オーソドックス製法とCTC製法と両方行われている。水色や味が濃い。

南インドはエステート方式が主体であるが，小規模生産者も増加している。実生繁殖の茶園も残るが，有名なエステートは積極的に，三倍体で多収な品種UPASI3(B/5/63)（口絵図67），フルーティーな香りで評価が高い品種「CR6017」などを導入している。庇蔭樹が植えられていて，鋏摘みが主流であるが（口絵図68），今後，機械摘みへ移行する場合は庇蔭樹の配置が課題である。オーソドックス製法，セミオーソドックス製法，CTC製法のいずれも行われている。標高が高い地域が多く，水色が明るく，すっきりとした香味が特徴である。

c) ケニア　　チャ栽培面積，茶生産量とも世界第3位である。南アジアのチャ生産国は経済発展で，長い間一人当たり1日1米ドルであった人件費が数ドルまで値上がりして，生産費が高くなり，チャ産地はケニアやさらにその周辺諸国へ移っている。ケニアのチャ産地は標高1500mから2200mの高原で，気温の日較差が大きく，冷涼な気候で，降水量は2000mm以下で病害虫の発生が少ない。インドやスリランカと異なり，庇蔭樹が植えられていない。傾斜はゆるやかで，機械化にも対応でき，今後の発展が期待される。エステートの規模はインドより一桁大きく，数十haで，エステート内には住宅，高等学校レベルまでの学校，病院のほか，スタジアムまで備わっていて，すべて無料である。品種の育成は公的機関であるKTDA(ケニア茶開発機構)の他，エステートでも行われている。アッサム変種が中心で，新芽の長さが30cm近いが，柔らかい。収穫は鋏摘みが多い（口絵図68）。紅茶の製法はCTC製法が主体で，水色が明るく，香りがよい。CTC製法だけでは茶園の知名度が上がらないので，最近はオーソドックス製法も行われるようになっている。大規模エステートのほか，耕地面積2ha程度の小規模生産者によってもチャ栽培が行われている。小規模生産者はKTDAの直営工場に原料を持ち込んで加工を行う。小規模生産者は単位面積当たりの収量性が低く，生産性の向上が今後の課題である。

d) スリランカ　　チャ栽培面積，茶生産量とも世界第4位である。日本への輸入はスリランカ産が最も多い。スリランカのチャは標高別にハイグロウン，ミディアムグロウン，ロウグロウンに分けられている。海岸沿いの平地は熱帯

雨林やゴムなどが栽培されていて，ロウグロウンといっても標高は 600 m 以上である。標高地別のコロンボのオークション価格は，1993 年まではハイグロウンが最も高かったが，1993 年以降はロウグロウンが最も高い。スリランカの全茶生産量の 60％以上がロウグロウンで生産されている。収穫方法は手摘みが大部分である。ハイグロウンはエステート方式が多い。品種の普及率は 50％前後で，実生繁殖の茶園が残っている。チャ樹はアッサム変種と中国変種の雑種が多い。紅茶の製法は，セミオーソドックス製法が多い。ミディアムグロウンは，最も早く茶園が開発されたところである。小規模生産者や品種の割合はハイグロウンより多い。紅茶の製法は，セミオーソドックス製法が多い。ロウグロウンは小規模生産者の割合が多く，ケニアとは反対に小規模生産者のほうが生産性が高い。チャ樹はアッサム変種の品種がほとんどで，樹齢が若い。セミオーソドックス製法が主体であるが，オーソドックス製法，CTC 製法も行われている。スモーキーな香気や濃厚な水色と味が特徴で，中東やロシアに輸出されている。

8.4.2　コーヒー (coffee, *Coffea* spp.)

　アカネ科・コーヒー属に属する常緑小高木の総称である。コーヒー属は 2006 年に分子生物学的手法により分類が見直され，*Coffea* 属と *Baracoffea* 属の 2 亜属に分けられた。経済的に重要なのは，*Coffea* 亜属のアラビカ種 (*C. arabica*)，カネフォラ種 (*C. canephora*)，リベリカ種 (*C. liberica*) であるが，アラビカ種とカネフォラ種で世界のコーヒー生産量の約 99％を占める。生産されるコーヒーの 75％以上が輸出されており，60％以上がアラビカ種である。世界のコーヒー産業の約 70％はアラビカ種が占める。リベリカ種はほとんどが生産地で消費されている。

(1) 産　地

　a) アラビカ種 (アラビアコーヒー，Arabian coffee)　　味，香りともに優れ，現在最も広く栽培されている。エチオピアの標高 1500〜2000 m の山岳地帯が起源と考えられている。当初のコーヒーは食用で，アラビアで初めて飲料にされたといわれる。アラビアへは 10〜11 世紀頃に伝えられて薬用とされ，13 世紀には移植導入された。飲料としての利用は，初めは豆を煮出したものであったが，14 世紀以降には焙煎が行われるようになり，15 世紀以降は飲用として，特に飲酒が禁止されているイスラム教徒の間で広まった。ヨーロッパへは 1615 年に伝えられ，以後 17 世紀末までに広く普及した。

　コーヒーの需要が伸びるに従い重要な輸出産業になっていったことから，ア

ラビアでは生豆の輸出を禁止し，輸出品は熱湯で発芽力を失わせたものに限り，独占を強化した。しかし，1695 年にはインド南西部へ繁殖力のあるコーヒー豆が伝わり，アラビア以外での栽培がはじまった。1699 年にはオランダが領有していたジャワへ持ち込み，アムステルダム植物園を経て世界各地へ伝播した。1723 年にフランスは西インド諸島マルティニーク島に移植，それから中南米へ急速に広まった。現在では大産地となっているブラジル産のコーヒーが初めてヨーロッパに入ったのは 1818 年であった。セイロンでは，1869 年にさび病が発生してコーヒー栽培が全滅に至り，その後に，茶産業が興った。ジャワのコーヒーは最高級と評価されたが，やはりさび病が伝播し，やがて耐病性の強いカネフォラ種に植え替えられた。このようにアラビカ種は病害虫や高温に弱いため現在では高地で栽培される。

アラビカ種の生産が多いのは，ブラジルで世界全体の約 45％，次いでコロンビアが約 13％，他にはエチオピア，ホンジュラス，ペルー，メキシコ，グアテマラ，インド，インドネシア，コスタリカの順であるがいずれも数％である。

b）カネフォラ種（ロブスタコーヒー，コンゴコーヒー，robusta coffee, Congo coffee）　成長が早く，収穫量も多く，病虫害に強く，低地でも栽培できる。強い苦味とコクが特徴である。1897 年に，フランスの植物学者ピエールがアフリカ西岸でさび病性耐性を有するカネフォラ種の一変種を発見し，命名した。アフリカの南北緯 10 度以内の西海岸からウガンダにかけて自生がみられる。1898 年にコンゴで発見されたものが *Coffea robusta* と命名されたが，後に *C. canephora* と同一種であるとされ，現在では *C. robusta* はシノニムとして扱われる。厳密に示せば，*C. canephora* var. *robusta* である。しかし，植物名としての整理が行われるまえに，一般にロブスタコーヒーとしての名前が定着した。今日栽培されているいわゆる「ロブスタ」の多くがこの変種である。種小名に採用され，後に変種名となった robusta という語は，ラテン語で「強い，大きい，壮大な」を意味する形容詞である。カネフォラ種はさび病だけでなく，他の病気や害虫にも強いといわれ，アラビカ種よりは高温多湿に耐え，粗放的な栽培にある程度適応できる。

品質としてはアラビカ種より劣るが，ブレンドコーヒーやインスタントコーヒーの原料として利用が増え，近年は需要が伸びている。カネフォラ種の生産が多いのは，ベトナムの約 40％，ブラジルの約 25％，インドネシアの約 10％であり，次いでインド，ウガンダ，コートジボアール，マレーシア，タイ，タンザニア，マダガスカルが数％ずつである。

c) リベリカ種(リベリアコーヒー，Liberian coffee)　原産はリベリア。アラビカ種に替えてさび病への耐性が期待されたが，感受的となった。また，香りが乏しく，品質が低いことから他の2種に比べると栽培はきわめて限られている。生産量は世界のコーヒー生産量の1%以下であり，スリナム，リベリア，コートジボアールなどでの現地消費が主となっている。

(2) **形態と生育特性**　コーヒー属植物は種により倍数性が異なり，アラビカ種は四倍体($2n = 4x = 33$)であるのに対して，カネフォラ種は二倍体($2n = 22$)である。しかし，アラビカ種とカネフォラ種あるいはリベリカ種の自然交雑による系統，アラビカ種とカネフォラ種の交配によるアラブスタとよばれるハイブリッドものもある。

樹高はアラビカ種が5mであるのに対してカネフォラ種は10mと大きい。リベリカ種はさらに大きく17mに達する。葉の長さも種で異なり，アラビカ種10〜15cm，カネフォラ種15〜30cmである。アラビカ種の根は深く，カネフォラ種では浅い特徴がある。生育に適する気温と降水量は，アラビカ種が16〜24℃，1500〜1800mmであるのに対して，カネフォラ種が19〜32℃，2000〜3000mと比較的高温や多湿に適応力がある。

開花時期はアラビカ種が雨季直後で，成熟まで7〜9カ月であるのに対して，カネフォラ種の開花は不定期で，成熟までの期間はやや長く8〜10カ月である。成熟にともないアラビカ種では落果がみられるが，カネフォラ種では枝に留まる。葉腋に着生する花房数はアラビカ種とカネフォラ種では4〜8で，花房当たりアラビカ種で4つ，カネフォラ種が6つの白色の星状花を着ける。コーヒーの果実は楕円形で，成熟が進むに従い，緑色から濃紅色に変化する。外側から外果皮，果肉，内果皮，種皮(銀皮)と種子包被組織があり，その内側に2個の半円球をした種子がある(図8.4.2)。

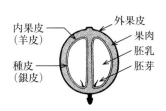

図8.4.2　コーヒー果実の縦断面図

(3) **収量と生産性**　2016年の世界全体でコーヒーの年間生産量は約920万tであり，地域的には南米が約410万tと45%を占め，次いでアジアが約290万tで31%，アフリカが約110万tで12%，北・中米が約110万tで12%程度である(FAOSTAT)。表8.4.2には年間生産量が10万tを超える国を示したが，ブラジル，ベトナム，コロンビア，インドネシアが特に多い。単位面積当たりの収量は世界平均で840 kg/haであり，ベトナムとブラジルの収量が高く，コロンビアが平均に近い。インドネシアで生産量が多いのは収穫面積が大きいた

表 8.4.2 コーヒー生産量が多い国の収穫面積，収量と年間生産量(2016年)

地域・国名	収穫面積(万 ha)	収量(kg/ha)	生産量(万 t)
南 米	343.0	1198.7	411.1
ブラジル	199.5	1513.5	301.9
コロンビア	86.6	860.5	74.5
ペルー	38.4	723.4	27.8
アジア	261.7	1090.9	285.5
ベトナム	59.8	2444.5	146.1
インドネシア	122.9	520.4	63.9
インド	39.7	876.6	34.8
ラオス	7.8	1753.5	13.7
中 国	4.2	2752.0	11.4
アフリカ	301.1	373.3	112.4
エチオピア	70.0	669.7	46.9
ウガンダ	38.3	530.7	20.4
コートジボアール	105.8	97.3	10.3
北・中米	186.3	575.7	107.2
ホンジュラス	38.3	947.0	36.2
グアテマラ	27.4	861.3	23.6
メキシコ	64.6	235.0	15.2
ニカラグア	12.0	952.2	11.4
世 界	1097.5	840.2	922.2

(FAOSTATより作成)

めである．収量は，カネフォラ種がアラビカ種の約1.5倍である．

図8.4.3には，年間生産量が1万tを超える国々のなかで，生産量の推移が特徴的な例を示した．ブラジルとインドネシアは，1960年代から生産が多くこれまで増産が続いており，ベトナムは1990年から急増してきている．ペルー，エチオピア，ホンジュラスも生産を伸ばしているが，コートジボアール，メキシコ，グアテマラは生産を減らしている．近年になって生産を伸ばしているのは，ラオスと中国であり，高い収量に支えられている．中国での生産増は，国内の経済的な成長とそれにともなうコーヒーの消費増大によるものである．近年の世界全体でのコーヒー生産量の増加率が平均2％前後であるのに比べて，中国では消費量・生産量ともに年平均15％前後の増加を続けている．

(4) 栽 培　種子を苗床に播種してから1〜2カ月で出芽がみられる．半年ほどは庇蔭条件で育苗する．約1年で移植する．アラビカ種では，移植から3〜4年で収穫できるようになり，その後3〜4年で最盛期となり，約20年で更新する．果実の色が赤くなりはじめてから約10日後から2週間ほどが収穫期となる．収穫後の調整には，湿式加工法(果実を脱肉後，豆を自然発酵，水洗後に天日乾燥し，羊皮，銀皮を除去)と乾式加工法(果実を天日乾燥，果肉，羊

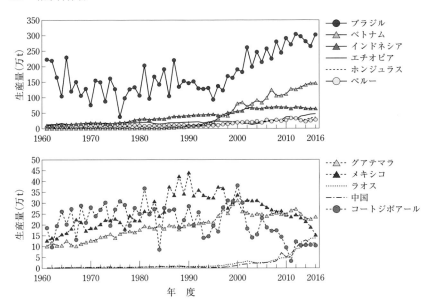

図 8.4.3 生産量の推移が特徴的な国々の 1961～2016 年のコーヒー生産量
（FAOSTAT より作成）

皮，銀皮を一度に取り除く）がある．地域によっては本圃でも庇蔭栽培がみられる（口絵図 69）．庇蔭栽培は葉温上昇や昼夜温格差を抑えるなど環境ストレスの軽減につながり，収量の安定化と多収への効果が期待できる．インドネシア東ジャワのコーヒー・カカオ研究所では窒素固定が期待できるマメ科樹種を導入し，減肥栽培に向けた取り組みを行っている．

(5) 特性と利用　コーヒーの生豆中には，多糖類が 50～55％，少糖類 6～8％，脂質 12～18％，遊離アミノ酸 2％，タンパク質 11～13％，クロロゲン酸類 5.5～8％，カフェイン 0.9～1.2％，トリゴネリン 1～1.2％，脂肪族酸 1.5～2％，無機成分 3～4.2％が含まれる．200～250℃で 15 分程度の焙煎を行うと，豆中の芳香成分が揮発性となり，カフェインの遊離，炭水化物のカラメル化が生じ，風味がでる．焙煎した豆の成分は，多糖類が 24～39％，少糖類 0～3.5％，脂質 14.5～20％，タンパク質 13～15％，クロロゲン酸類 1.2～1.3％，カフェイン 1％，トリゴネリン 0.5～1％，脂肪族酸 1～1.5％，無機成分 3.5～4.5％である．

8.4.3　カカオ（cacao, chocolate tree, *Theobroma cacao*）

カカオは，アオギリ科デオブロマ属に属する熱帯南アメリカ原産の常緑小高木である．属名は，ギリシア語の theos（神）と brōma（食べ物）に由来する．カ

カオの利用，栽培のはじまりはメソアメリカの文化と密接にかかわっている。メキシコ湾岸に築かれた中米最古のオルメカ文明(紀元前1200年頃から紀元前後)にはカカウという語があり，カカオを最初に利用したと伝えられる。遅くともマヤ文明(紀元前後から16世紀頃)の初め頃までには栽培化されていたと考えられる。カカオは儀式で重要な役割を果たし，貴重品だったため通貨としても用いられていた。当初，果肉が飲み物として利用され，やがて，種子をすりつぶしたものから飲み物を作るようになり，トウモロコシ粉，唐辛子やバニラなどの香辛料・調味料を加え，嗜好品，薬用，強壮用に飲用した。カカオは16世紀になってからヨーロッパに伝えられた。18世紀後半に生じた各地の革命にともなう流通の混乱とコーヒーや紅茶の普及によって，カカオの生産と消費は停滞した。1828年にオランダでいわゆるココア，1847年に英国でチョコレートの原型といわれる固形チョコレートの製造がはじまり，その後の用途と利用が広がった。

(1) **形態と生育特性**　成長すると樹高7〜10 m，幹直径10〜20 cm，樹冠直径7〜9 mとなる。幹，枝の不定芽から幹生花をつけ，紡錘型で長さ15〜30 cm，直径7〜10 cmの果実を生じる(口絵図70)。この中に25〜50個ほどの約2.5 cmの扁平で長卵型の種子が生じ，これがカカオ豆となる。年間24〜28 ℃で，降雨量が1500〜2000 mmの湿潤熱帯の気候が生育に適し，南北緯15度の範囲に栽培される。自生は熱帯雨林森林下層でみられる。庇蔭条件のほうが樹高は高くなる。施肥，水分条件にもよるが，80 %程度の遮光条件で収量が良いとの報告がある。環境が整えば，年間を通じて開花・結実するが，乾季のはじめと雨季のはじめに開花数が増える傾向がある。

(2) **産地と生産性**　16世紀から17世紀にカリブ周辺や南米が産地となった。16世紀中頃にはオランダ領インドネシアのジャワへ伝わり，17世紀に入ってからスペインによりフィリピンに導入された。アフリカでは，1820年以降1900年代にかけてコートジボアール，カメルーン，コンゴ，ガーナ，ナイジェリアなどで栽培が広まった。

　表8.4.3には，年間2万t以上の生産をあげている国々の収穫面積，収量と生産量を示した。現在では，アフリカの生産量が圧倒的に多く，世界全体の生産量約450万tの67 %以上を占めており，なかでもコートジボアールがアフリカ全体の49 %，世界全体の22 %にあたる量を生産している。アフリカの次に多いのはアジアで，世界の15 %強にあたる約68万tとなっているが，その約96 %がインドネシアである。収量の世界平均は約440 kg/haであり，アフリカと中米の国々で高い。1961年以降コートジボアール，エクアドル，ペルー，

表 8.4.3 カカオ生産量が多い国の収穫面積，収量と年間生産量(2016年)

地域・国名	収穫面積(万 ha)	収量(kg/ha)	生産量(万 t)
アフリカ	640.7	468.4	300.1
コートジボアール	285.1	516.4	147.2
ガーナ	168.4	510.0	85.9
カメルーン	72.4	402.7	29.2
ナイジェリア	83.8	282.2	23.7
トーゴ	5.4	953.5	5.2
ウガンダ	5.8	414.8	2.4
アジア	181.9	375.4	68.3
インドネシア	170.1	386.1	65.7
南 米	154.2	379.7	58.5
ブラジル	72.0	297.0	21.4
エクアドル	45.4	390.9	17.8
ペルー	12.6	859.4	10.8
コロンビア	16.6	338.7	5.6
ベネズエラ	6.4	360.7	2.3
中 米	29.9	484.3	14.5
ドミニカ	17.3	469.8	8.1
メキシコ	5.9	457.4	2.7
オセアニア	13.0	402.8	5.2
パプアニューギニア	11.1	405.3	4.5
世 界	1019.7	438.0	446.7

(FAOSTAT より作成)

ドミニカが生産を伸ばしている(図8.4.4)。インドネシアは1990年前後から2010年頃まで大きく増産したが近年下がっており，ブラジルは1980年代後半をピークに減ってきている。

(3) 栽 培　排水・保水力とも良好な土壌が適する。有効土層の深さは60 cm 以上が望ましい。一般には，半年程度育苗した苗を移植し，土壌の自然肥沃度にもよるが，2.5～3.5 m の栽植間隔がとられる。マメ科樹種を庇蔭樹としても用いることが多く，庇蔭条件では無遮光の条件よりも施肥量が少なくてよいといわれる。近年，インドネシアなどでは有機栽培も取り組まれている。植え付けから4年で収穫できるようになり，それから6年程度で最盛期となる。最初の収穫から20年前後まで経済的な生産が可能である。1本の木から得られる果実の量は年間70～80個で，約20個の果実から乾燥重量で1 kg のカカオ豆がとれる。単位面積当たりの収量は世界全体で大きな差がある。多収上位の3カ国の収量は，2016年の実績で，タイの約3 t/ha，グアテマラの2.7 t/ha，セントルシアの1.7 t/ha である。

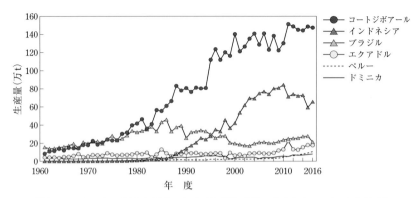
図8.4.4　カカオの主要生産国における年間生産量の推移(FAOSTATより作成)

　栽培品種は多いが，おもなものは，①クリオロ(成熟した果実の色は黄色または赤色で果皮は薄く，種子が大きく丸く品質が良いが，低収量で病虫害に弱い)，②フォラステロ(成熟果は黄色で果皮は厚くて堅く，種子は小さいが強健で多収であるものの，品質はクリオロに劣る)，③トリニタリオ(クリオロとフォラステロとの交雑による品種で，形態その他の諸特性に変異が大きく，なかにはフォラステロの強健性とクリオロの良質性とをそなえた優れた系統がある)である。

(4) 加工と利用　　果実を収穫して，切り開いてから果肉と一緒に種子を取り出し，発酵させて種子を分離する。発酵後のカカオ豆は貯蔵のために，天日もしくは60～70℃で乾燥して水分6～7%に調整する。その後，90～140℃で焙煎し，着色と芳香を醸し出す。種皮を除いて粗挽きしたものをカカオニブといい，さらに摩砕した液状のペーストをカカオマスといい，脂肪分を50～60%を含む。これを圧縮して脂肪分を1/3程度までにし，粉末にするとココアパウダーが得られる。テオブミン約1%を含有する。ココアパウダーを作るために除かれた脂肪分がカカオバターとなる。カカオマスに砂糖とカカオバターを加えてチョコレートを作る。チョコレート様の香味を有するカカオバターは，一部がチョコレートの製造に用いられるほか，融点がヒトの体温に近いため，座薬，軟膏の基材，化粧品(おもに保護剤としてクリーム，乳液，口紅あるいは石鹸などに配合)，香料などに用いられる。搾油した残渣にはなお3分の1のカカオバターが残っているが，これを粉にしてココアの原料とする。カカオニブを作るために取り除いた殻(種皮)は，飲料の製造，チョコレートやココアの増量材，家畜飼料，肥料として用いられる。

参考文献

阿部芳郎監修　1988.『油脂・油糧ハンドブック』幸書房(東京)

東哲司　2017. カカオ.『作物栽培体系7　工芸作物の栽培と利用』(巽二郎編)　朝倉書店(東京) pp.161-166.

東哲司　2017. コーヒー.『作物栽培体系7　工芸作物の栽培と利用』(巽二郎編)　朝倉書店(東京) pp.154-161.

Carrier, A. and J. Berthaud　1985. Botanical classification of coffee. In: Coffee: botany, biochemistry and production of beans and beverage. (M.N. Clifford, and K.C. Willson eds.) Croom Helm (London & Sydney) pp.13-47.

Chevalier, A.　1947. "Les caféiers du globe III. Systématique des caféiers et faux caféiers. Maladies et insectes nuisibles", Encyclopedie biologique 28, Fascicule III, P. Lechevalier (Paris)

Davis, A.P., R. Govaerts, D.M. Bridson, and P. Stoffelen　2006. An annotated taxonomic conspectus of the genus *Coffea* (Rubiaceae). Bot. J. Linn. Soc. 152: 465-512.

Ehara, H., Y. Toyoda and D. Johnson　2018. Sago Palm: Multiple contributions to food security and sustainable livelihoods. Springer (https://www.springer.com/la/book/9789811052682)

堀江武　2000. 作物学(Ⅱ).『工芸・飼料作物編』(石井龍一編)　文永堂出版(東京) pp.63-68.

池田奈実子　2017. ミャンマー・ナムサン郡における茶生産. 東海作物研究 147: 1-7.

池原真一　1969.『沖縄糖業論』琉球分蜜糖工業会. pp.1-4.

岩間眞知子　2009.『茶の医薬史—中国と日本』思文閣出版(京都) pp.3-21.

木村登　1979. サゴヤシの害虫及び有害動物. 熱帯農業 23: 142-148.

宮里清松　1986.『サトウキビとその栽培』日本分蜜糖工業会(東京)

長戸公・下田博之　1977. サゴヤシの生産の現状とその将来性. 熱帯農業 23: 160-168.

中林敏郎他　1995.『コーヒー焙煎の化学と技術』弘学出版(川崎)

中村聡・後藤雄佐・新田洋司　2015.『作物学の基礎Ⅱ. 資源作物・飼料作物』農山漁村文化協会(東京)

新垣秀一　1982. 沖縄県の糖業振興発展に貢献したサトウキビ品種の一察.『大東糖業30年の歩み』大東糖業株式会社. pp.198-205.

西川五郎　1960.『工芸作物学』農業図書(東京)

大石貞男　1991.『茶の科学』(村松敬一郎編)　朝倉書店(東京) pp.1-2.

幸書房　2017. 日本の油脂事情. 2011年8月17日～9月1日投稿, 油脂のトピックス, 最新油脂事情. http://www.saiwaishobo.co.jp/yushi/

サゴヤシ学会編　2010.『サゴヤシ——21世紀の植物資源』京都大学出版会(京都)

坂本孝義　2014. "本場の発酵茶"見聞録(3)～中国江蘇省における紅茶生産～. 茶 67 (3): 26-29.

巽二郎　2017. ゴム料作物.『作物栽培大系7　工芸作物の栽培と利用』(巽二郎編)　朝倉書店(東京) pp.136-141.

陳椽　1979. 茶葉分類的理論与実際. 安徽省茶業学会，茶業通報，1・2 合刊，1-10.
Tomlinson, P.B.　1990. The structural biology of palms. Oxford University Press（New York）
戸谷洋一郎監修　2012.『油脂の特性と応用』幸書房（東京）
Yang X, Barton HJ, Wan Z, Li Q, Ma Z, Li M, Zhang D, Wei J　2013. Sago-type palms were an important plant food prior to rice in southern subtropical china. PLoS ONE 8(5)：e63148. doi: 10.1371/journal.pone.0063148
安庭誠　2010.『歴史に学ぶ明日のさとうきび栽培技術』農畜産業振興機構（東京）

演習問題1　油料作物には過去に(現在も)生産国が変化しているものがあるが，その原因となったものは何だろうか．

演習問題2　熱帯の開発途上国で外貨獲得などをねらって，これまでに栽培のなかった油料作物の栽培を開始しようとするとき，考えなくてはならない重要な点は何だろうか．

演習問題3　砂糖の生産はブラジルが第1位，インドが第2位，タイは第3位である．国民一人当たりの砂糖の消費量の最も多い国はどこか．

9

熱帯の植物防疫

　植物防疫とは，農作物に対して有害な動植物を駆除して，そのまん延を防止し，農業生産の安全および助長をはかることである。熱帯における植物防疫で特筆すべきことは，主因となる生物の多様性と，プランテーションなどに見られる単純な農業生態系である。年間を通じて絶え間なく発生する多様な病害虫により，やはり年間を通じて栽培される農作物の約30％が失われている。農地や水といった資源には限界があるから，病虫害での損失量を減らし，安定した供給に寄与することが求められる。さらには温暖化等の環境の変化は，さまざまな病害虫の分布域の北上をもたらしている。熱帯の病害虫について学ぶことは，遠からず日本の将来の植物防疫を学ぶことでもある。

9.1　病　　害

　植物もヒトと同じく病気になる。そして，その被害はときとして破滅的で，人類の歴史を変えるきっかけとなる。16世紀に中南米より欧州に導入されたジャガイモは，欧州で広く栽培されるようになっていた。1845年に欧州で発生したジャガイモ疫病（late blight）は，ジャガイモを主要な食糧として頼っていた貧困層を中心に飢饉をまねき，アイルランドでは100万人以上が餓死した。また，エチオピアの森林地帯を原産地とするコーヒーは，19世紀にはセイロン（現在のスリランカ）で大規模にプランテーション栽培されていたが，1867年にコーヒーさび病（rust）が発生すると，その生産性は著しく低下し，農園主たちはコーヒーの栽培をあきらめて，紅茶用のチャの栽培をはじめた。また，さび病は数年のうちにインド・スマトラ・ジャワへと広まり，いずれの地域もコーヒーからチャの栽培へ移行して，主要なコーヒー産地は中南米へ移っていったのである。また，近年にあっては，中南米におけるダイズ急性枯死症

(sudden death syndrome)や，これまで南米でのみ発生していたムギ類いもち病(blast)が，突如バングラデシュで発生し壊滅的被害を引き起こすなど，植物病害の脅威は増すばかりである。本節では，熱帯・亜熱帯域で発生する植物の病気と病害の特性について概説する。

9.1.1 病気と病害

植物の病気(disease)は"連続的な刺激により植物の生理的機能が乱されている過程"と定義され，つまり"病気はある原因が継続的に作用して起こる植物の異常を表現する用語"とされている。その結果，生じる被害を病害(disease damage)とよんでいる。この病気の多くは生物性要因(biotic factor)，特に微生物による伝染性の病原によるもので，周囲の健全な農作物に寄生して病気を引き起こし，病害を生じるのである。一方，非生物性要因(abiotic factor)としては水分の過不足，栄養要素の過不足による生理病(physiological disease)などがあげられる。

9.1.2 病原の種類

植物病害を引き起こす原因である病原(causal agent)を大別すると，ウイロイド(viroid)，ウイルス(virus)，バクテリア(bacterium, pl. bacteria)，ファイトプラズマ(phytoplasma)，広義の菌類(fungus, pl. fungi)，線虫(nematode)，そして非生物性要因に分けることができる。日本で知られる病害約11,700種類のうち，約8,900(約76%)種類が広義の菌類によるものである。今日広く用いられている生物八界説においては，生物性病原である病原体(pathogen)は原核生物(prokaryote)である真正細菌界(バクテリア，ファイトプラズマ，放線菌)，真核生物(eukaryote)である原生動物界(ネコブカビ)，クロミスタ界もしくはストラミニピラ界(卵菌類)，菌界(接合菌，担子菌，子のう菌)，動物界(線虫)に属する。低分子量の核酸(RNA)のみのウイロイド，核酸(RNAもしくはDNA)と外被タンパク質からなる粒子(キャプシド)を構成するウイルスは生物としての所属は明らかになっていない。

9.1.3 病気の発生の仕組み

植物の病気は病原が存在するだけで発生するものではない。表9.1.1に，熱帯におけるおもな重要病害とその病原を示した。病原は宿主(host)となる植物に対して病気を引き起こす性質である病原性(pathogenicity)を有し，宿主はこれを受け入れる性質である感受性(susceptibility)を備えている必要がある。ま

た，病原が活動するうえで好適な環境条件がそろわなければならない。これらの3つの要因をそれぞれ主因(病原性のある病原)，素因(感受性のある宿主)，誘因(病原に好適な環境条件)とよぶ。この3つの要因がそろってはじめて病気が発生するのである。一方，これらの要因をひとつでも排除できれば病気の防除ができることになる。たとえば，化学合成農薬による殺菌(主因の排除)，抵抗性品種の導入(素因の排除)などである。この主因となる病原の主な**伝染**(dissemination)方法には，菌類の主要な分散手段で，ときに気流により病原菌の胞子が数千キロを移動することが知られる**風媒伝染**(airborne dissemination)，河川，灌水，雨滴などの水を介した**水媒伝染**(water dissemination)，土壌中の罹病植物の残渣や有機物などに生存し，植物へ感染する**土壌伝染**(soil dissemination)，種子の内外に存在し，種子とともに移動して植物に感染する**種子伝染**(seed dissemination)，昆虫やダニを含めた動物により運ばれ植物に感染する**媒介者による伝染**(伝搬，transimission)が知られている。これらの方法をとおして病原は運ばれ，宿主植物への侵入，感染，増殖，発病，伝染(伝搬)，そして新たな植物への侵入というサイクル(伝染環，disease cycle)をまわしている。この伝染環を断ち切ることが病気のさらなる伝染を防ぐうえで重要となる。広義の菌類の多くは自らが産生するさまざまな代謝産物や，物理的構造の形成により，健全な植物表面の組織やさまざまな防御反応を打ち破り**侵入**(invasion)し，**感染**(infection)を確立することが可能である。しかし，その他の病原であるウイロイド・ウイルス・バクテリアは，健全な植物に自ら侵入することはできない。これらは気孔などの自然開口部，風による折れや，地際部に生じたわずかな傷口から侵入している。また，ウイロイド・ウイルス・ファイトプラズマの場合は，アブラムシ・コナジラミ・ヨコバイなどの媒介者が，植物の汁液を吸汁する際に口針や体内に入ることによって運ばれ，媒介者が別の植物の汁液を吸汁する際に侵入する。

9.1.4 熱帯における病害の特性

　熱帯における植物の病気がしばしば深刻な被害を生じる理由として以下のことが指摘されてきた。それは，①熱帯においては季節が明瞭に分かれていないため，年間を通じて胞子などの病原の分散体が空気中に存在する。また，宿主植物もつねにさまざまな成長段階にあり，病原を受け入れる状況にある。乾期にあっても，植物の生育を停止させる状況にならないことがある。②種苗生産システムが比較的脆弱で，病害抵抗性品種や無病種苗の入手が困難なことが多い。③熱帯の膨大な降水量と高湿度は病原にとって好適条件である。④一年生

表9.1.1 熱帯におけるおもな重要病害とその病原

宿　主	病原（種類†）	病　名	備　考
アブラナ科，ウリ科	*Peronospora parasitica*, *Pseudoperonospora cubensis*（C）	べと病 Downy Mildew	（口絵図71(a)）
サツマイモ	*Elsinoe batatas*（F）	そうか病 Scab	（口絵図71(b)）
パパイア	*Papaya ringspot virus*（V）	Mosaic, Papaya ringspot	
ウリ科，ナス科，ヤム，マンゴー，果樹他多数	*Colletotrichum* spp.（F）	炭疽病 Anthracnose	多くの植物に発生し，多くの種が関与する。（口絵図71(c)）
カンキツ類，パパイア，パンノキ，カカオ，バニラ，ヤシ科，タロなど	*Phytophthora nicotianae*, *P. palmivora*, *P. colocasiae* など（C）	疫病 Phytophthora rot, Phytophthora blight	おもに土壌伝染だが，熱帯では雨滴で跳ね上がり数mの高さまで地上部より感染することがある。（口絵図71(d)）
ウリ科	*Didymella bryoniae*（F）	つる枯病 Gummy stem blight	
カンキツ類	*Xanthomonas citri* subsp. *citri*（B）	かいよう病 Citrus canker	
ココヤシ	*Coconut cadang-cadang viroid*（Vd）	カダンカダン病 Cadang-cadang disease	
コーヒー	*Hemileia vastatrix*（F）	さび病 Rust	（口絵図71(e)）
ウリ科	*Cucumber mosaic virus*［CMV］, *Zucchini yellow mosaic virus*［ZYMV］（V）	モザイク病 Mosaic	（口絵図71(f)）
ダイズ，レタス，アブラナ科，セリ科など	*Sclerotinia sclerotiorum*（F）	菌核病 Stem rot	
ダイズ	*Fusarium solani* f.sp. *glycines*（F）	急性枯死症 Sudden death syndrome	
トマト	*Ralstonia solanacearum*（B）	青枯病 Bacterial wilt	（口絵図71(g)）
イネ，ムギ類	*Pyricularia oryzae*	いもち病 Blast	ムギ菌はイネに病原性はない。
イ　ネ	*Xanthomonas oryzae* pv. *oryzae*	白葉枯病 Bacterial leaf blight	
バナナ	*Fusarium oxysporum* f.sp. *cubense*（*F. odoratissimum*）	パナマ病（新パナマ病）	コラムを参照（口絵図71(h)）
バナナ	*Pseudocercospora fijiensis*, *P. musae*	シガトカ病 Black Sigatoka, Yellow Sigatoka	Blackはほとんどのバナナに病原性があり被害も大きい。AAAはYellowに感受性で，AAB，ABBはYellowに抵抗性を有する。（口絵図71(i)）
キャッサバ	*Candidatus Phytoplasma*（B）	Cassava Witches' Broom Disease	病原の種名は確定していない。
キャッサバ	*African cassava mosaic virus* 他（V）	Cassava Mosaic Disease	病原となる複数種のウイルスが知られている。

† Vd：ウイロイド，V：ウイルス，B：真正細菌界，C：クロミスタ／ストラミニピラ界，F：菌界

作物が2〜4期栽培されることもあり，さらには多年生作物が継続的に栽培されることが多い。これは土壌中の病原体密度の上昇，薬剤で防除しきれなかった病原の抵抗性獲得において重要な役割をはたす。⑤病原の多様性も高い，などである。さらに加えるならば，⑥乾燥，高湿度，高温などによる植物の衰弱，⑦複数の病害虫が同時に発生する事象，⑧大規模プランテーションにおける単一品種の大規模栽培，⑨病気の早期発見や防除の指導をする人材の不足である。

9.1.5 収穫後病害（ポストハーベスト病害）

農作物の収穫後に何らかの理由で廃棄される農作物は，FAO（2017）によれば15〜50％と推測されている。このように農作物の収穫後に生じる損害のうち，収穫後に発生して損害を与える病害を特に**収穫後病害**（ポストハーベスト病害，postharvest disease）とよんでいる。これらの病気の感染時期はさまざまで，栽培期間中に感染し輸送中や市場にて発病するものや，収穫後の貯蔵中に感染するものがある。特に貯蔵中の穀物やナッツ類に菌類が感染し，マイコトキシン（mycotoxin）とよばれる毒素を産生する（*Aspergillus flavus* によるアフラトキシンなど）ことがある。ヒトにも中毒を引き起こすが，食糧事情や環境中に普遍的に存在する菌類（カビ）が原因となるため制御が難しく，健康被害のない程度に食用に供することが認められている。しかし，途上国においては食糧不足からやむをえず大量にカビの生えた穀物を食用として，重篤な中毒を引き起こし，肝障害により死亡した例も多い。

9.1.6 病害防除

病害の発生を防ぐためには，前述の3つの要因のいずれかを排除する方針を検討しなければならない。しかし，熱帯の病原に非常に有利な気候や栽培状況，資材が不足する状況で，温帯と同じ戦略を用いることは，持続性の喪失，環境の汚染などをまねきかねない。基本は病原のすみかとなる雑草の適度な除草や，罹病植物の徹底した除去などの**圃場衛生**（sanitation, phytosanitation），栽培方法や品種の改善，健全な種苗の利用による**耕種的防除**（cultural control），高温・高湿度など気候を利用した**物理的防除**（physical control），在来の天敵の利用などの**生物的防除**（biological control）は当然のことであるが，当該地域の伝統的農法や在来品種の利用，現地で入手可能な資材の利用による持続的な防除法を見いだすことが重要である。発生した病害の病原の特定（同定，identification）には，先進国であれば最新の分子生物学的手法も可能であるが，途上国では顕微鏡さえも使用できないことも多い。習得に時間がかかるが，ルーペなどを用

いた病害診断のトレーニングは非常に重要であろう。一方で，より簡便な資材や機器を用いた手法も開発されている。病気の症状（病徴，symptom）から予想された病原ウイルスや，バクテリアの確定診断のためには，抗体があらかじめ塗布されている Immunostrip® を利用したり，特定の核酸の塩基配列をもとに，さまざまな病原の検出に利用できる LAMP 法（Loop-Mediated Isothermal Amplification）などが用いられるようになっている。他の植物体への伝染を防ぐためには，伝染環を断ち切ることが必要となる。罹病植物の完全な除去や，可能であれば土壌の入れ替えも検討する。バクテリアや広義の菌類の正確な同定に基づけば，標的に対して適切な農薬使用による防除（化学的防除，chemical control）が可能であるが，生物の正常な代謝活動を利用して増殖するウイロイド，ウイルスによる病気の場合には，薬剤防除が難しく，媒介者の防除が主要な手段になる。このようにさまざまな手段を駆使して診断，防除を行うことになるが，そのタイミングの判断や病害発生初期の早期発見，栽培者への指導を担う人材の育成が熱帯の農作物を守るために重要であろう。

コラム：バナナ栽培にせまる危機

バナナは人類にとって第四の食用作物として重要な位置を占めていて，熱帯・亜熱帯地域を中心に 135 カ国以上で栽培され，年間 1 億 3000 万 t 以上が生産されている。バナナの**パナマ病**（萎凋病）は土壌伝染性の病原糸状菌である *Fusarium oxysporum* f.sp. *cubense* により引き起こされる。この病原菌は，土壌中に長く生存して，塊茎（根茎）もしくは仮茎（偽茎）に感染すると，維管束が閉塞して萎凋（しおれ）が起こり，バナナを枯死させる。この病害は 1870 年代半ばにオーストラリアで初めて見いだされ，1900 年代初頭には病原も明らかになっていたが拡大を止めることができず，1950 年代にはラテンアメリカに侵入した。当時の主要な栽培品種は味に優れた Gros Michel（AAA）であったが，パナマ病に感受性であった。さらに衛生管理や病原の生態に関する知識不足，特に，感染初期の吸芽（sucker）は病気の特徴（病徴）がみられないことから，すでに感染しているが健全にみえる吸芽を移動させたことで，病原菌は大陸をまたいで広域に分散した。この病原菌は，病害の発生していない地域に侵入すると単一の品種に頼っているバナナ栽培地を瞬く間に壊滅させた。一方，品種 Cavendish（AAA）は味が Gros Michel に劣るものの，パナマ病に耐性を有する新たな主力品種として，今日，世界中で栽培されるようになっている。1990 年代，台湾において Cavendish の有する抵抗性を打破する新たな系統（レース），*F. oxysporum* f.sp. *cubense* Tropical Race 4（TR4：*F. odoratissimum*）の出現が確認された。TR4 はこれまで出現したレース 1〜3 とは異なり，これらの系統に抵抗性を有する品種に対しても病原性を有している。これは全世界のバナナ栽培量の 6 割以上に相当する品種に対して病原性を有することになる。

このことから**新パナマ病**とよび，各国が病害の侵入を厳重に警戒している。過去のパナマ病の感染拡大をふまえて，厳しく病害土壌や吸芽の移動が管理され，TR4は東南アジアに封じ込められてきた。しかし，2012年，ついに中東およびアフリカ東岸への病害の拡大が確認された。防除としては無病地での栽培，吸芽の移動の制限，組織培養苗の利用，限定的な農薬散布などが行われているが，根本的な解決に至っていない。現在，FAOやアメリカ，オランダを中心とする国際的研究グループが組織され，耐病性品種の探索，育種が行われているが，三倍体という栽培品種の特性から育種が非常に困難で，しばらくはこの危機的な状況が続くと思われる。熱帯・亜熱帯地域のプランテーションのみならず，小規模農家やわれわれ熱帯農学を学ぶ者もこの病害の重要性を理解し，病害発生情報の収集，早期発見，封じ込めを行いたいものである。そうすれば，もうしばらくは，栄養が豊富なバナナを手軽に入手できるであろう。

9.2 虫　害

　昆虫は記録されているもので90万種以上，未記載種を勘案すると200万～3000万種が生息していると見積もられている。このうち害虫となっているものは全既知種の0.5%以下であり，甚大な被害を及ぼすものはさらに限られている。一方，熱帯における昆虫の多様性は高く，また栽培される植物の種類も多いため，害虫とされる昆虫の種類も多い。

　熱帯における害虫による被害の全貌をとらえることは難しいが，いくつかの試算がある。たとえば稲作では，害虫の被害により大きく減少する。アジアの稲作全般については虫害による被害が潜在的収量の20～50%に及ぶこともある（図9.2.1）。また，アフリカではチョウ目の幼虫であるシンクイムシ類(stem borers)によりトウモロコシの収量が10～50%の被害を受けているとされている。熱帯における害虫の発生とその防除方法は，温帯と異なる部分もある。熱帯という気候的要因の違いに加え，農業のシステムが異なるからである。

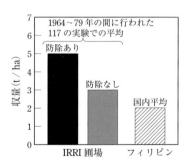

図9.2.1　稲作における虫害による損失（Pathak, M.D. and Z.R. Khan 1994. Insect pests of rice. IRRI（Los Baños）より作成）

9.2.1 加害様式による分類

　農業上の害虫はほとんど植食性昆虫であり，作物への加害様式は，大きく食害と吸汁害に大別される。食害は咀嚼型の口器をもつ昆虫によって引き起こされる。バッタ目，チョウ目（幼虫），コウチュウ目などに代表される。これらは葉・茎・花芽・果実（果肉）を直接かじることによって被害を及ぼす。食害を起こす害虫の一部には植物体の内部に潜り込む食入性の昆虫が含まれる。潜孔性の生活を送るキクイムシ，シンクイムシ，ハモグリなどといわれる一群で，コウチュウ目，チョウ目の幼虫が含まれる。

　吸汁害は吸汁型の口器をもつカメムシ目，アザミウマ目などによって引き起こされる。また口器の形にかかわらず，ゴール（虫癭）をつくり加害するものとして，タマバエ（ハメ目），タマバチ（ハチ目），ゾウムシの一部（コウチュウ目），アブラムシなどが含まれる。

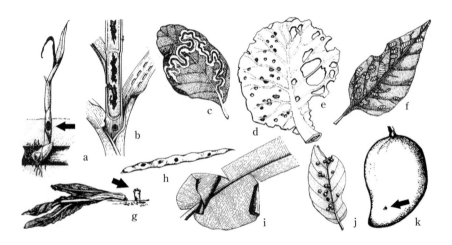

図 9.2.2　昆虫による加害様式（出典：Hill, D.S. and J.M. Waller　1988. Pest and deseases of tropical crops. Volume 2. Field Handbook. Longman Scientific & Technical (London) より引用）。

　　（a. クロマルカブト類（コウチュウ目コガネムシ科）によるサトウキビ等の茎地下部への加害； b. ヤガやメイガ類の幼虫（シンクイムシ）によるイネ等への加害； c. ハモグリガ類（チョウ目キバガ科）の食痕； d. キャベツでのコナガ（チョウ目コナガ科）の食痕； e. 同ヤガ科幼虫による食痕； f. エピラクナ属（コウチュウ目テントウムシ科）による加害； g. ヨトウムシ類（チョウ目ヤガ科）やコオロギ類（バッタ目コオロギ科）による加害； h. オオタバコガ（チョウ目ヤガ科）に食入されたマメ類； i. セセリチョウ類（チョウ目セセリチョウ科）に加害されたバナナ； j. タマバエ類（ハエ目タマバエ科）によって形成されたゴール； k. クチカクシゾウムシの一種（コウチュウ目ゾウムシ科）によるマンゴーへの加害）

食害・吸汁害の直接害のほかにも，間接的な被害を引き起こすこともある。これらは吸汁性害虫の場合が多く，アブラムシ類では粘液状の排泄物がすす病を誘発するほか，キュウリモザイクウイルスなどを媒介する。ミナミキイロアザミウマなどアザミウマ類でもトマト黄化壊疽ウイルスを媒介する。

熱帯では栽培される作物の種類も多いことから害虫の種類も多いが，加害の状況から害虫をある程度同定することができるし，防除の方法も選択することができる（図9.2.2）。

9.2.2 熱帯の昆虫の特性

(1) 発生の様式 熱帯の害虫の多くは連続的に発生し被害を与えている。昆虫の発育速度は適温の範囲では温度に比例する。発育期間と温度の間には次のような関係が知られている。

$$(T - T_0)D = K$$

ここで T は飼育温度，T_0 は発育限界温度（発育ゼロ点），D は温度 T のもとで発育に要した日数である。K は有効積算温度（有効積算温量）で，日度としての単位で表され，定数である。この式は発育に有効な温度と時間の積は一定であることを表しており，高い温度のもとでは発育に要する日数は短くなる。発育ゼロ点とは発育に最低必要な温度の限界点のことで，熱帯性の昆虫は発育ゼロ点が高い傾向にある。

熱帯環境下では温帯に比べ発育が早くなり，年間の世代数は多くなる。コナガを例に考えてみよう。コナガは西アジアを原産地とするキャベツなどアブラナ科蔬菜類の害虫である（図9.2.3）。現在では熱帯から寒帯まで広く世界に分布する。イギリスでは年2～3世代，カナダ（オンタリオ東岸）では年6世代なのに対して東南アジアでは年に15世代が繰り返されている。熱帯の環境下では生育速度が非常に早いことになる。一年に多化であることは，薬剤抵抗性の獲得が非常に早くなることを意味している。一般にほとんどの昆虫は10～15世代で薬剤抵抗性を獲得するといわれていることから，寒冷な地域では5～10年は効果を上げる農薬でも，熱帯では1～2年で効かなくなるということになる。

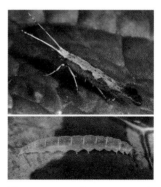

図9.2.3 コナガ(*Plutella xylostella*)。
上：成虫（平井規央氏提供），
下：終令幼虫（那須義次氏提供）。

表9.2.1 水田の昆虫相

国 名	総種数	種類組成（%）			
		植食性	捕食性	捕食寄生性	腐食性
バングラデシュ	355	35	33	32	—
	612	43.5	26.2	29.9	—
インドネシア	369	20.3	12.3	24.6	—
	835	21	37	23	19
ラオス	765	16.6	40	24.4	19
フィリピン	748	31.1	35.6	25.5	7.8
	212	（データなし）			
スリランカ	142	46.2	45.6（捕食者＋寄生者）		8.1
	494	26.3	49.3（捕食者＋寄生者）		

(Islam, Z., K.L. Heong, D. Catling, and K. Kiritani 2012. Invertebrates in rice production systems: Status and trends. Commission on genetic resources for food and agriculture. Background study paper No.62. FAO（Roma） より作成)

(2) 複雑な農業生態系　熱帯で栽培される作物の種類の多様性に加えて，作付体系の多様性から，農業生態系は温帯に比べより複雑となる。熱帯アジアでは，異なる作物を同一圃場で栽培する混作は普通にみられる。混作は単作に比べて害虫の発生を抑制するといわれている。その根拠には資源集中仮説と天敵仮説がある。資源集中仮説とは，単作では害虫の餌資源は集中しているため増殖率が高くなり，相対的に害虫の発生が顕著になるとする。一方，天敵仮説では，混作では天敵の種や個体数が多くなり，害虫の発生を抑えているとする。稲作に限っても，アジアの水田には800種余りの生物種（植食者・クモ・寄生蜂・アリ・微生物など）が生息しており，これらは捕食・寄生・分解などの機能を果たして害虫の大発生を大きく抑制しているといわれている（表9.2.1参照）。このような状況下での薬剤散布の影響は複雑化する。

9.2.3 収穫後の被害

　栽培時の虫害のほか，収穫後の病害虫による被害はポストハーベスト・ロスとよばれる。東南アジアでは穀類のポストハーベスト・ロスは10〜30％に及ぶとされており，これらはおもに収穫後の不十分な乾燥と害虫による被害が原因である。タイではコメの貯穀害虫として19種が記録されている。そのほとんどは日本にも分布する世界共通種であるが，天敵相はより複雑である。

9.2.4 害虫防除と害虫管理

　害虫の防除は一般に**物理的防除**(physical control)，**化学的防除**(chemical control)，**生物的防除**(biological control)，**耕種的防除**(cultural control)，に分けられている。

(1) 物理的防除法　　人手による捕殺のほか，熱や光を使った防除法をさす。誘蛾灯，防虫ネット，袋掛け，太陽熱での土壌消毒などが含まれる。たとえば，アブラムシは反射光を嫌うため，シルバーマルチなどが防除に利用されている。

(2) 化学的防除法　　化学合成や天然由来の農薬を使った防除法である。1940年代はDDTなど有機合成殺虫剤が，速効的で多くの害虫に有効かつ長持ちという特徴から，広く普及した。しかし，害虫の抵抗性，誘導多発，食品への残留，野生生物への影響など，否定的な側面を産み出した。現在の農薬開発はこれらを最小限に抑える方向にある。天然由来の殺虫剤としては，インドセンダン(neem)の種子・葉・樹皮から抽出されるアザジラクチンが天然有機リモイド殺虫剤として活用されている。化学農薬の使用や輸出入に関する法制度は先進国では整備されており，熱帯でも多くの国々ですでにある。しかし，途上国ではその施行についての問題，すなわち規則を適用させるに十分な人材と試験研究施設の不足や農家や消費者の認識不足などの問題がある。市場に出まわっている製品には，合法でないものもある。加えて，熱帯では，高温多湿により薬剤が変質しやすいという状況がある。また，大量の降雨により作物に散布された薬剤が容易に洗い流され，効果が減少するという問題もある。

(3) 生物的防除法　　天敵を用いた害虫防除の方法である。最も古い天敵利用は中国南部からベトナム北部にかけてのツムギアリによる柑橘の害虫防除とされている。このアリは攻撃性が高く，樹上に葉を紡いだ巣をつくる。古代中国の西晋王朝時代(265～316年)の「南方草木状」には，害虫防除の道具としてツムギアリの巣を売る商売があったと記されている。現在でも，ベトナムなどでは積極的に利用されている。

(4) 耕種的方法　　栽培方法を変えることなどにより害虫を防除する方法である(表9.2.2)。抵抗性品種の利用なども含まれる。

　これら防除の手段を統合して害虫の個体群密度を抑えるという**IPM**(**総合的害虫管理**，Integrated Pest Management)が1960年代後半より広く用いられるようになった。FAOによれば，IPMは，「あらゆる適切な技術を矛盾しない形で使用し，経済的被害を生じるレベル以下に害虫個体群を減少させ，かつその低いレベルに維持するための害虫管理システム」と定義されている。すなわち，IPMとは，①複数の防除方法の合理的統合であること，②経済的被害許容水

表 9.2.2 耕種的方法による防除効果

	耕種様式					
	直播		品種混合	同時期栽培	株焼	間作
	散播	点播				
コブノメイガ	+	?	−	− −	?	+ +
ニカメイガ	+ +	+	−	−	− − −	0
ヨコバイ類・ツングロ病	+ +	?	−	− −	− −	+ +
ウンカ類	+ + +	+ +	−	− −	−	+ + +
カメムシ類	+ +	?	−	− −	−	+ +
ネズミ	+ +	?	0	−	−	+ +
いもち病	+	?	− −	+ +	− −	+ +
紋枯れ病	+	?	−	− −	− −	+
雑草	+ +	+	?	?	−	0

(+, ++, +++：被害あり； −, − −, − − −：防除効果あり； 0：効果なし； ?：効果不明)

(Reissig, W.H., E.A. Heinrichs, J.A. Litsinger, K. Moody, L. Fiedler, T.W. Mew and A. Barrion 1986. Illustrated guide to integrated pest management in rice in Tropical Asia. International Rice Research Institute (Los Baños) より作成)

準を設定すること，③個体群としての害虫の密度を抑える管理システムであること，が基本概念となっている。

　農家による減農薬栽培を促すには複数の要因，すなわち水質汚染など環境問題，農薬に依存しない持続可能性，人畜の健康，消費者からの食の安全の要求，農業の多面的機能としての生物多様性の保全，害虫の抵抗性発達の抑制，世界的な農産物の流通，などがある．熱帯においても減農薬栽培は広がっている．特に 2000 年代以降，消費者の立場から食の安全や農産物の安全に関心があつまり，農産物生産段階におけるリスク管理という手法から GAP（農業生産工程管理手法，Good Agricultural Practice）の普及が進んでいる．当初は欧州が先行していたが，近年では GLOBAL GAP としてアフリカやアジア諸国でも国際標準化が進んでいる．

参考文献

― コラム：プッシュ・プル農法 ―

プッシュ・プル農法(push-pull strategy)とは、誘引と忌避を組み合わせ、害虫個体群を抑制する方法である(Cook et al, 2007)。早くは1980年代にワタを加害するタバコガ類の防除に「おとり作物」としてトウモロコシやキマメを用い、同時に忌避剤としてインドセンダンの種子抽出分を使用した事例がある。また、タマネギバエに対して、腐敗したタマネギで引き付けると同時に桂皮アルデヒドを忌避剤として利用し、産卵数を減少させたという報告もある。アフリカでのトウモロコシ栽培に適用されている事例は有名である。ケニアではネピアグラス(*Pennisetum purpureum*)、スーダングラス(*Sorghum vulgare* var. *sudanense*)、糖蜜草(*Melinis minutifolia*)およびヌスビトハギの一種(*Desmodium* sp.)が用いられている。防除対象となるのはメイガ類幼虫と寄生性の雑草であるストライガである。

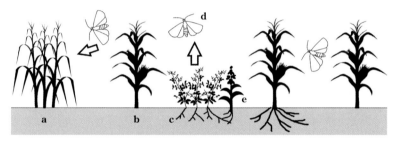

図9.2.4　プッシュ・プル農法の例。(a. ネピアグラス；　b. トウモロコシ；　c. ディスモディウム(ヌスビトハギの一種)；　d. ニカメイガ；　e. ストライガ)　ニカメイガ(蛾)はトウモロコシの間に植栽されたディスモディウムから出る化学物質により忌避(プッシュ)、圃場の外側に植栽されるネピアグラスに誘因される(プル)ことにより、トウモロコシは被害を免れる。さらに、ディスモディウムは雑草であるストライガのトウモロコシへの寄生を阻害する。(Cook, M.C., Z.R. Khan, and J.A. Pickett 2007. The use of push-pull strategies in integrated pest management. Annual Review of Entomology, vol.52: 375-400 をもとに作成)

参考文献

Hayashi, T., S. Nakamura, P. Visarathanonth, J. Uraichuen, and R. Kengkanpanich (eds.) 2004. Stored rice insect pest and their natural enemies in Thailand. JIRCAS International Agriculture Series No.13.　p.79

Hill, D.S.　1983.　Agricultural insect pests of the tropics and their control (2nd ed.). Cambridge University Press (Cambridge)

Kfir, R., W.A. Overholt, Z.R. Khan, and A. Polaszek　2002.　Biology and management of economically important lepidopteran cereal stem borers in Africa. Annual Review of Entomology 47: 701-731.

Mengech, A.N., K.N. Saxena, and H.N.B. Gopalan (eds.) 1995. Integrated pest management in the Tropics － Current Status and Future Prospects. ICIPE, UNEP, John Wiley & Sons (Chichester)

中筋房夫　1997.『総合的害虫管理学』養賢堂（東京）

大木理　2007.『植物病理学』東京化学同人（東京）

Ploetz, R.C. 2015. Fusarium wilt of banana. Phytopathology 105: 1512-1521.

Sallam, M.N.　2008.　Insect damage: damage on post-harvest. AGSI/FAO (Roma)　p.37

Thurston, L.　1998.　Tropical plant diseases 2nd ed. APS (Minnesota)

演習問題 1　圃場に病害を持ち込まないために，健全な種子を使用することが重要である。農薬を使用せずにイネやムギ類の種子を消毒する方法として**温湯浸漬法**（hot-water treatment）がある。この方法を調べよ。

演習問題 2　最も古い化学薬剤で広範囲の病害に効果の高いボルドー液（Bordeaux mixture）の作り方を調べよ。

10
環境ストレスと農業生産

　気温が高く光の強い熱帯は作物の生産力が高く農業に好適な環境であると思うかもしれないが，必ずしもそうではない。高温や強光，場合によっては降雨さえも，植物にとっては大きなストレス要因となる。植物は日ごろから各種のストレスにさらされているが，熱帯では特に大きな環境ストレスが発生している。熱帯の環境ストレスはどのようにして起こり，それは農業にどのような影響を及ぼしているのだろうか。

　植物の生育に不適当な外的要因をストレスといい，そのうち非生物的なものを**環境ストレス**(abiotic stress, environmental stress)という。熱帯には強光・乾燥・高温・塩害・湿害などさまざまな環境ストレス要因があり，それらは互いに関連して，たいていは影響を増幅しあっている。たとえば，強光や乾燥が高温ストレスを大きくしたり，塩類集積が乾燥によってもっと厳しいストレスを引き起こしたりする。

　熱帯における気象変化は急激で，季節変化も不規則なことが多く，環境変化の予測は困難である。予測困難な環境変化は，あらかじめ対処することの難しさをとおして，農業における環境ストレスをさらに大きくしている。こうしたことから，熱帯環境におけるストレス要因と，それに対する植物の反応と回復のメカニズムを理解することは，熱帯農業の理解にとってきわめて重要である。

10.1　光

　熱帯環境で生じる種々の環境ストレスを理解するうえで光ストレスの理解は欠かせない。光合成は光エネルギーを固定する営みであり，高等植物は光から逃れることができない。しかし，固定しきれなかった余剰の光エネルギーは，酸化的ストレスとなって植物を傷つけるのに使われるのである。このようにして，光のストレスはさまざまな環境ストレスと深くかかわってくる。

10.1.1 光阻害

 物質生産をするには光エネルギーは不可欠であるが，強すぎる光は逆にストレス要因となって物質生産を低下させる。植物が光合成に使うことのできるエネルギーの量は条件によって限られていて，それ以上の光は光合成を低下させる。これは，余剰な光エネルギーによって励起された電子の過剰な還元力が活性酸素となって光合成反応を阻害するからである。このような余剰な光による光合成速度の低下を光阻害(photoinhibition)という。さらに強い光が与えられると，クロロフィルやチラコイド膜が損傷する。強光によるこのような傷害を光傷害という。

 熱帯雨林を形成する高木が倒れると，森林下層の植物に直射光があたるようになり，強光によるストレスによって下層植物の光合成が急低下することが知られている。同様のことが混作圃場の部分的な収穫や剪定直後の熱帯果樹で起こり，残された個葉の光合成速度はしばしば急低下する。

 光阻害は強光以外の要因によっても起こりうる。電子の最終的な受容体は二酸化炭素(CO_2)であるが，気孔閉鎖などでCO_2の取り込みが滞り暗反応系への電子の流れが妨げられれば，弱光下であっても光エネルギーが余り，光阻害は起こる。熱帯では高温や乾燥だけでなく，塩害や貧栄養や低温によってさえ(熱帯作物の多くは低温に弱い)しばしば光阻害は発生し，さまざまな場面で光合成低下の大きな要因となっている。

 光阻害によって最初に損傷を受けるのは光化学系Ⅱ(PSⅡ, PhotosystemⅡ)の反応中心である。その結果，電子伝達系の効率が低下し，処理しきれなくなったエネルギーが熱や蛍光となって放出される。この蛍光をクロロフィル蛍光とよび，制御された条件下で測定することによって損傷の程度がわかる。しかし，蛍光によるエネルギー放出は量的には大きくなく，エネルギー放出の大部分は熱放散による。こうしてせっかく獲得したエネルギーを失うのであるが，これは植物が反応系の損傷を抑制するための防御機構でもある。

10.1.2 光阻害の回避

 光阻害の防御機構にC_3植物の光呼吸(photorespiration)がある。光合成の暗反応系でCO_2の固定を触媒する酵素 RubisCO は，CO_2濃度が相対的に低いときにはCO_2の代わりにO_2との反応を触媒する。水ストレスなどによって気孔が閉じて葉内CO_2が不足すると，O_2を基質にした反応(光呼吸)を触媒してCO_2を生成する。こうしてCO_2不足は解消されるとともに過剰な光エネルギーは結果として消費され，光阻害を防ぐことができる。光呼吸は光の照射下で

しか起こらないので，通常の呼吸（酸化的リン酸化）と区別される。C_4 植物では光呼吸はほとんど起こらないが，取り込まれた CO_2 は C_4 化合物として濃縮され効率的に固定されるので，光阻害が起こりにくい。

マンゴーやレイシなどの熱帯の樹木は，新梢の萌芽時に若葉が赤色を呈することがある。展開しきらない葉には葉緑体が十分に発達しておらず，光合成の能力が低い。そのため，余剰の光による酸化的ストレスから細胞組織を守る必要がある。若葉の赤い色は**抗酸化物質アントシアニン**を多く含む。アントシアニンには，強光によって発生した**活性酸素**を除去するはたらきがある。

葉緑体は細胞内で回避運動をすることが知られており，光があたりにくい配置に移動する現象が観察されている。熱帯高地原産の植物には葉の表面が高密度の柔らかい毛で覆われているものがある。これも，光を和らげて強光ストレスを緩和する効果がある。葉の調位運動や巻き込みなども同様である。

10.2 温　度

高温ストレスは，熱帯で普遍的な環境ストレスである。しかも，強光や乾燥など他のストレスによっても高温ストレスは助長される。ここでは熱帯農業における高温ストレスの発生メカニズムとその影響および植物の適応について述べる。

10.2.1 作物の成長と温度

熱帯作物の至適温度の範囲はせまく，その成長は温度に強く影響される。至適温度以下の一定範囲内では，ほとんどの代謝系で反応速度は温度の上昇にともなって指数関数的に上昇する。至適温度を超えると反応速度は低下に転じ，42～45℃を超えるとさまざまな障害を発生して急低下する。

作物の成長率と温度の関係を模式的に示すと図 10.2.1 のようになる。酵素反応に依存する代謝系では，至適温度以下の範囲で温度が 10 ℃ 上昇したときの反応速度は約 2 倍に上昇することが知られていて，この値を Q_{10}（**温度係数**）とよんでいる。Q_{10} は温度帯によって多少変化するので，その代謝系の温度依存性の指標となる。酵素反応によらない光合成の明反応系では温度の影響をほとんど受け

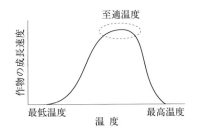

図 10.2.1　温度に対する作物の成長速度

ず，Q_{10} は約 1 を示す．

10.2.2 高温による生理障害のメカニズム

高温障害を生じるときの生理メカニズムは，おもに，(1)酵素タンパク質の変性と(2)生体膜の損傷による．

(1) 酵素タンパク質の変性　酵素の適温範囲を超えて温度が上昇すると代謝速度は低下する．さらに温度が上昇すると酵素タンパク質が変性し，失活する．酵素タンパク質の熱変性は，その立体構造の変化に起因する．立体構造を維持する結合が高温によって弱くなり，構造がほどけたり縮んだりするため，タンパク質の凝集や沈殿が起こるのである．これが高温障害の主因のひとつであるが，熱ストレス下の生理的な代謝の低下は，酵素タンパク質の熱変性よりも生体膜の損傷によるところが大きい．

(2) 生体膜の損傷　膜の安定性は代謝の安定性と密接に関連している．高温では生体膜の脂質が流動化して構造が弱くなり，イオン漏れなど機能低下を引き起こし，代謝が阻害される．生体膜のうち，特にチラコイド膜は熱ストレスに感受性で損傷を受けやすい．チラコイド膜は光化学反応が起こる場所であり，高温ストレスの初期指標のひとつが光合成の阻害であるのはこのためである．葉温が上昇すると最初に光化学系 II（PS II）の阻害が観察されるが，葉温の上昇はふつう強光下で生じるので，強光による光阻害の影響も同時に受けて PS II の阻害は加速することになる．光阻害は暗黒下の実験室では 48 ℃で生じることが確かめられているが，圃場条件下では一般に 42 ℃前後で観察される．このことからも光が高温ストレスを助長することがわかる．

10.2.3 温度に対する光合成と呼吸の反応

熱帯作物の多くで，光合成は 25〜40 ℃くらいで最高となり，45 ℃を超えると急低下する．一方，呼吸の最高温度は高く，50 ℃くらいまで上昇が続く．その結果，（真の光合成から呼吸を引いた）見かけの光合成は，呼吸よりも低い温度から低下しはじめることになる（図 10.2.2）．光合成速度と蒸散速度が平衡状態になる温度を温度補償点というが，温度がそれ以上になると蓄えた同化産物は減少をはじめ，果実や野菜であれば糖度が低下

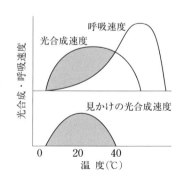

図 10.2.2　温度に対する光合成速度，呼吸速度の変化

するなどの変化が現れる。湿潤熱帯や雨季の夜温は高く推移するが，高い夜温はこのようにして農作物の消耗を促し，品質の低下をまねいている。

10.2.4 高温ストレスに対する器官の反応

高温下では，葉面積の減少や側枝の伸長阻害とともに，開花数の減少や結実の阻害も観察される。これらは水ストレスによっても生じる反応である。高温ストレスと水ストレスはしばしば同時に起こるストレスであり，相乗的に効果が増大することに注意が必要である。高温による開花結実の阻害は，物質生産の低下と呼吸の上昇にともなう同化産物の減少，高温による直接的な花芽分化の抑制や生殖器官の機能低下などによってもたらされる。高温では根の伸長阻害も認められる。地温は比較的安定しているので，圃場環境で高温障害が発生しやすいのは根よりも葉である。しかし，根は温度変化に敏感な器官であり，わずかな地温の上昇が植物ホルモンのバランスに影響したり，根の呼吸を高めて基質の消耗や土壌酸素濃度の減少をまねいたりして，地上部の成長の抑制につながることもある。

10.2.5 葉温の上昇と回避

(1) 葉温の上昇　体内の水が不足しはじめると植物は一般に気孔を閉じて蒸散を抑える。このとき晴れていれば葉温は周囲の気温よりも 2〜5℃程度高くなる。このように，晴れた日中の一時的な水ストレスによって葉温が高くなる現象はふつうにみられるが，乾燥地や熱帯では特に顕著となる。葉温の上昇は湿度が高くて蒸散できない場合にも起こる。相対湿度が100％近くにあると気孔を開放してもほとんど蒸散はできない。日射が強くて風がほとんどない場合には，太陽光を熱放散できず，葉温が異常に上昇して致命的なダメージを受けることになる。

(2) 葉温上昇の回避　植物はさまざまな方法で葉温の上昇を回避している。たとえば，葉の角度を変化させたり毛茸（もうじ）を発達させたりして強光を回避することは，葉温上昇を抑制することになる。熱帯では，暑くて乾燥した季節に落葉することも高温の回避に有効である。一方，水さえ潤沢にあれば，蒸散による冷却が葉温の上昇を回避する最も一般的な適応である。

10.2.6 高温耐性のメカニズム

高温ストレスに対する耐暑性のメカニズムは，温度上昇の回避と高温耐性に大別される。温度上昇の回避には上記のようにさまざまな例がある。それらは

多くの作物に共通する適応である。一方，高温耐性のメカニズムは種に特異的であることが多い。植物細胞が高温ストレスにさらされても耐えることのできる能力は，おもに酵素と膜組織が熱的に安定していることによっている。（酵素の熱的安定性については10.2.2項(1)「酵素タンパク質の変性」および"コラム"を，膜組織の熱的安定性については10.2.2項(2)「生体膜の損傷」および10.2.6項(2)「熱帯における低温ストレス」を参照。）

コラム：熱ショックタンパク質

熱ストレスによる酵素の失活は，タンパク質の立体構造の変化による凝集や沈殿が原因である。こうした熱変性を防ぐはたらきをもつタンパク質が熱ストレス条件下でさかんに合成される。これを**熱ショックタンパク質**(HSP, Heat Shock Protein)という。HSP は，酵素タンパク質に結合して立体構造を正常な状態に保持するのを助けるはたらきをもつ。HSP の生合成は致死温度以下の熱ストレス下で促進されるが，それによって死に至るような高温域に対しても耐性が獲得される。この現象は**誘導耐熱性**とよばれる。HSP はストレスを受けたときに生合成されるタンパク質を総称することもあり，この場合，水ストレスや低温ストレスなどによっても誘導されることになる。一般に，複数のストレス要因が同時に起こるとストレスの効果は大きくなるが，逆に，あるストレスにさらされた結果獲得した抵抗性が別のストレスに対しても有効となる場合もある。低温に対して獲得した抵抗性が乾燥に対しても有効であったり，塩ストレスに対する抵抗性がその後の高温や乾燥にも有効であったりする。このように，あるストレスを経験した作物が別のストレスに対しても耐性を獲得している現象を**交差防御**という。関与するストレスタンパク質は互いに構造が類似していて，交差防御が起こるのは，この類似性によると考えられている。

10.2.7　熱帯農業と低温ストレス

熱帯作物の多くは低温に対して感受性であり，10℃以下で大きな被害を受けることがある。特に，生殖器官や発達中の若い組織は低温に弱い。不意の低温や，繰り返す急激な温度変化も大きなストレスにつながる。低温襲来時の生育ステージも重要な要素である。低温ストレスは熱帯の農業生産に少なからず影響を及ぼしている。ここでは，低温ストレスの一般的なメカニズムと熱帯農業への影響について述べる。

(1) 凍温ストレスと冷温ストレス　　低温ストレスは，細胞が凍結することによる凍温ストレスと，凍らない温度における冷温ストレスとに分けて理解される。氷結による機械的な損傷は，熱帯ではあまり起こらない。一方，熱帯高

地では10℃以下の気温にしばしば遭遇するので,冷温ストレスについては重要である.

(2) **熱帯における低温ストレス** 植物は細胞が氷結すると枯死するが,細胞質は溶質の濃度が十分に高いので−3℃くらいでは凍らない.しかし,熱帯作物の多くは−2〜−3℃が続くと枯死する.感受性のものでは5℃程度で枯死し,10℃以下で大きな被害を受ける.氷結しない温度で大きな被害がでるのは,膜脂質が低温によって柔軟性を失って膜の透過性が損なわれ,膜に結合した酵素の活性が低下するためである.温帯の植物が冷温ストレスによる害を受けにくいのは,膜脂質に不飽和脂肪酸の割合が高く,安定的な液相が維持されているためである.

(3) **低温での光阻害** 熱帯作物の低温害を助長するのが光阻害である.光阻害は,熱帯における低温障害の重要な要因である.熱帯性の樹木作物の多くは常緑であり,低温下でも光合成は行われている.しかし,低温で酵素反応が律速しているところに強い光があたると,暗反応系の活性が追いつかず,余剰の光エネルギーが光化学系を損傷して光合成を阻害することになる.これが低温で起こる光阻害のメカニズムである.低温限界地付近で栽培される熱帯性の常緑作物では,すべてこうした光阻害の影響を受けているとみてよい.乾季と雨季のある熱帯では,乾季のはじめに最も気温が低くなる.熱帯高地や内陸部では朝の気温が10℃以下に下がることも多く,晴天時の低温が強光と同時に発生して光阻害を起こしやすい.暖温帯に導入された熱帯果樹などでも早春に同様のことが起こっている.

(4) **低地温による春の水ストレス** 熱帯性の多年生作物を低温限界地付近で栽培すると,温かくなりはじめたころに新梢が萌芽し,その直後に急速に衰弱して枯死することがある.これは,気温が上昇して蒸散はさかんになっても,低い地温によって根の活性が抑えられて水分吸収が十分にできないからである.土壌水分が十分にあっても吸水ができずに植物体の水収支が破綻するのは,湛水時に起こる水ストレスとよく似ている.どちらも根の活性の低下による.

10.3 乾　　燥

　種々の環境ストレスのうち熱帯の農業生産を最も大きく制限しているのは水ストレスである(1.2節参照).水問題が解決すれば熱帯農業の生産性は飛躍的に高まるであろう.熱帯には乾燥地でなくともさまざまな水ストレス要因が存在する.

10.3.1 水の移動と水ポテンシャル

土壌-植物-大気系(SPAC, Soil-Plant-Atomosphere Continuum)での水の移動はすべて、水ポテンシャルの勾配によって受動的に起こる。水ポテンシャルは、モル当たりの水の自由エネルギーであり、ψ(プサイ)で表され圧力の単位(Pa)(パスカル)をとる。純水の水ポテンシャルは0であり、ふつう水ポテンシャルは負の値をとる。水ポテンシャルの絶対値は吸水力を表し、水は、水ポテンシャルが低い方へと自然に移動する。切り花が花瓶の水を吸い上げるのも、吸い尽くしたあと萎れるのも、すべて水ポテンシャルの低い方に水が移動した結果である。気温の高い熱帯では、SPACでの水ポテンシャルの勾配は大きくなりやすい。

(1) 水ポテンシャル 水ポテンシャルψを構成する要素には以下の4つがあり、ψはこれらの総和で与えられる。

$$\psi = 浸透ポテンシャル + 圧ポテンシャル + マトリックポテンシャル + 重力ポテンシャル$$

浸透ポテンシャルは、細胞液や土壌水などの溶質によって生じるポテンシャルである。圧ポテンシャルは、細胞壁などの膨圧によって生じるポテンシャルで、生きている植物細胞では正の値をとる。マトリックポテンシャルは、毛管力、すなわち水が土壌粒子などの微細構造に吸着しているときの吸着力によるポテンシャルであり、乾燥土壌では支配的な要素となる。重力ポテンシャルは、重力によって生じるポテンシャルであるが、10m以上の高低差を問題にしなければふつう無視してよい。

(2) 植物の水ポテンシャル 植物の葉の水ポテンシャルψ_{leaf}は、以下の式で表される。

$$\psi_{leaf} = 浸透ポテンシャル + 圧ポテンシャル$$

植物組織の場合、マトリックポテンシャルや重力ポテンシャルの影響は小さいのでふつう無視され、ψ_{leaf}は浸透ポテンシャルと圧ポテンシャルの和からなると考えてよい。萎れてない植物では膨圧が発生しているので圧ポテンシャルは正の値をとり、ψ_{leaf}は浸透ポテンシャルだけを考えたときより高く、すなわち膨圧の分だけ相殺されて0に少し近づくことになる。それでもψ_{leaf}はふつう負の値である(図10.3.1)。

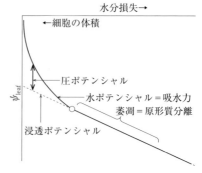

図10.3.1 植物細胞における水分損失と水ポテンシャル(ψ_{leaf})の関係

10.3 乾燥

(3) 土壌の水ポテンシャル　土壌の水ポテンシャルψ_{soil}は，以下の式で表される。

$$\psi_{soil} = 浸透ポテンシャル + マトリックポテンシャル$$

大雨のあと土壌間隙が一時的に水で満たされても，重力水はそこからすぐに下層へ流亡し，毛管力で支えられた水が土壌中に残る。残された水分は植物根から吸収されるとさらに少なくなり，ψ_{soil}はいっそう低下する。土壌水分が少なくなるほど，また土壌粒子が細かいほど，強固な力で水は粒子表面に吸着される。植物根がその水を奪い取るにはさらに強い力，すなわち，もっと低い水ポテンシャルが必要になる。土壌水分が少なくなると溶質の濃度が高くなって浸透ポテンシャルも低下するが，土壌の水ストレスを考えるとき，その影響は小さくあまり重要ではない。このようにして，乾燥した土壌ではマトリックポテンシャルのψへの影響が支配的になる。

(4) 蒸散——土壌から水を吸い上げる力の源泉　植物が土壌から水を吸い上げる力の源泉は，葉からの蒸散である。根が水を押し上げる根圧の貢献度は低く，ほとんど無視してよい。蒸散の駆動力は大気の乾燥である。大気の水ポテンシャルψ_{air}はファントホッフの式をもとに，実用上次式で計算できる。

$$\psi_{air} = -1.07\, T \log_{10}\left(\frac{100}{RH}\right) \quad [\text{MPa}]$$

ここで，Tは絶対温度，RHは相対湿度である。このように，大気の水ポテンシャルは温湿度の影響を受けて変化し，たとえば温度が30℃で湿度が50％のとき，ψ_{air}は約-100 MPaと計算される。これは蒸散を行っている葉の水ポテンシャルが通常$-0.3 \sim -2.5$ MPa程度の範囲にあるのに比べて，圧倒的に低い値である。この著しく低いψ_{air}によって，水ポテンシャルの大きな勾配が生じ，強い力で葉から水が失われることになる。水を奪われた葉ではψ_{leaf}が低下し，これを補うように植物体内から葉に水が移動する。このようにして蒸散が原動力となり，植物体の水を順次移動させ，最終的に植物は根からの吸水をはじめるのである。根が土壌から水分を取り込むためには，根の水ポテンシャルが土壌の水ポテンシャルよりも低い必要がある。水の輸送は，こうして受動的に起こる（図10.3.2）。

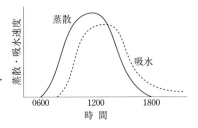

図10.3.2　蒸散量と吸水量の日変化

(5) 熱帯環境での蒸散　植物の葉は気孔を通じて大気と接触していて，そこから CO_2 を取り入れるのと引き替えに脱水のリスクにさらされている．大気は葉内の水蒸気圧との勾配によって水を奪いとるが，空気が含むことのできる水蒸気の量は気温が高いほどますます多くなるので，気温の高い熱帯では大気が植物から水を奪う力は非常に強くなる．この意味において，熱帯の作物は大きな水分損失のリスクと向き合っているといえる．

(6) 飽差：蒸散の駆動力　大気が水を奪いとる力の強さは，葉肉細胞間隙と大気との水蒸気圧差に由来する．葉肉細胞間の水蒸気はほとんど飽和しているので，葉内と外気の水蒸気圧差，すなわち**葉面飽差**が蒸散の駆動力とみなしてよい．

$$葉面飽差 = 葉温での飽和水蒸気圧 - 大気の水蒸気圧$$

大気の飽和水蒸気圧は気温が高くなると上昇するが，その上昇は指数関数的な急上昇となる．このことが熱帯環境における水損失を理解するうえで重要である．植物から水を奪う力は，相対湿度より気温の上昇の影響を強く受ける．たとえば，湿度70％で気温30℃の大気は，湿度50％で気温20℃の大気より飽差が高く，乾いている（図10.3.3）．これが植物の葉が感じている大気の乾き具合である．

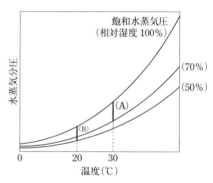

図 10.3.3　模式的に示した湿り空気線図．相対湿度は乾きを正確に表さない．飽差で考えると，湿度70％で気温30℃の大気の乾き(A)は，湿度50％で気温20℃の大気の乾き(B)よりも大きいことがわかる．

植物の蒸散はほとんどが気孔を通して行われる．クチクラ蒸散は全体の数％にすぎない．したがって，気孔の開閉が蒸散を大きく制御する．蒸散を律する抵抗には，気孔抵抗のほかに**葉面境界層抵抗**などさまざまなものがあるが，こうした蒸散抵抗の総和を R とすると，蒸散速度は葉面飽差を使って以下のように理解することができる．

$$蒸散速度 = \frac{葉面飽差}{R}$$

10.3.2　土壌水分と根による吸水

(1) 土壌水分の指標　土壌が乾燥し含水率が低下すると，土壌の水ポテンシャルは指数関数的に大きく低下する．たとえば，砂質土壌で容積含水率が

20%から5%に減少すれば，土壌の水ポテンシャルは50倍くらい（−0.03 MPa から−1.5 MPa）に低下する。このような大きな水ポテンシャルの違いがあるので，また，水ポテンシャルと含水率の関係は土壌粒子の大きさによって異なるから，容積含水率では不正確である。しかし，土壌の水ポテンシャルを圧力の単位で表すと桁数が増えて扱いづらい。そこで，水ポテンシャルを常用対数で示したpFという指標がつくられた。桁数のかさむ水素イオン濃度をpHで指数化したのと同じ考え方である。数式でその関係を表すと以下のようになり，やや複雑にみえるかもしれないが，実用上は直感的で理解しやすく，農業の現場では広く用いられている指標である。素焼きカップを先端に取り付けた筒に水を入れた簡便な圧力計装置（テンシオメーター）で直接測定できるので，熱帯でも広く使われている。

$$\mathrm{pF} = \log_{10} h = \log_{10} |\psi_{\mathrm{soil}}|$$

ここで，h は水ポテンシャルの圧力を水柱の高さ（cm）で表した数値，ψ_{soil} は土壌の水ポテンシャル（hPa）である（表 10.3.1）。

表 10.3.1　植物が感じる土壌の乾きと有効な土壌水分量

ψ_{soil} (hPa) = 水柱(cm)	1	10	10^2	10^3	10^4	10^5	10^6	10^7
pF	0	1	2	3	4	5	6	7
土壌水と植物の状態	重力水		毛管重力水	毛管水	膨潤水		吸湿水	化合水
	最大容水量		圃場容水量 pF 1.8	初期萎凋点 3.8	永久萎凋点 4.2	風乾土	乾土	

(2) 根による吸水　雨水の大部分は土壌に留まることなく重力によって早々に流亡してしまう。これが重力水である。すぐに流れてしまうので植物は重力水をほとんど利用することはできない。間に合わないのである。重力水が流れ去った直後の土壌水分を圃場が保持できる最大の水分量と考え，これを圃場容水量とよぶ。通常，pF 1.8 程度に相当する。おもに毛管力によって保持されている水であり，植物は普段この水を利用することになる。根による吸水や地表面からの蒸発によってさらに土壌水分が減少すると，土壌粒子間に残された毛管水を作物根が吸水するのは次第に困難になってゆく。熱帯半乾燥地では，乾季に pF 2.5（−0.03 MPa）〜pF 3（−0.1 MPa）くらいまで低下するが，この範囲では農作物の生育は大きく抑制される。pF 3 は大気圧に相当し，理論上，この水準以上の乾燥をアナログ式気圧計は測れない。毛管水がなくなるころに

は植物は吸水できなくなり,萎れが観察されるようになる。萎れはじめを初期萎凋点(pF 3.8付近)という。さらに乾燥が進むと植物は枯死する。植物種によって異なるが,このときの土壌水分はおよそpF 4.2(-1.6 MPa)付近であり,これを永久萎凋点という。

10.3.3 水ストレスの日変化

蒸散の駆動力は大気の乾燥であり,大気に奪われた葉の水を補うように根からの吸水がはじまる。根が水を吸いはじめるまでは茎など体内に蓄えられた水がまず使われる。そのため,土壌に十分な水分があっても体内では一時的な水不足が生じる。日射が強く気温が高ければ,水不足はさらに厳しくなる。しかし,このような一時的な水ストレスは,ふつうは夜間に回復する。

夜間は日射がなく気温も低下するので水ストレス環境は緩和される。気温が下がれば湿度は上昇し,光がなければ気孔は開かない。こうして,夜間はほとんど蒸散が起こらない。一方,根による吸水は続き,水は植物体各部に浸透し,水ポテンシャルを回復させる。その結果,水ポテンシャルは夜明け前に最も高い値を示す。夜明け前(predawn)の測定で水ポテンシャルが回復していなければ,それは水ストレスが1日で回復しなかったことを示している。

10.3.4 水ストレス応答と適応

(1) 気孔閉鎖　植物の水分が低下すると,細胞の体積は小さくなり膨圧は低下する。これが最初の水ストレス応答である。孔辺細胞の膨圧が低下すると気孔は閉鎖する。孔辺細胞にはクチクラ層が発達していないことが多く,大気が乾燥すると孔辺細胞は直接大気に水を奪われることによっても膨圧を低下させ,気孔が閉じる。気孔閉鎖は乾燥以外の要因,たとえば光不足や湛水によっても起こる。

(2) 光合成と呼吸　水ストレスを受けると気孔が閉じて蒸散は抑えられるが,同時にCO_2の取り込みも低下する。CO_2取り込みの低下は光合成の暗反応系を律速し,明反応系における電子受容体を不足させる。受容体が不足すると励起された電子を受け渡す先がなくなり,過剰な電子は酸素を還元して**活性酸素**を発生させる。このようにして生じた活性酸素は,膜構造などに損傷を与える。光阻害による光合成の抑制はこうして水ストレスによっても発生する(10.1節参照)。

水ストレスによる気孔閉鎖は呼吸も低下させる。また,光合成の低下による呼吸基質の減少も呼吸速度を低下させる。しかし,呼吸に対する水ストレスの

10.3 乾燥

影響は光合成と比べると比較的小さい。

(3) **ストレスホルモン** 気孔の閉鎖にはアブシジン酸(ABA)の役割も大きい。水ストレスを感じると根はABAを合成する。ABAは植物体地上部へ運ばれ孔辺細胞に作用してK^+の流出を起こし，膨圧を能動的に低下させる。ABAは気孔閉鎖のほか，プロリンや糖の増加，落葉などを起こす。プロリンや糖の増加により，水分損失を抑制しながら浸透ポテンシャルを低下させて吸水力を高めることができる。このはたらきを**浸透調節**(osmotic adjustment)という(10.3.5項(3)参照)。ABAはストレスホルモンともよばれ，ストレス下で根の伸長を促す一方，地上部の成長を抑制するはたらきがある。穏やかに進行する水ストレス下では，光合成産物は積極的に根に分配され，根の伸長が相対的に促進される。これは，水分獲得のための能力を増大させる役に立つ。こうして地上部に対する根の割合を小さくし，水不足に対応している。

(4) **老化ホルモン** 水ストレス下では古い葉から順に落葉することがある。これは，水不足の環境下で葉面積を小さくして水分損失を抑えるための環境適応でもある。水ストレスによる落葉はおもにエチレンによる。エチレンは老化を促進するので，**老化ホルモン**とよばれる。エチレンは種子や塊根の形成を促し，植物は乾燥を受けにくい形態でストレス期間をやりすごすことができる。

10.3.5 耐乾性のメカニズム

極度の乾燥条件下でも，厳しい脱水に耐えて生命を維持することのできる植物(乾生植物)が存在する。その生理メカニズムは関心をそそるが，重要な作物に乾生植物はない。農作物は乾燥して成長が止まってしまえばそれ以上栽培する意味がなくなってしまうので，必ずしも脱水に対する耐性(**耐乾燥性**)は重要でなく，乾燥の影響を受けにくい特性(**乾燥延期**)をもつことのほうが重要となる。耐乾性はこのように，耐乾燥性と乾燥延期に分けて考えられる。耐乾燥性は低い水ポテンシャルで耐えることをいい，乾燥延期は水ポテンシャルの低下を先延ばしするすべての戦略をいう。

(1) **乾燥延期** 深くて広い根系は広範囲の土壌から水を集めることができ，乾燥延期に有効である。耕耘は土壌を柔らかくし，根が深く広く伸びやすくなるので，根圏拡大による乾燥延期の手助けといえる。さらに，耕耘は土壌構造を破壊して毛管上昇を切るので，雨のあとの耕耘によって土壌深層を乾きにくくする貯水効果もある。乾燥によって作物は根に振り向けられる同化産物の分配比率を高め，根圏を拡大するように適応する(10.3.4項参照)。

葉の水不足が生じると膨圧が低下し，それにともなって萎れや巻き込みとい

った変化が起こる。これは日射が当たりにくくする適応であり，強光による葉温の上昇を回避し，蒸散を抑制して乾燥からの防御につながる。オジギソウなどマメ科植物などにみられる調位運動にも同様の蒸散抑制効果がある。

葉温上昇の抑制は蒸散の重要なはたらきのひとつであるが，それには大量の水が必要となる。そのため，葉面境界層抵抗の小さい小型の葉や光を受けにくい垂直の葉は冷却水の節約に好都合となる。たとえば，熱帯にはしばしば巨大な果樹が生育するが，つねに強光と乾燥にさらされている樹冠頂部では葉が小型化する傾向がある。こうした変化も水分損失を少なくする効果がある。落葉も水分保持に効果的である。キャッサバは古い葉をほとんど落として厳しい乾季を耐え，雨季に再び展葉して成長し収穫に至ることができる（口絵図29）。

(2) **代謝機構と耐乾性**　パイナップルやドラゴンフルーツなどの多肉植物は，乾燥ストレスの厳しい昼間に気孔を閉じて水分を保持し，ストレスの緩和した夜間に気孔を開けてCO_2を取り込む代謝機構を発達させている。これらの植物をCAM植物とよぶ。CAM植物はC_3植物の数倍にも達するほど水利用効率が良く，乾燥地や熱帯の気候によく適応している。しかし，昼間は気孔を閉じるので蒸散による冷却効果がはたらかず，体温上昇に対して耐性をもつ必要がある。

コラム 1：貯水組織は乾燥延期に役立つか

植物体内に蓄えられた水分は量的には重要ではないと考えられている。蒸散に必要な水量に比べれば，植物が貯蔵できる水量はごくわずかだからである。しかし，水分の貯蔵は意味のない蓄えではない。厳しい乾燥条件下では，わずかに蓄えた水分でも生存を助けることができる。その仕組みはこうである。乾燥が厳しい条件で植物が生育しているとき，光合成のための気孔の開放は水分損失のリスクのきわめて高い行為となる。そのため，まだ気温が低

図10.3.4　サバンナに生息するバオバブの巨大な幹は貯水組織である。

くて大気の乾燥がそれほどでもない早朝のわずかな時間帯に少しだけ気孔を開いて光合成をする。その間にも蒸散によって水は容赦なく失われるが，この水には貯蔵水が使われる。蒸散量に見合う貯蔵水があればそれが尽きるまで光合成し，あとは気孔を閉じてただひたすら夜の給水時間がくるのを待てばよい。どの植物も早朝の蒸散に，そのとき根から吸い上げた水を直接は使わない。植物はふつう，まず使ってから補いはじめるのである（図10.3.4）。

10.3 乾燥

熱帯の作物には C_4 植物が多い。C_4 植物も暑く乾燥した環境によく適応している。C_4 植物は，取り込んだ CO_2 を C_4 化合物に固定して濃縮する代謝機構をもつ。そのため，葉内 CO_2 濃度が低くても効率的に CO_2 を固定することができ，気孔を大きく開けておく必要がなくなる。C_4 植物の水利用効率は C_3 植物より高いが，それは C_4 回路が水不足に強いのではなく，気孔を閉じやすい環境でも効率的に光合成が行えることによる（10.1.1 項参照）。したがって，適度に温暖で潤沢な水分があり気孔を十分に開放できる状況であれば，C_3 植物のほうが生産性は高い。これは，C_4 植物は CO_2 を C_4 化合物に固定するのにエネルギーを持ち出しているが，CO_2 が貴重でないなら犠牲を払ってまで固定する利点はなく，先行投資したエネルギーが回収できないからである。

(3) 耐乾燥性 乾生植物は，ほとんどの水分を失っても死なない。代謝をほぼ完全に停止させて脱水状態を生き抜くそのメカニズムは，原形質の脱水耐性やゲル化する細胞液などで説明されるが，それらは種に特異的なメカニズムである。農作物にはそのようなメカニズムをもつものはなく，一般的にみられる耐乾燥性で最も重要なメカニズムは**浸透調節**である。

土壌の水ポテンシャルが低下すると，植物は残り少ない水分を吸い上げるためにさらに低い水ポテンシャルを実現しなくてはならない。脱水によって細胞体積を縮小すれば低い水ポテンシャルは得られるが，これでは失った水分に相当する吸水力にしかならない。水損失を防ぎながら高い吸水力を得るためには，溶質を増やして浸透ポテンシャルを低下させる必要がある。これを**浸透調節**という。

コラム２：乾燥地の水田

乾燥は降水量が蒸発散量に追いつかない条件下で発生する。しかし，熱帯では年間降水量のほぼすべてが短い雨季に集中する場合があることを考慮する必要がある。年間降水量が 250 mm 程度の乾燥地の砂質土壌では，深さ 50 cm くらいに土壌水の蒸発面が生じることがあり，塩類の集積はこの土層に集中する。土壌によっては長い時間をかけて石灰分が集積 (calsification) して不透水層が出現し，植物根もこれより下層に入らない。浅い有効土層によって乾燥土壌の影響はますます強くなり，生育可能な植物種を厳しく峻別する。口絵図 72 は鋭い針をと小さな葉をもったアカシアの乾燥サバンナ林で，このような植生がこうした地域によく発達する。不透水層は短時間に集中する降雨を湛え，乾燥地に季節的な湿地を出現させる。ゆるやかな傾斜があれば畦を築いて集水し湛水深をかさ上げするのに好都合となる。土壌は比較的肥沃であるから，水さえ溜めることができれば水田稲作が可能である。水の利用量が少なくてすむはずの畑作は，むしろここでは難しい。こうして極乾のアカシア林が水田耕作に最適な環境を提供することがある。

浸透調節は，徐々に進行する水ストレス下で植物が積極的に溶質を増やして，含水率を維持しながら同時に水ポテンシャルを低下させるメカニズムである。膨圧を失うと細胞間の連絡が途絶え植物の成長は抑制されるから，細胞の含水率の維持は植物の生長にとってきわめて重要である。調節に使われる溶質（浸透圧調節物質）には，高分子化合物を分解して得られる有機化合物が一般的であり，プロリン，ソルビトール，ベタインなど種によってさまざまな物質がある。

長期間にわたって徐々に強い水ストレスを受けた植物では，アミラーゼ活性が増加してデンプン含量が低下するとともに糖含量が増加する現象や，タンパク質の合成阻害とともにタンパク質の加水分解が促進されてプロリンなどのアミノ酸含量が増加する現象が観察されている。

10.4 塩害・アルカリ土壌

作物の根圏に可溶性の塩類が高濃度に存在すると，作物の生育は阻害される。これを一般に**塩害**（salinity）とよぶ。塩害とは根圏の高浸透圧による吸水阻害と，植物細胞に侵入した高濃度のイオン（ナトリウムイオン）による代謝の撹乱によって生じる作物の傷害である。

10.4.1 塩類集積土壌

作物の生育を阻害するほど高い濃度の可溶性塩類を含む土壌は**塩類集積土壌**（salt-affected soil）とよばれる。しばしば用いられる米国農務省の基準では，塩類集積土壌は**塩性土壌**（saline soil）と**アルカリ塩性土壌**（saline-sodic soil）に分類される（表10.4.1）。

表10.4.1 米国農務省の基準による塩類集積土壌の分類

	ECe(dS/m)	ESP(%)
塩性土壌	4以上	15以下
アルカリ(ソーダ質)塩性土壌	4以上	15以上
アルカリ(ソーダ質)土壌	4以下	15以上

表10.4.1 において，ECe（electrical conductivity of the saturated soil paste extract）は飽和土壌抽出液（土壌にペースト状になるまで水を加えたときの土壌溶液）の電気伝導度であり，可溶性塩の総量の指標である。作物の塩に対する感受性は作物種や品種によって異なるものの，この値が4 dS/m 以上になると，多くの作物種で収量の低下が認められる。4 dS/m を塩濃度に読み替えてみる

と，1価の陽イオンと1価の陰イオンからなる塩化ナトリウムの場合で約40 mmol/L である。

ESP(exchangeable sodium percentage)は，土壌の陽イオン交換容量に占める交換性ナトリウムの割合である。ESP の代わりに，飽和土壌抽出液のナトリウムイオンと2価カチオンの濃度比を示す SAR(sodium adsorption ratio) が用いられることもある。SAR は以下の式で求められる(濃度の単位は mol/L)。

$$\mathrm{SAR} = \frac{\mathrm{Na}^+}{\sqrt{\mathrm{Ca}^{2+} + \mathrm{Mg}^{2+}}}$$

交換性陽イオンと土壌溶液中の陽イオンには平衡関係があり，ESP15％は SAR13 に相当する。

このように分類されるのは，塩の組成が土壌の物理化学性に影響するためである。塩類集積土壌でのおもな陽イオンはナトリウムイオン(Na^+)，カルシウムイオン(Ca^{2+})，マグネシウムイオン(Mg^{2+})，カリウムイオン(K^+)であり，特に，Na^+とCa^{2+}が多い。Na^+が多くなると，粘土粒子はCa^{2+}が結合している場合に比べて分散しやすい。粘土粒子が分散して団粒構造が破壊されると土壌は硬くコンパクトになり，目が詰まって通気性，保水性，透水性は不良となる。このような土壌では発芽や根の伸長が妨げられる。

おもな陰イオンは，塩化物イオン(Cl^-)，硫酸イオン(SO_4^{2-})，重炭酸イオン(HCO_3^-)，炭酸イオン(CO_3^{2-})である。施設栽培で肥料由来の塩が集積した場合には硝酸イオン(NO_3^-)(硝酸カルシウム)が多い。沿岸部の塩害地では塩化ナトリウムが優占的である。HCO_3^-，CO_3^{2-}は土壌の pH を上昇させる。アルカリ塩性土壌では水に溶けやすい炭酸ナトリウムが多いために，土壌 pH は 8.5～10.5 と著しく高い。このため作物は塩ストレスに加え，高 pH によるストレスを受ける。アルカリ性の土壌では，鉄，マンガン，亜鉛などの養分元素の溶解度が減少して植物に利用されにくくなるので，作物にこれらの元素の欠乏症が発生することもある。塩性土壌の pH は通常 7～8.5 で，酸性の場合もある。

10.4.2　アルカリ性土壌

植物は通常，弱酸性から中性付近の土壌 pH で最も良く生育する。前項で述べたように，アルカリ(ソーダ質)土壌の pH は高い。用語はまぎらわしいが，pH が 7 より大きい土壌はアルカリ性土壌である。石灰岩由来の炭酸カルシウムを多く含む石灰質土壌の pH は 7.5～8.5 と高い。このような土壌で最も問題となるのは作物の鉄欠乏症である。鉄欠乏を防ぐためには 2 価鉄やキレート鉄の葉面散布や土壌へのキレート資材施用が行われる。また，リン酸も不足しや

すい。土壌 pH の矯正には硫黄が用いられる。

10.4.3 農地の塩類集積

　農地土壌への塩類の集積は，自然要因に人為要因が加わって引き起こされる。塩の動きは水の動きと強く関係しており，海水の侵入や不適切な灌漑が塩類集積の原因となる。塩害はしばしば滞水害(湿害)をともなう。

　海水には約 500 mmol/L の塩分が含まれる。東南アジア諸国やインド，バングラデシュの沿岸部には海水の影響による塩類集積土壌が多く存在する。海水起源であることから，土壌に集積する塩の主成分は塩化ナトリウムである。ホウ素過剰，鉄過剰，酸性硫酸塩土壌の問題が複合的に生じていることもある。塩類集積は，地下水の塩水化，潮風，サイクロン常襲地域での高潮による直接的な海水の侵入，津波によって引き起こされる。

　低海抜地に稲作地帯が広がるメコンデルタやベンガルデルタでは，河口から長距離にわたって海水が遡上し，広範囲な影響を及ぼす。塩害は特に，河川の流量が減少する乾季作で問題となる。過去 40〜50 年ほどの期間に，この地域のイネの作付体系は大きく変化しており，安定した収量が得られる乾季稲作の重要性が増した。「緑の革命」が生み出した日長非感受性の高収量品種が導入され，また，管井戸灌漑が普及したためである。作付体系や水利用の変化は，稲作への塩害の影響を大きくしている。

　大昔の海が影響することもある。タイ東北部の地下には，海が干上がってできた岩塩層が広く分布している。岩塩からの溶出により地下水の塩分濃度は高い。地下水位の浅いところでは，乾季には強い日射と高い気温のもとで地表面から毛管水が蒸発し，塩が地表面に析出する。土壌表層の塩は雨季には下層に移動する。農業の中心は天水田での雨季稲作であり，雨が少ない年には塩害被害も大きくなる(口絵図 73)。タイ東北部では 1960 年代以降急速に森林伐採が進み，塩害農地を広げる原因となった。樹木の深く伸びた根による吸水と葉の蒸散作用によって低く抑えられていた塩水地下水が，バランスの変化によって上昇したことによる。森林植生再生のためのチークやフタバガキの植林や，耐塩性(salt tolerance)が強く成長の早いユーカリ(パルプ材)の栽培が行われている。このような森林の伐採にともなう塩害はオーストラリア南部の非灌漑農地でも広範囲に発生している。

　世界的に塩類集積土壌は乾燥から半乾燥の気候下に多い。母材の風化によって放出された可溶性の塩類が降雨によって溶脱されることなく土壌中に存在しているためである。このような土地で灌漑農業が開始され，そして排水が不十

分である場合，作物による利用量を上回る灌漑水は下方に浸透し，地下水位の上昇をもたらす。用水路が舗装されていない土水路である場合には，圃場に到達する以前の漏水の影響も大きい。多くの灌漑農地において，年間数十 cm から数 m の地下水位の上昇がみられる。水位が地表面から約 2 m にまで上昇すると，地下水から地表面まで毛管水が連続する。こうなると，土壌中の塩類が溶け込んだ毛管水が地表面からの蒸発につれて継続的に上方向に移動し続け，作物根圏に高濃度の塩類が集積する。乾燥気候下では強い日射のもと，地表面からの蒸発量も大きい。このときにナトリウム塩が多く集積するのは，ナトリウムイオンが土壌中を水とともに移動しやすいためである。作物の生育に適さないほどに塩類集積が進めば，もとは肥沃であった農地が放棄される。

環境水には量の多少はあれども必ず溶質が溶けているので，大量の水は耕地に塩類をもたらす原因になる。灌漑水の水質評価には水の電気伝導度(EC)やpH，SAR が用いられる。EC が 0.7 dS/m 以下であれば塩害は生じないとされているが，塩濃度の上限は塩のバランス，土壌，栽培される作物種によっても異なる。

インド，中国，米国をはじめ，大規模灌漑が行われているところで塩害の問題が生じていないところはない。不適切な灌漑による塩害を防止するには，節水灌漑により作物の必要とする量の水を適切に与えること，排水路を整備し，これをメンテナンスすることが重要である。

農地に高濃度に塩が集積した場合には排水対策と除塩が行われる。広く行われているのは，農地の周囲に畔を作り，水を貯めて塩を下方に浸透させるリーチング(leaching)とよばれる方法である。アルカリ塩性土壌では，透水性が悪いためにリーチングの効率は悪い。透水性を高めるために石膏(硫酸カルシウム)が与えられる。

10.4.4　作物の耐塩性

作物の塩に対する感受性には種によって大きな違いがある。熱帯で栽培される作物ではたとえば，サゴヤシは耐塩性が強く淡水と海水が混じり合う汽水域にも生育する。マングローブ林樹種も非常に耐塩性が強く，**塩生植物**(halophyte)とよばれる。ココヤシやユーカリも耐塩性である。一年生の作物では，ワタは塩害には強いが湿害には弱い。ソルガムは比較的耐塩性が強く，イネとトウモロコシは塩感受性である。ササゲは耐塩性を示し，ヒヨコマメは塩にとても弱い。耐塩性の程度は品種によっても異なる。

耐塩性の強い植物は根圏の高い浸透圧に対して，浸透圧調節物質(10.3.5 項

(3)参照)を蓄積吸水を維持する．さらに，どのような植物でも細胞質に過剰のイオンが存在すれば酵素反応は阻害されるので，耐塩性の強い植物は Na^+ の導管への侵入を抑制する能力が高い．浸透圧の構成に Na^+ を利用しているような植物でさえも，吸収した水に含まれていた Na^+ のほとんどを吸収せずに排除しているのである．さらに，細胞内で Na^+ を液胞に隔離する能力が高い．細胞質ではプロリン，グリシンベタイン，ソルビトール，ピニトール，ショ糖などの浸透圧調節物質が合成される．これらは適合溶質とよばれ，酵素などの生体分子を安定化させ保護するはたらきももつ．耐塩性の強い植物はまた，根圏に多量の Na^+ が存在していても養分元素の K^+, Mg^{2+}, Ca^{2+} を吸収する能力が高い．

主要穀物であるイネは，塩害には弱いが，低湿地や滞水した土地での栽培には適している．イネの塩感受性の程度は品種によって異なり，在来稲には比較的高い耐塩性を示すものもある．耐塩性の強い品種は地上部への Na^+ の侵入を抑える能力，植物体内で下位葉や液胞に Na^+ を隔離する能力，K^+ を吸収する能力に優れている．また，初期生育が旺盛である．フィリピンの国際稲研究所[*](IRRI)やインドの中央塩類土壌研究所(CSSRI, Central Soil Salinity Research Institute)では，耐塩性に寄与する能力を集積し，さらに他の重要農業形質と組み合わせるためのイネの育種が行われている．1989年にリリースされたインドのCSR10をはじめとし，いくつかの耐塩性イネ品種がすでに利用されている．現在IRRIでは，汽水域に生息する野生稲 *Oryza coarctata* と栽培品種の交配によって，塩類腺(地上部に蓄積した塩を植物体の外に排出するのにはたらく)をもつイネを育種中である．

コラム：ホウ素過剰害

作物の塩害の裏にホウ素過剰害が隠れていることがある．ホウ素(B)は細胞壁ペクチン質多糖の架橋に機能する植物の微量必須元素である．しかし，植物の生育に適した根圏のホウ素濃度の範囲は狭く，欠乏症も過剰害も生じやすい．ホウ素過剰による傷害発生の機構はわかっていないのだが，水耕栽培した場合，ホウ素過剰に弱い作物では培養液のホウ素濃度1 ppmでも傷害が現れる．ホウ素は環境中にごく普通に存在する元素で，土壌中にはホウ酸($B(OH)_3$)の形で約10 mg/kg含まれている．ホウ酸は水に溶けやすく，中性付近のpHでは電荷をもたない．つまり，水とともに移動しやすい．このため，ホウ酸は可溶性塩類の場合とちょうど同じ機構によって作物の根圏に過剰に集積する場合があるのだ．海水には約5 ppmのホウ酸が含まれる．電荷をもたない低分子であるという性質のために，ホウ酸は海水を淡水化する際に除去の難しい成分となっている．

耐塩性品種の導入は，大規模な土壌改良を必要とせず，個々の農家が導入しやすい塩害の解決策である．しかし，耐塩性の強い作物の導入によって，かえって土壌の塩類集積を亢進させることがないように，適切な水管理のもとで栽培することが大切である．

10.5 酸性土壌

土壌のpHが5.5より低い**酸性土壌**(acid soil)では，多くの作物の生育が阻害される．作物の傷害は，アルミの毒性，鉄やマンガンの過剰，プロトンの過剰，養分欠乏，土壌微生物活性の低下など多面にわたるストレスによって生じる．

10.5.1 土壌の酸性化

土壌溶液のpHの変化は，土壌コロイドに吸着した交換性陽イオン(Ca^{2+}, Mg^{2+}, K^+, Na^+)とH^+とのイオン交換によって緩衝される．土壌の酸性化は，鉱物の風化によって土壌中に放出された交換性陽イオンが土壌から流亡するのにともなって進行する．この過程には土壌の母材や粘土の含量が影響し，たとえば，石灰岩に由来する土壌は炭酸カルシウムが多く含まれるため酸性になりにくい．

土壌溶液のpHを低下させる大きな原因は土壌中の生物の活動である．土壌中には無数の土壌微生物，動物や植物の根が生息しており，呼吸して土壌気相中に二酸化炭素(CO_2)を放出する．土壌中での気体の拡散速度は大気中に比べて遅く，このため土壌中のCO_2濃度は0.1～10%程度と高い．CO_2は水に溶けて炭酸(H_2CO_3)を生じ，H_2CO_3は解離して炭酸イオン(HCO_3^-)とプロトン(H^+)となり弱酸性を示す．また，植物は細胞膜に存在するATP-プロトンポンプを介して能動的にH^+をアポプラストに排出し，養分吸収に必要な駆動力を作り出し，同時に細胞内の適正なpH環境を維持している．このため，植物の根は土壌溶液中に直接H^+を放出する．

土壌溶液中のH^+は土壌の固相と相互作用する．交換性陽イオンはH^+に置換されて溶け出し，次第に雨に洗い流されて土壌から流亡していく．雨水もまた大気中のCO_2が溶けた弱酸性溶液であり，土壌にH^+が持ち込まれる原因のひとつである．このようにして，降雨量の多い地域では土壌のpHは長い時間をかけて自然に低下していく(図10.5.1)．

世界地図上でみると，酸性土壌地帯は気温が高く雨の多い熱帯・亜熱帯に広く分布している．温暖で雨の多い日本の土壌もほとんどが酸性土壌である．指

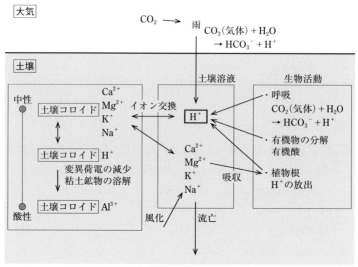

図 10.5.1　土壌の酸性化の機構の模式図

標として土壌を水に懸濁して測定したpHを用いると，多くの作物はpH6.0からpH6.5の微酸性の土壌で最も生育が良く，pHが5.5以下の強酸性土壌では農業生産上の問題が生じる．土壌pHが4.0以下にまで低下することはまれである．

　農地への多量の肥料の投入は土壌の酸性化を急速に進める．これは以下の理由による．窒素肥料として硫酸アンモニウム（($NH_4)_2SO_4$）や塩化アンモニウム（NH_4Cl）を与えた場合には，作物によるSO_4^{2-}，Cl^-の吸収量は窒素成分の吸収量に比べて小さく，これらの随伴アニオンは土壌中に残って酸性を示す．さらに，NO_3^-，SO_4^{2-}，Cl^-が溶脱する際には，土壌中の交換性陽イオンがともなわれる．また，硝酸化成の過程でもH^+が放出される．日本の茶園への窒素施肥量は多く，土壌のpHは著しく低い．

　酸性硫酸塩土壌（acid sulfate soil）とよばれ，pH3.5以下にまでなるような酸性の強い土壌も存在する．酸性硫酸塩土壌は，インドネシア，タイのチャオプラヤデルタ，ベトナムの紅河デルタ，メコンデルタをはじめ，東南アジア，アフリカ，南米等の沿岸部の低湿地に広く分布している．アジアの酸性硫酸塩土壌農地ではおもにイネが栽培されているが収量は低い．このような農地では，海水の影響による塩害が同時に生じていることもある．酸性硫酸塩土壌の酸性化はパイライト（FeS_2）の生成と酸化によって起こる．汽水域の自然植生下の底泥土では，堆積した有機物が微生物によって嫌気的に分解される際に硫酸イオ

10.5 酸性土壌

ンが還元される。硫酸イオンは海水に含まれている。生じた硫化物イオンは硫化鉄として沈殿し、さらに安定なパイライトが生成して蓄積する。このような土壌が陸化して好気的環境にさらされると、微生物作用と化学作用によってパイライトはすみやかに酸化され、最終的に硫酸を生じる。パイライトの酸化反応は全体として、次の反応式で表される。

$$FeS_2 + \frac{15}{4}O_2 + \frac{7}{2}H_2O \longrightarrow Fe(OH)_3 + 2H_2SO_4$$

パイライトを多く含む土壌であって、現時点では還元的で酸性化していない土壌を潜在的酸性硫酸塩土壌とよぶ。低湿地の農地開発により潜在的酸性硫酸塩土壌が実際の強酸性土壌となった例は各地でみられ、干拓農地が数年で放棄されて荒廃地化することもある。このような農地からの酸性の強い排水は周辺の水系に広範囲な影響を及ぼす。泥炭湿地林の泥炭層の下には潜在的酸性硫酸塩土壌が存在している場合も多い。

酸性土壌のpHの矯正には炭酸カルシウム($CaCO_3$)や苦土石灰($MgCO_3 \cdot CaCO_3$)が用いられる。ブラジル内陸部のサバンナ地帯(セラード, cerrado)は、気象条件や地形には恵まれている一方で土壌の酸性が強く、このため、1970年代まではほとんど農地として利用されていなかった。現在では$CaCO_3$によるpH矯正と土壌の貧栄養を補う施肥により、ダイズやイネ、トウモロコシの大産地となっている。酸性硫酸塩土壌の場合、作物根圏の土壌から酸成分を溶脱させるための適切な排水、パイライトを含む下層土を還元的に維持するための水位コントロールが必要である。これらに加えて炭酸カルシウムが施用される。乾季の地下水位低下には注意を払う必要があるものの、水稲栽培は土壌の還元状態を維持するのに適している。畑作物の栽培では、水位コントロールのために幅の広い高畝がつくられ、サトウキビやアブラヤシなどの換金作物が栽培される。

10.5.2 作物の生育阻害機構・耐性の機構

作物の酸性土壌に対する感受性は種や品種によって異なる。熱帯で栽培される作物では、イネ・キャッサバ・タロイモ・キマメ・パイナップル・チャなどが酸性土壌に適応した作物として知られる。チャは特に酸性土壌に強く、pH4.0～5.0の土壌を好む。酸性土壌での作物収量の低下には多くのストレスがかかわっており、作物の耐性の機構も多様である。

(1) アルミニウム過剰害　　土壌溶液中の養分元素や有害元素の濃度は、土壌溶液のpHに大きく影響される。土壌鉱物中に豊富に含まれるアルミニウム

(Al), 鉄(Fe), マンガン(Mn)は, 中性付近では水酸化物塩や酸化物として沈殿し水に溶けにくいが, pHが低下するとイオンとして溶出しやすくなる。このため, 酸性土壌ではこれらの金属元素の過剰害が作物に生じる。

酸性土壌での作物生産において最も問題となるのはアルミニウム毒性 (aluminum toxicity) である。Alは植物にとっても動物にとっても必須元素ではない。酸性土壌では, アルミノケイ酸塩や水酸化アルミニウム($Al(OH)_3$)からアルミニウムイオン(Al^{3+})が溶け出す。単純な溶液の場合では, 1 μmol/L の Al^{3+} が沈殿せずに溶解しているときの溶液のpHは5.2であり, 溶存する Al^{3+} の濃度は pH が 0.33 低下するごとに 10 倍になる。根圏の Al^{3+} は数 μmol/L 程度でも根の伸長を阻害し, このとき特に根端が傷害を受ける。Al^{3+} は細胞壁ペクチン質多糖, 細胞膜, タンパク質, 核酸などに強く結合し, 植物の代謝を阻害すると考えられている。根の生長が阻害されれば, 水や養分元素の吸収も阻害される。

比較的アルミニウム耐性の強い作物の多くは, クエン酸・リンゴ酸・シュウ酸などの有機酸を根端から土壌中に分泌し, Al^{3+} をキレートして根への侵入を防いでいる(図10.5.2)。コムギ・オオムギ・トウモロコシ・ソルガムなどで, アルミニウム耐性の品種間差に根から有機酸を分泌するトランスポーターの数の違いが関与していることが明らかにされてきた。耐性品種の遺伝子を利用して, ブラジルやアフリカの酸性土壌での栽培に適したアルミニウム耐性トウモロコシやソルガムの育種が進められている。イネは穀物のなかで Al^{3+} に比較的耐性が強いが, イネの根からの有機酸分泌量は少ない。イネは多様な機構でアルミニウム耐性を獲得していることが明らかになりつつある。

根からの有機酸の分泌は, Al^{3+} を無毒化すると同時に鉄やアルミニウムに結合したリン酸の可溶化にもはたらく。キマメはピシジン酸を分泌して鉄結合型リン酸を可溶化する。

図10.5.2 酸性土壌で植物の根から分泌される有機酸。根からの有機酸の分泌はアルミニウムイオン(Al^{3+})を無毒化すると同時に, 鉄やアルミニウムに結合したリン酸の可溶化にもはたらく。キマメはピシジン酸を分泌して鉄結合型リン酸を可溶化する。

10.5 酸性土壌

アルミニウム耐性が著しく強い植物には，地上部に高濃度のAlを蓄積するものがある．このとき，植物体内のAl^{3+}は有機酸などとキレート錯体を形成して無毒化されている．チャはアルミニウム集積植物として知られ，古い葉では乾燥重1g当たり5mgものAlが含まれる．チャの植物体内ではカテキンがAl^{3+}をキレートしている．ハイノキ科ハイノキ属の樹木にはAlを高集積するものがあり，インドネシアのジャワ更紗繊維産業では，Alを含む樹皮や葉が媒染剤や染料として利用される．

(2) **マンガン過剰害**　畑作物では，アルミニウム毒性に次いでマンガン(Mn)の過剰害が問題となる．Mnは植物の微量必須元素であり，植物はMnを2価のマンガンイオン(Mn^{2+})として吸収する．酸性土壌では，土壌中の3価または4価のマンガン酸化物が還元されてMn^{2+}が溶出し，作物の根に吸収されて地上部に過剰に蓄積する．マンガン過剰害は特に有機物含量の多い圃場や，排水不良の圃場で生じやすい．

作物の生育に低下がみられるときの根圏のMnイオン濃度，体内のMn含有率は，種によって大きく異なる．このため，耐性作物の栽培に問題のない圃場であっても，感受性作物にはマンガン過剰害が生じることがある．米国ハワイ州では，サトウキビプランテーションが閉鎖された跡地の圃場で，スイカのマンガン過剰害が発生した例が報告されている．マンガン過剰耐性には，根の表面でMnイオンを酸化して不溶化する能力や，根から地上部への移行を抑制する能力，地上部組織でMnを隔離する能力などがかかわっている．ヒマワリやスイカは，地上部に集積したMnを毛茸に隔離する．鉄欠乏がマンガン過剰害を誘発することや，ケイ酸の施用にマンガン過剰害を抑制する効果があることが知られている．

(3) **鉄過剰害**　水稲栽培では，鉄過剰害が酸性土壌での収量低下の大きな原因である．土壌中の鉄は3価または2価の酸化状態で存在する．3価鉄イオン(Fe^{3+})の溶出はAl^{3+}やMn^{2+}の場合よりも低いpH領域で起きるので，畑作物で鉄過剰害が問題になることはほとんどない．一方，2価鉄イオン(Fe^{2+})は中性以下のpHで水によく溶ける．水田のように還元的な土壌では，遊離酸化鉄(Fe_2O_3)が微生物に還元されてFe^{2+}が溶出し，このとき土壌溶液中のFe^{2+}濃度はpHが低いほど高い．水耕栽培の培養液のFeイオン濃度は50 μmol/L程度であるが，酸性土壌水田の土壌溶液中のFe^{2+}濃度は3〜15 mmol/Lと高い．圃場によっては湛水の1〜2週間後に一過的に土壌溶液中のFeイオン濃度が数十mmol/Lにまで高くなる例があり，傷害を避けるために，湛水後一定日数が経過してから田植えを行うことが推奨されている．鉄過剰害は，還元され

やすい鉄を多く含む圃場や窪地の圃場で発生しやすく，また，カリウムやリン酸など他の栄養元素が不足している場合にも発生しやすい。

イネの鉄過剰害は，地上部に過剰の Fe イオンが蓄積することで起こる。細胞内の過剰の Fe イオンは，活性酸素種の発生によって細胞に傷害を与える。鉄過剰に耐性の強いイネ品種は，根の表面で Fe^{2+} を酸化し Fe^{3+} として不溶化する能力や，地上部への移行を抑制する能力に優れている。酸性土壌での栽培に適した鉄過剰に強い品種の選抜と育種が行われている。

(4) プロトン過剰害　pH がおおよそ 4 以下にまで下がると，プロトン(H^+) の過剰自体も作物根の伸長を阻害する。根細胞への H^+ の流入により，酵素活性の維持や膜輸送に必要な細胞の pH 恒常性が攪乱されるためである。

(5) リン欠乏　酸性土壌では作物にリン(P)欠乏が生じやすく，肥料として与えた P の利用効率も低い。土壌溶液中の P はリン酸イオン($H_2PO_4^-$ または HPO_4^{2-}) として存在し，酸性土壌では Al イオンや Fe イオンの溶解度が増すので，リン酸イオンが，これらの金属イオンと難溶性塩を形成しやすいためである。

低リンに耐性の作物は，難溶性リン酸塩からリン酸を溶かしだす能力が高い。根から土壌中にフォスファターゼを分泌して有機態リン酸を利用するものや，クエン酸などの有機酸を分泌して Al イオンや Fe イオンをキレートし，リン酸を遊離させて利用するものがある。根からの有機酸の分泌は，アルミニウム毒性の軽減とリン酸獲得の両方に有効である。インドで広く栽培されるキマメはフェノール性酸のピシジン酸を分泌し，栽培地域での土壌中のリン酸の主要形態である鉄結合型リン酸を可溶化して利用する。根の伸長や側根形成といった形態変化もリン酸の獲得に有効である。

酸性土壌は溶脱の進んだ土壌であることから，カルシウム，マグネシウム，などの養分にも乏しくこれらの不足も生じやすい。微生物叢も変化し，マメ科作物は根粒菌の活性低下の影響を受ける。

10.6　湿害・洪水

20 世紀後半から，世界の各地域で洪水の発生回数が増加し続けている(図10.6.1)。これは地球温暖化が原因のひとつと考えられており，このまま地球温暖化が進むと，熱帯では洪水がさらに多発すると予想されている。洪水(flood) は，ほとんどの畑作物にとって致死的なストレスであり生産性に多大な影響を与える。本節では，熱帯環境における湛水および洪水時の農作物の生理と，その適応を学ぶ。

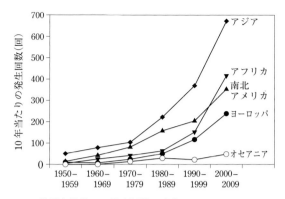

図 10.6.1　世界各地域での洪水回数の変化
（The CRED/OFDA International Disaster Database をもとに作成）

10.6.1　土壌の酸素欠乏

　植物の根が水に浸かることを湛水（waterlogging）といい，植物体が水中に没する冠水（submersion）と区別している。湛水すると植物は酸素不足による直接的な影響とともに，嫌気性微生物の活動による間接的な影響を受ける（コラム1参照）。気温の高い熱帯では，根や微生物の活性が高く，湛水の影響も大きくなりやすい。排水の良い畑状態の土壌は，粒子間に気体（気相）を含む。植物の根や好気性微生物により消費される酸素は，この気相を通じて大気から供給される。降雨や洪水により過剰な水が土壌にしみ込むことで土壌中の気相が水（液相）に置き換わる。液相では，酸素の拡散速度が気相の約1万分の1に低下する。したがって湛水状態になると，土壌の表面近く以外では，土壌中の酸素消費に見あう大気からの酸素供給が行われなくなり，土壌間隙中は低酸素状態あるいは嫌気状態（anoxia）となる。

　土壌環境がこのような状態になると，嫌気性土壌微生物が活動をはじめ，還元的な環境となる。その結果，土壌中の3価の鉄イオン（Fe^{3+}）は2価の鉄イオンに（Fe^{2+}）に還元され，Fe^{2+} は水への溶解度が高いため植物に毒性を示す濃度にまで上昇する。また，硫酸イオン（SO_4^{2-}）は硫化水素（H_2S）へ還元され，根腐れをもたらす。このような土壌が湛水状態になることによって生じる障害を湿害（wet injury, excess moisture injury）という。湿害は，ほとんどの畑作物に深刻な被害をもたらす。

　湿害は，地上部の成長にも影響をもたらす。根が生理的機能を失うことで，地上組織に水と無機イオンの輸送が制限され生育が不良となる。また，低酸素環境に根がおかれるとエチレンの前駆物質である1-アミノシクロプロパン-1-

カルボン酸（ACC）の合成が促進される。この ACC が導管を通って地上部に移動してエチレンに変換され，地上部の成長を抑制する。

熱帯の主要作物の耐湿性を比較すると，イネ・シコクビエ・ハトムギは耐湿性がきわめて強く湿地での栽培が可能である。サトウキビは比較的耐湿性が強く，トウジンビエ・モロコシ・トウモロコシがこれに次ぐ。トウモロコシの近縁種であるテオシントは非常に強い耐湿性をもち，その形質をトウモロコシへ導入することが期待されている。マメ類では，ダイズ・インゲンマメ類・ヒヨコマメ・レンズマメは耐湿性が弱く，キマメは比較的強い（6.3 節参照）。イモ類では，キャッサバ・ジャガイモ・サツマイモ・ヤムイモは耐湿性が弱いが，タロイモは耐湿性がある（4.6 節，6.2 節参照）。木本性作物では，ココヤシをはじめとするヤシ類・レイシ・マンゴスチンなどは耐湿性が高く，マンゴー・アボカド・ドリアンなどはかなり弱い。

コラム 1：湛水による植物の反応と適応

生きた根は，土壌間隙から酸素を得て好気呼吸を行っている。湛水によって土壌間隙が閉ざされ酸素が欠乏すると根は嫌気呼吸を行うが，ほとんどの農作物の根は嫌気的な条件で長い間耐えることはできない。酸素の欠乏や有害物質の発生によって細根が失われると，不定根の発達，根のコルク化，地際部の肥大や皮目の発達が起こる。不定根は酸素を得るために水面に網の目のように発達する。根の皮層は細胞死によってコルク化し，生じた空間は通気組織として機能する。地際部は肥厚化して皮目が生じ，皮目から酸素が取り込まれる一方，エチレンやエタノールなどの揮発物質を拡散させる。このようにして体内の有害物質は排出され，根圏の嫌気条件が緩和される。これらは根の形態変化によるストレス環境への適応である。酸素不足の根ではエチレンの前駆物質である ACC が合成され，葉に移行して葉の上偏成長を引き起こす。その結果，葉は下垂したようになるが，これは萎れではなく，葉の水ポテンシャルは高く維持されている。一方，気孔の閉鎖も同時に観察されるが，これは湛水によるアブシジン酸の増加による。湛水した植物では，このように水ポテンシャルの低下をともなわない気孔閉鎖がみられる。この気孔閉鎖も，湛水による吸水能力の低下に対応した適応であると考えられている。

10.6.2　過湿条件での作物の対応

過湿状態でも，土壌表面に近いところでは比較的酸素濃度が高いため，トウモロコシやダイズなど多くの植物で新たな**不定根**（冠根，節根：adventitious root, crown root, nodal root）を表面付近に発達させて適応する。地表近くで根を形成する浅根化は，湿害を回避するための適応である。水位が高くなると，

地表根が発達するものもある。新しい不定根の発生は，畑作物だけでなく湿生植物でもみられる。

一般に，トウモロコシでは発芽から生育初期が冠水や湛水の被害を受けやすいと考えられているが，栽培の現場では生育中期に入ってからの被害が大きく，葉面成長と光合成が低下し，炭水化物含量の低下から生育が阻害される。耐湿性の強いものの特徴は，湛水期間の早くから不定根を発生でき，通気組織の形成，クロロフィル含量の維持，気孔を閉じて蒸散速度を抑制，茎中の炭水化物蓄積能力や根への高い乾物分配の維持などである。トウモロコシと同属のテオシントのなかでニカラグアに分布するものには，水位が土壌表面より高くなっても茎の伸長や分げつの発生が維持できるものがある。

コラム2：熱帯における農業の洪水被害と農業適応

熱帯の洪水はたいてい雨季の後半に発生し，しばしば長期間に及ぶ。そのため晴天であっても水が引かないことも多い。洪水は土壌の酸素不足を引き起こすが，熱帯では，特に濁水に光があたることによる水温上昇がさらに被害を加速させることに留意することが必要である。高温で水中の溶存酸素濃度は低い一方，根や微生物の呼吸が増大していっそうの酸素不足をまねく。熱帯における湿害・洪水の影響は酸素不足にとどまらない。活発な微生物の活動によってFe^{2+}やH_2Sなどの有害物質の蓄積が加速し，エタノールや乳酸などの嫌気呼吸産物の蓄積による生育阻害も顕在化しやすい。湛水条件下では農作物の病虫害抵抗性も低下しており，二次的な農業被害も拡大しやすい。洪水被害が予想される地域では湛水耐性のある作目を選択することが重要であるが，深水稲や浮稲（10.5.4項参照）などを組み込んだ作付体系や，デルタにおける高畝栽培（7.1節参照），メキシコのチナンパやミャンマーのインレー湖にみられる浮島栽培（口絵図74），季節湿地におけるシコクビエ栽培（図10.6.2）など，伝統的栽培技術による適応も行われている。

図10.6.2 イホンベとよばれる伝統的なシコクビエ栽培。乾季に枯れた草木植物を根系ごと反転させマウンド状に積み上げて火を入れる。雨季には湿地環境でシコクビエは生育する。（タンザニア）

ダイズでの湿害は，根の呼吸が低下，水分吸収が抑制され，葉が水ストレスを受けて気孔開度が低下して光合成が抑えられる。また，根粒の呼吸量は根の数倍なので，窒素固定能が抑えられ，根による養分吸収が抑えられるだけでなく，窒素固定により供給される窒素量も制限される。湛水がしばらく続くと，ダイズでも茎・根にスポンジ状の通気組織が発達し，根や根粒に酸素が供給されやすくなる。最近では，QTL(Quantitative Trait Locus，量的形質遺伝子座)による耐湿性にかかわるDNAマーカーの研究が進められている。

10.6.3 湿害に対する根の構造適応

(1) 感受性作物　発酵によるATP生産は，好気環境での生産に比べて著しく効率が悪く，また有害物質が体内に蓄積するため，一時的な嫌気条件にしか適さない。それゆえ，多くの植物は湛水状態で，根の内部に通気組織(aerenchyma)を形成して軸に沿った連続的な気相をつくることで，根の深部へ地上部から酸素を供給する。ほとんどの陸生植物の根では，嫌気や低酸素環境におかれることで通気組織が誘導(誘導的通気組織)される。根の通気組織中の酸素は，すべてが根の細胞による呼吸によって消費されるのではなく，根の軸に対して放射状に外部へ漏出することによっても失われる。この放射状の酸素の漏出(ROL, Radial Oxygen Loss)が大きいと，たとえ通気組織が発達していたとしても，根端にまで十分な酸素を供給できない。

(2) 耐性作物　イネなどの湿地生植物では，排水の良い土壌で生育している場合でも通気組織(恒常的通気組織)が形成される。通気組織は大別して離生通気組織と破生通気組織に分けられる。離生通気組織は，生育とともに細胞間隙が拡がることによって発達する通気組織で，ハスの根茎であるレンコンはこのタイプの通気組織を形成する。破生通気組織は，皮層中の柔細胞がプログラム細胞死により崩壊することで発達する通気組織であり，イネ科の多くの作物はこのタイプ通気組織を形成する(図10.6.3)。破生通気組織の形成は，低酸素で誘導されるエチレンによる細胞死が関係している。イネなどの湿生植物は，根の軸方向に沿って外層にリグニンやスベリンからなる連続した疎水性のバリアを形成しROLを抑制する(図10.6.4)。このROLバリアの形成と通気組織の形成によって，根端近くにある分裂組織に酸素を供給することで嫌気環境でも成長を続けることが可能になる。

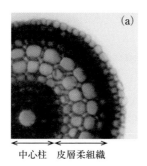
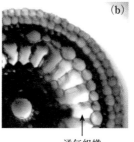

図 10.6.3　イネ冠根の通気組織の形成。発根してすぐの冠根には通気組織は形成されていない(a)が，成長にともない皮層柔組織の細胞が崩壊し通気組織(破生通気組織)が形成される(b)。破生通気組織の形成には植物ホルモンのエチレンが関係している。

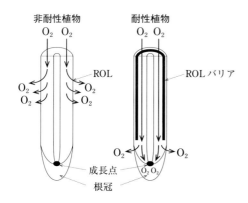

図 10.6.4　湿害耐性植物の根で形成される ROL バリア。イネなど湿害に耐性のある植物は，湿地条件下でリグニンやスベリンからなる疎水性のバリア(ROLバリア)を根の外層に形成することで，湛水土壌中への放射状の酸素の漏出(ROL)を防ぐ。これにより根端に存在する成長点に酸素を供給することで根の成長を可能にする。

10.6.4　イネの洪水耐性

　洪水の水が土壌だけの湛水だけでなく，植物体地上部の一部あるいは全体を超えるようになると，ほとんどの作物は生育を続けられず死滅する。しかし，イネのなかには，これらの環境に耐性を示す品種・系統が存在する。

　世界のイネ生産の 90% 以上が灌漑水田と天水田での栽培により得られる。21 世紀になり灌漑水田による稲作が主流になっているが，天水田による水稲栽培は依然として世界の稲作面積の 3 割以上を占める。天水に依存する栽培では，降雨の時期・期間・量によって，イネは乾燥ストレスあるいは洪水ストレスに遭遇する。天水田では，モンスーンの影響により水深 50 cm 以上もの洪水に急激に襲われ，稲体が完全に水没してしまうことがある。このような急激で一時的な洪水の危険にさらされる水田は世界の水田面積の 10% 以上にもなると見積もられる。冠水環境ではほとんどのイネ品種は茎葉を徒長させるため，

冠水期間中にエネルギーが枯渇して枯死するか，水が引いた後に倒伏し，その後の生育が不良となる。

イネ栽培種のなかには，一時的な冠水環境に耐性を示す品種(冠水耐性品種，flood-tolerant cultivar)が存在する。FR13Aとよばれるインド型のアウス(Aus)(4.3.3項参照)に属する東インドの品種は，2週間までの冠水環境に耐性を示す。この品種は冠水期間中に代謝と成長を抑制し，洪水が収まると保存しておいたエネルギーを利用して通常の成長を再開する(図10.6.5)。このような洪水に対する反応は，冠水条件で成長を抑えるために，静止戦略(quiescence strategy)とよばれる。この反応には，第9染色体上にある*SUBMERGENCE1*(*SUB1*)と名づけられた主動QTL領域が関係し，耐性表現型の約70%に寄与する。冠水耐性型の*SUB1*遺伝子座がマーカー利用戻し交雑によりいくつかの現代の高収量品種に導入された。これらの導入系統は，その親系統よりも冠水に対する耐

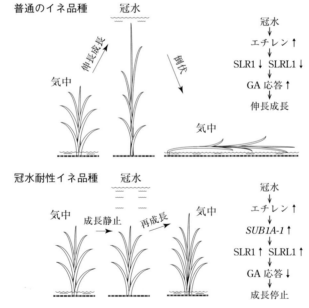

図10.6.5 冠水耐性イネの応答。普通のイネ品種は一時的な洪水による冠水環境下で伸長成長が促進され，水が引いた後，倒伏し生育が不良となる。水中での伸長促進は組織内で蓄積したエチレンがジベレリン(GA)のリプレッサータンパク質であるSLR1とSLRL1の分解を促進することでGA応答が促進することによる。*SUB1A-1*遺伝子をもつ冠水耐性イネは，この遺伝子の発現がエチレンにより誘導されることによりSLR1とSLRL1の合成を高めることで，GA応答を抑制し成長を停止させる。そして洪水後には，成長を停止することで蓄えていたエネルギーを利用して成長を再開する。

10.6 湿害・洪水

性を示すようになる。またこの導入によって，通常の生育環境での栽培においては収量と品質に影響を受けないことも明らかにされた。現在，これらの耐性型 *SUB1* 遺伝子座の多収品種への導入がさらに進められている。

10.6.5 深水稲・浮稲の洪水適応

冠水耐性イネの反応は，洪水ストレスに対する一時的な抵抗性であり，2 週間以上もの長期間の冠水には耐えることができない。**深水稲**(deepwater rice)とよばれる品種群は，水深 50 cm 以上もの洪水が 1 カ月以上続くような普通のイネが栽培できない環境でも生育可能である(5.1.5 項参照)。深水稲のなかで高い伸長能力をもち，1 m 以上もの水深に適応できる品種を特に**浮稲**(floating rice)とよぶことがある。冠水耐性イネが冠水環境で成長を止める静止戦略であるのに対し，深水稲や浮稲の反応は洪水による水位上昇につれて茎葉を伸長させ，植物体上部の葉を水面上につねに保つことで適応し，成長を持続させる。この適応は水没を避ける反応なので**回避戦略**(escape strategy)とよばれる。浮

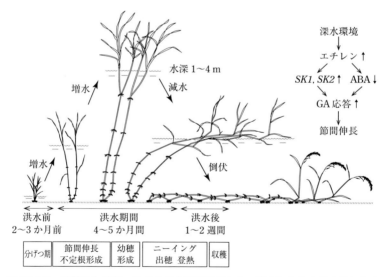

図 10.6.6 浮稲の生活環。洪水のまえに播種される。洪水による水位上昇にともない節間を伸長させ水没することなく生育を続け，水中の節からは不定根が生じる。水が引くにつれて上位の節は重力屈性(ニーイング)を示し，上位の葉と穂は倒れることなく生育を続ける。浮稲の節間の伸長は，水中の組織で蓄積したエチレンによって，浮稲性遺伝子 *SK1* と *SK2* の発現が誘導されることとアブシジン酸(ABA)含量が低下することによるジベレリン(GA)応答の増大が関係する。

稲は，部分的な深水環境下で1日当たり最大20～25 cmの伸長が可能で，4 mまでの深水条件で草丈が7 mにまで達する（図10.6.6）。

深水稲は，畑状態の圃場に直播され，洪水前の4～20週間はこの状態で栽培される。その後の洪水による水位上昇により節間が伸長し，水中の節から不定根を発生させ水中から養水分を吸収する。洪水の水深と期間は地域によって異なるが，出穂してしまうと節間はほとんど伸びないので，水位がピークに達して引きはじめてから出穂するような品種を選んで栽培する。水が引くにつれて稲体は倒れるが，節の部分が重力屈性（gravitropism）により屈曲することで穂と上位3～4葉は水に浸かることなく登熟を続ける。この節の部位での屈曲はニーイング（kneeing）とよばれている（口絵図76，図10.6.6）。

深水稲の伸長能力（浮稲性，floating ability）は，節間の形成と伸長能力に依存する。通常の栽培品種では，節間の伸長は出穂にともなってみられる現象であるが，深水稲は栄養成長期の早い時期から節間を形成する。最初に形成される伸長節間の節位が低いほど深水下での伸長能力が高い。1つの節間は気中条件では10 cm程度しか伸びないが，深水環境下では最大30 cmにまで伸長する。また，深水環境により葉齢の進行が早まり節間の数も増える。深水稲の深水下での節間伸長には，エチレン応答性転写因子をコードする2つの遺伝子 *SNORKEL1*（*SK1*）と *SNORKEL2*（*SK2*）の存在が関係している（図10.6.6）。

参 考 文 献

Catling, D. 1992. Rice in deep water. Macmillan Press（London）
Fitter, A.H. and R.K.M. Hay 2001. Environmental physiology of plants. 3rd edn. Academic Press（London）
Kramer, P.J. and J.S. Boyer 1995. Water relations of plants and soils. Academic Press（London）
Larcher, W. 2003. Physiological plant ecology. 4th edn. Springer（Berlin）
間藤徹ら編者 2010.『植物栄養学』文永堂出版（東京）
坂上潤一ら編著 2010.『湿地環境と作物』養賢堂（東京）
テイツ，L., E. ザイガー／西谷和彦・島崎研一郎監訳 2004.『植物生理学 第3版』培風館（東京）
The CRED/OFDA International Disaster Database http://www.emdat.be/

演習問題1 熱帯の乾燥地の作物のなかには，小さい葉や切れ込みの深い葉をもつ作物が多い。これらが高温耐性に寄与する理由は何か。

演習問題2 27℃に保たれた密閉容器内の葉と平衡状態にある空気の相対湿度が98％であった。空気の水ポテンシャルは近似的に $\psi = -T\log_{10}(100/RH)$ で与えられるとすると，

(1) この葉の水ポテンシャルはいくらか。ただし，$\log_{10}(100/98) = 0.009$ とする。

(2) この原理を応用した水ポテンシャル測定装置がサイクロメーターである。サイクロメーターは，たとえば水ポテンシャルが $-0.1\,\mathrm{MPa}$ のような湿ったサンプルを測定するのには向いていない。理由は何か。

(3) 水ポテンシャル $-0.1\,\mathrm{MPa}$ の土壌の pF はいくらか。

演習問題3 ストレス環境における野生植物の生存戦略にならって，熱帯作物に乾燥耐性や高温耐性を付与する育種を行っても十分な効果は得られない。理由を説明せよ。

演習問題4 熱帯の洪水による畑作物の被害を理解するため，大学圃場で熱帯性畑作物を人工的に湛水させる実験を行った。各種の生理反応を測定したが，熱帯現地でみられるような厳しいストレス応答は再現しなかった。その理由を推察せよ。

演習問題5 植物の洪水適応における静止戦略と回避戦略についてそれぞれ説明せよ。

11

熱帯農業と国際協力

　熱帯の国々の多くが途上国であることから，農業・農村開発の大きな目標のひとつは**食料安全保障**(food security)である。国連の持続可能な開発目標(SDGs)＊の17ある目標のうち，2番目に「飢餓撲滅・食料安全保障・栄養・持続可能な農業」があげられている。食料は人間の生命の維持に欠くことができず，健康で充実した生活の基礎として重要なものであり，すべての人々が，将来にわたって良質な食料を入手できるようにすることが重要である。食料安全保障は，社会と経済の安定の基盤といえる。これまでの世界的な人口増加等による食料需要の増大に加え，近年では，気候変動による生産減少などが食料供給に影響を及ぼす可能性が高まるなど，食料供給におけるバランスの悪化や不安定化が進むことが危惧されている。その意味では，本書の第4章で示した地域別の農業の特色，第5章や第6章で作物別に示したような作物の形態と機能の特徴，さらには第10章で示したような環境ストレスに対する作物の生育および生理反応をよく理解し，気候変動にともなう雨季のはじまりや長さ，あるいは降雨パターンの変動などに適応しうる作目，品種の選定，さらにはストレスを軽減する，もしくはストレスからの速やかな回復を促す栽培技術の導入などを検討することが重要となる。そのためには，これまでに蓄積された基礎研究の成果を技術として確立し，フィールドサイエンスの現場へと適用するための応用研究，さらには社会実装へと結びつける技術馴化の取り組みが望まれる。

11.1　熱帯における農業・農村開発

　熱帯における農業開発と村落開発においては，**貧困**(poverty)の削減も重要な目標である。内容としては，対象とする地域の経済力の強化をベースとした生活・福祉の向上である。「貧困撲滅」はSDGsのトップの目標となっている。**国際協力機構**(JICA)＊の農業開発・農村開発指針では，次の3つ，①持続可能な農業生産，②安定した食料供給，③活力ある農村の振興，が開発戦略目標と

してあげられている。そこでは，農業開発は，持続可能な農業生産を基礎として，安定した食料供給をめざすものとされている。一方，農村開発は，持続的な農業生産を含みつつ活力ある農村の振興をめざすものとされている。地域開発を推進するうえで，農業開発と農村開発の方策がそれぞれ別々に進めうるはずはないにしても，まず，農業生産の安定化や持続性の確立を図りつつ，続いて貧困の解消をめざす取り組みへと結びつけるべきであろう。総合的，包括的な農業・農村開発の推進に向けて，農業生産の改善には，第5章で取り上げた住民参加型の取り組み，あるいは農業者の意識改革，さらに将来的には農産物の利活用から多様な経済活動の展開といった経験を積み重ねることが必要である。

11.2 国際農業協力における日本の役割

11.2.1 国際農業協力の枠組み

熱帯地域の農業における生産性向上と競争力強化を達成することは，農民の生活向上，食料安全保障，経済発展の観点からも重要な課題であり，国際援助機関の果たす役割はきわめて大きい。貧困の解消や飢餓の撲滅は，国連の「ミレニアム開発目標(MDGs)*」やSDGsにおける目標としても掲げられており，国際機関や日本を含む先進国によってさまざまな国際協力活動が行われている。農業分野の国際協力には，大きく分けて，産業としての農業振興を推進し食料生産を向上する農業開発と，農民の生活を向上させ貧困削減に貢献する農村開発がある。この2つに加え，農業・農村開発を実施するための人材の育成や効果的な国際協力を行うための枠組みや援助ニーズの発掘なども重要な活動である。

経済協力開発機構(OECD) *に加盟するいわゆる先進国の**政府開発援助(ODA)** *による国際協力は，OECDの下部組織のひとつである開発援助委員会(DAC)*による調整・促進のもとで実施されている。近年は，OECDに属していない中国などの振興国やビル&メリンダ・ゲイツ財団，ロックフェラー財団といった民間の団体による援助も活発に行われている。

解決が必要な農業上の課題を多く内包するアフリカに対する国際協力では，2001年7月のアフリカ連合(AU)*首脳会議で採択された「アフリカ開発のための新パートナーシップ(NEPAD)*」の理念に基づき，アフリカ自身の責任において諸問題を解決することが重視され，アフリカの自助努力をサポートする形で行われることが求められている。AUは，開発のための農業セクターの重

要性を認識し，農業生産性の向上をめざす NEPAD のアフリカにおける農業開発の枠組み「包括的アフリカ農業開発プログラム(CAADP)*」を実施している。CAADP 採択後，FAO の支援のもと，48 カ国において，国別中期投資計画(NMTIPs)*とそれに基づく投融資可能計画(BIPPs)*が策定された。

　農業および食料に関する諸問題の解決と持続的な開発に貢献するために発足した「農業研究世界フォーラム(GFAR)*」では，開発のための農業研究(AR4D)*を推進し，農業研究機関の世界的な連携強化に取り組んでいる。GFAR のもとには，地域別に「アフリカ農業研究フォーラム(FARA)*」「アジア太平洋農業研究機関協議会(APAARI)*」「中央アジア・コーカサス農業研究機関協議会(CAACARI)*」「中近東・北アフリカ農業研究機関協議会(AARINENA)*」「開発のための欧州農業研究フォーラム(EFARD)*」および「農業研究と技術開発のための地域フォーラム(FORAGRO)*」が組織されている。各地域のフォーラムには，関係国の農業研究機関等が参加し，貧困削減，食料増産，自然資源の持続的利用などの課題解決のため，関係者間の効率的パートナーシップと戦略的な協力を推進している。

11.2.2　日本の国際農業協力

　日本においては，JICA が ODA の実施機関として資金協力(有償・無償)，技術協力，市民参加による国際協力などを行っている。JICA は，「持続可能な農業生産」「安定した食料供給」「活力ある農村の振興」の３つの協力目標において，生産から加工，流通，販売を含めたバリューチェーン全体を視野に入れた活動に取り組んでいる。これらの活動には，灌漑施設などの生産基盤の整備・維持・保全・管理，種子・肥料などの農業生産資材の確保と利用の改善，作物や家畜などの生産技術の確立と普及，農業・農村開発計画の策定支援，組織強化などを通じた農業経営の改善，農家の生計向上，行政官・普及員・研究者などの能力向上などが含まれ，非常に多岐にわたる。

　農業協力の歴史のなかで代表的な取り組みのひとつとして，ブラジルのセラード農業開発事業があげられる。「20 世紀農学史上最大の偉業」ともいわれているこの開発事業のけん引力は，セラードの真ん中に首都ブラジリアを新設・遷都しその開発にかけたブラジル政府の決断，その郊外に 1975 年に設置されてセラードの農業技術研究を進めたセラード農牧研究所(CPAC)，そして JICAによる開発事業と研究協力にあった。日系人技術者　宮坂四郎らによって感光性の低いダイズ品種，すなわち熱帯の低緯度地帯に適した品種が育成されたことにより増産が起った。そして，2000 年以降の大増産につながり，ブラジル

が熱帯地域のダイズ生産を代表する国になった。

　アジアにおいても数多くの協力事業が行われてきたが，ひとつ例をあげるならば，インドネシア・ジャワ島におけるブランタス川の総合的開発がある。この大河により豊かな水と肥沃な土壌がもたらされ農業生産を促してきたが，頻繁に生じる洪水や干ばつなどが問題であった．日本は 50 年間にわたる ODA により，排水トンネルの設置やダム建設などの支援を行い，洪水被害の軽減，安定した電力供給に寄与，そして農業生産の著しい向上に貢献した．「ブランタスの奇跡」とよばれるほどインドネシアの発展に大きく貢献したこの事業で用いられた技術は，インドネシア人技術者へと技術移転が行われ，ここで育った技術者がさまざまな分野で指導的な役割を果たしている．また，人材育成協力については，各国における高等教育機関・部局等の能力向上プロジェクトとして教育や研究力の高度化，組織管理の改善に対しても実施されており，教育研究人材ならびに国家中枢人材の養成，高度職業人材の確保に貢献してきている．

　アフリカにおいては，日本は 1993 年より**アフリカ開発会議(TICAD)**＊を AU，世界銀行＊，**国連開発計画(UNDP)**＊等の国際機関と共同で開催し，アフリカ開発の具体的な行動計画をまとめ，その実施状況をフォローアップしている．TICAD は 2016 年までに計 6 回開催された．JICA によるアフリカの農業国際協力についても，TICAD での議論をふまえて実施されている．

　アフリカでは，コメの消費量が急増しており，増産が喫緊の課題となっている．JICA は，2008 年に開催された TICAD IV において，**アフリカ緑の革命のための同盟(AGRA)**＊などと共同で「**アフリカ稲作振興のための共同体(CARD)**＊」イニシアチブを立ち上げ，アフリカのコメ生産を 2008 年の 1400 万 t から 2018 年までに 2800 万 t に倍増することを目標に支援を行う方針を打ちだした．この方針に基づき，JICA は CARD 参加国(23 カ国)の国家稲作振興戦略の策定を支援し，各国の戦略に沿ったコメの増産支援が行われている．**ネリカ(NERICA, New Rice for Africa)**＊振興を含むさまざまな支援活動が行われた結果，アフリカのコメ生産量は順調に増加し，2014 年には 2500 万 t を超えたが，消費も伸び続けているため，さらなる増産が必要な状況である．

　2013 年 6 月に開催された TICAD V では，換金作物の導入を図る小規模農家に対し，「作ってから売る」から「売るために作る」への意識変革を起こし，営農スキルや栽培スキル向上によって所得の向上を図る**市場志向型農業振興(SHEP)**＊をアフリカ全体に広げることが，アフリカ農業支援の柱のひとつとして掲げられた．現在，JICA は SHEP アプローチをアフリカで広域展開し，

小規模農家の所得向上による貧困削減をめざした取り組みを行っている。

2016年にケニアで開催されたTICAD VIにおいては，アフリカの食と栄養の問題解決に向け，JICAが主導する国際的枠組「食と栄養のアフリカ・イニシアチブ」(IFNA)*が立ち上げられた。2025年までの10年間でアフリカの国々において，栄養改善戦略の策定，既存の分野の垣根を越えた栄養改善実践活動の推進などに取り組むとされている。

JICAは，平成20年度から国立研究開発法人 科学技術振興機構(JST)*と共同で地球規模課題対応国際科学技術協力プログラム(SATREPS)*を実施している。SATREPSにおいては，農業分野のプロジェクトも多数採択されており，日本と開発途上国の研究者による国際共同研究が行われている。

農業分野に限られたものではないが，JICAは2014年より5年間で1000人のアフリカの若者に対し，日本の大学や大学院での教育に加え，日本企業でのインターンシップの機会を提供する「アフリカの若者のための産業人材育成イニシアチブ(ABEイニシアチブ)*を実施するなど，人材育成に向けた取り組みを強化している。2011年にはじまった「未来への架け橋・中核人材育成プロジェクト(PEACE)*」では，アフガニスタンのインフラおよび農業・農村開発分野の行政官・大学教員を日本の大学に研修員として受け入れている。また，太平洋島嶼国の若手行政官を対象とした人材育成事業として，2016年度より「太平洋島嶼国リーダー教育支援プログラム(Pacific-LEADS)*」が行われている。

11.2.3　国際機関による協力と日本のかかわり

世界銀行は，開発途上国の農業生産性の向上に関連するさまざまな取り組みを行っている。第2位の出資国である日本は，**開発政策・人材育成基金(PHRD)** *を通じて，**西アフリカ農業生産性プログラム(WAAPP)** *の一環として実施されている**マノ川同盟(MRU)** *加盟国における稲作セクター発展のための支援を行っている。

FAOは，低所得・食料不足国を対象として，食料生産の増大，食料供給の安定性確保，農村の雇用増大，食料へのアクセスの改善等を進めるため，**食料安全保障特別事業(SPFS)** *を行っている。この事業の一環として，日本はアフリカにおける農業開発や貧困削減に貢献するための南南協力*を推進しており，アジアの農業専門家などがアフリカ諸国に派遣されている。また，FAOが実施している世界の農業従事者が自然環境と調和しながら編みだしてきたユニークで伝統的な農法を特定，保護することを目的とする「**世界農業遺産(GIAHS)** *

事業」，災害に見舞われた農家への緊急支援活動，アフガニスタンの農業関連事業などに資金と人材提供の面から支援を行っている．

国連世界食糧計画(国連 WFP)＊は，飢餓のない世界をめざし，戦争，地震，洪水などの災害時における緊急食料支援，根本的な飢餓問題の解決をめざした復興・自立支援などを展開する国連の食糧支援機関である．日本は主要拠出国として，国連 WFP の活動を支えている．アフリカでは，ブルキナファソにおける稲作普及，シエラレオネにおける JICA との連携による栄養改善事業などが行われている．

国際農業開発基金(IFAD)＊は国連の専門機関であり，追加的な資金を緩和された条件で提供することによって開発途上国での農業生産拡大に貢献している．日本は，IFAD の創設国のひとつであり，主要な拠出国である．

UNDP は開発途上国に対する技術協力活動を推進している国連機関である．日本は，UNDP の通常資金に対する主要拠出国であり，「国連人間の安全保障基金」といった信託基金や個別案件に対する資金拠出も行っている．

上記に加えて，日本はアジア開発銀行(ADB)＊，アフリカ開発銀行(AfDB)＊などへの資金拠出を通して開発途上国の農業・農村開発に貢献している．

11.3　遺伝資源の保全と国際協力

11.3.1　植物遺伝資源の持続的利用

近年，気候変動による地球温暖化は，干ばつや高温障害，新たな病害虫の拡大などの問題を引き起こし，農業の安定生産にも影響を与えている．このような問題に対応するため，新たな品種育成を進める必要があり，そのためには多様な遺伝的形質をもつ**植物遺伝資源**(plant genetic resources)が必要不可欠である．植物遺伝資源保全の重要性は，世界的にも広く認識されるようになる一方，遺伝資源の豊富な熱帯・亜熱帯地域の開発途上国には，自国の遺伝資源を自国で管理・開発する資源ナショナリズムの考えがある．そのような背景のなかで，海外の遺伝資源にアクセスして，学術研究や商業利用あるいは新品種の育種素材として利用するには，資源国との公正かつ衡平な利益配分が求められている．

食料農業植物遺伝資源条約(ITPGRFA, International Treaty on Plant Genetic Resources for Food and Agriculture)は，食料や農業の植物遺伝資源の保全と持続可能な利用や，その利用から生じる利益の公平かつ公正な配分を促進する条約で，2004 年に発効し，わが国は 2013 年に批准した．これにより，わが国は「多国間の制度(MLS, Multilateral System)」を通じて，農業用植物遺伝資源に

限って遺伝資源を取得することが可能となっている。2010年に名古屋市で開催された，生物多様性条約 第10回締約国会議（COP10）においては，『生物の多様性に関する条約の遺伝資源の取得の機会及びその利用から生ずる利益の公正かつ衡平な配分（ABS, access and benefit-sharing）に関する名古屋議定書（Nagoya protocol）』が採択された。

11.3.2　植物遺伝資源保全に対する日本の取り組み

　人類の将来にとってかけがえのない遺伝資源の保全と有効利用のために，この分野の人材育成を含めた国際協力を強化・発展させていくことが重要である。わが国は遺伝資源保全に関する国際協力について，これまで**国際生物多様性センター（Biodiversity International, 旧 IPGRI）**など国際農業研究センターに対する資金の拠出，各国研究機関との遺伝資源の共同探索収集や二重保存に関する協力，ODAによる開発途上国の遺伝資源事業に技術支援などを行っている。JICAでは，植物遺伝資源保全の支援協力を重要な柱として位置づけ，協力活動を積極的に行ってきた。無償資金協力では，タイ，バングラデッシュ，スリランカ，パキスタン，ミャンマーに種子貯蔵庫や研究施設の建設を，技術協力では，スリランカ，チリ，パキスタン，ミャンマーに日本から専門家を派遣し，遺伝資源管理のためのプロジェクト方式の技術協力を行い，発展途上国の遺伝資源保全のための協力を行ってきた。また，農業生物資源研究所・ジーンバンク（現：農研機構遺伝資源センター）と協力して，途上国研究者に対する遺伝資源の保全と利用に関する研修を実施してきた。

　ミャンマーにおける JICA のミャンマー・シードバンク計画を例としてあげると，ミャンマーは，異なる自然条件と多様な農耕様式のもとでさまざまな作物が長年にわたり栽培され，作物種のなかで大きな遺伝的多様性が蓄積されてきた。しかし，1970年代より農業生産向上政策による近代的多収品種と栽培技術の導入により伝統的在来種は減少し，多くの作物種において遺伝的侵食が進んだ。これを危惧したミャンマー政府は植物遺伝資源保全の重要性を認識し，日本国政府に協力を要請した。このような背景に基づき，JICAの無償資金協力によりジーンバンク等遺伝資源管理施設および付帯施設が1990年に竣工し，植物遺伝資源保全に関するプロジェクト技術協力「ミャンマー・シードバンク計画（Myanmar Seed Bank Project）」が日本とミャンマーの関係機関との密接な連携のもと1997年から2002年まで実施された。シードバンクは，首都ネピドー近郊のイエジンにある中央農業試験場（現農業研究局）のなかに設立され，探索・収集・導入，増殖・評価，種子保存管理，そして情報管理からなる遺伝

11.3 遺伝資源の保全と国際協力

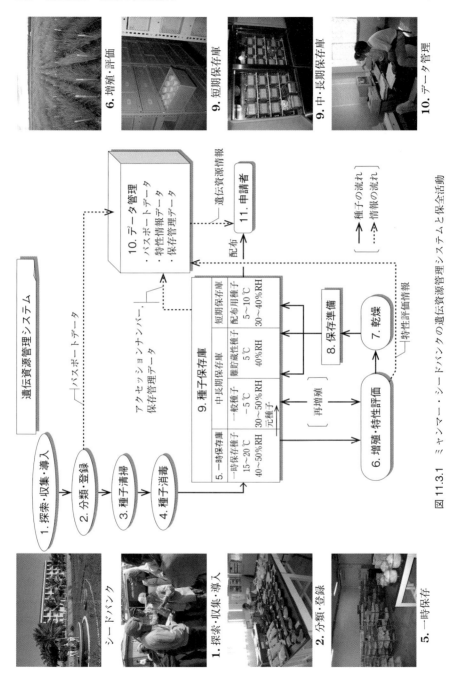

図11.3.1 ミャンマー・シードバンクの遺伝資源管理システムと保全活動

資源管理システムがプロジェクト技術協力により構築された(図11.3.1)。プロジェクト期間中には遺伝資源2373点が収集され，プロジェクトの終了時には21種7558点が配布用のアクティブコレクション(配布用短期保存庫)とベースコレクション(長期保存庫)で保存された。さらに，ミャンマーにおけるさまざまな植物遺伝資源の多様性が解明され，多くの作物の地方品種には豊富な遺伝的差異が見いだされた。たとえばミャンマーでは，緯度の違いにともなう日長の変化，降水量の季節的分布，水利条件の地域差，高度差による気温の変化などの自然環境に適応し，さまざまな出穂特性を有するイネの地方品種が分化し，それらが，作季や栽培様式などに適応して維持されている(図11.3.2)。

11.3.3 遺伝資源の持続的利用のためのネットワークの構築

近年，開発途上国を中心に自国の遺伝資源に対する権利意識が高まり，海外の新たな植物遺伝資源の導入が困難になりつつあるなかで，国や地域の枠組みを超えた植物遺伝資源の保全と利用を促進するには，緊密で広範な国際協調が重要な役割を果たす。遺伝資源に乏しい先進国は，遺伝資源の保存・利用の関連技術の提供および情報の交換，共同研究の促進を図り，国際レベルでの植物遺伝資源活動を強化することが肝要である。わが国では，国立および公設試験研究機関，国際協力機関，大学，民間事業者等がそれぞれ共同研究や協力事業を行ってきた。最近の例として，JICAはメキシコで，2013年から5年間，遺伝資源保全管理のための技術協力「メキシコ遺伝資源の多様性評価と持続的利用の基盤構築(SATREPS型プロジェクト)」を実施し，長きにわたりこの分野の国際協力に尽力している。アジアでは，2014年から農林水産省の「海外植物遺伝資源の収集・提供強化(PGRAsia)」プロジェクトがはじまった。本プロジェクトは，ベトナム，ラオス，カンボジア，ミャンマー，ネパールのアジア5カ国のジーンバンク等の研究機関と農研機構遺伝資源センターを中心とするPGRAsia研究コンソーシアムが連携して，野菜を中心とする植物遺伝資源の特性評価と探索収集を共同で行い，植物遺伝資源の利用促進に取り組んでいる。また，インドネシアでは，民間事業者のサカタのタネが2015年に生物多様性条約に基づく遺伝資源利用に合意し，インドネシア農業研究開発庁と共同で，国内に自生するインパチェンス属の野生種を育種素材として利用し，園芸用草花「サンパチェンス」の研究開発を進めている。

近年の地球温暖化に対する問題への対応や今日の日本の農業の競争力強化のなかで，多様な用途に適する品種の育成が強く期待されている。この目標を達成するためには，多様な遺伝資源を積極的に確保し利用していくことが必要で

11.3 遺伝資源の保全と国際協力

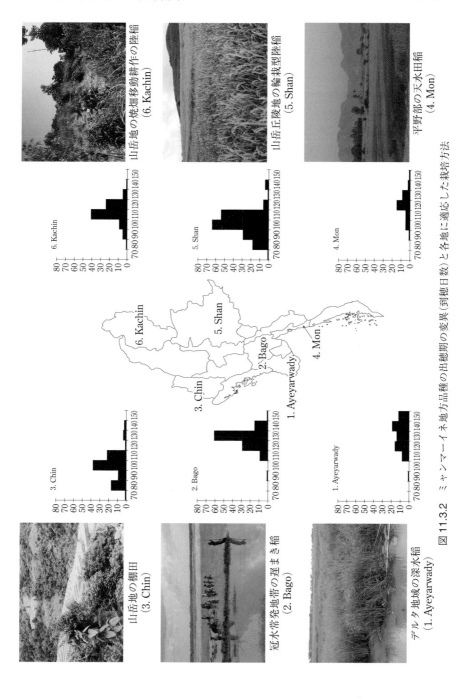

図 11.3.2 ミャンマーイネ地方品種の出穂期の変異（到穂日数）と各地に適応した栽培方法

ある。遺伝資源の乏しい日本として，国際研究機関や各国との協力関係を一段と強化しつつ遺伝資源の確保に努めることが大切である。

11.4　今後の国際農業協力の方向性

　グローバル化の進展とともに，世界の国々の相互依存度合がますます高まるなか，熱帯地域の開発途上国における農業・農村開発も一国のみではなく国際社会が協力して取り組むべき課題である。開発途上国に対する農業国際協力をより効果的かつ効率的に推進するため，各国・各機関の活動を調整するための仕組みが導入され，さまざまな国際枠組みが整備されてきた。それにもかかわらず，熱帯地域の農業がかかえるさまざまな問題は解決されないまま残されており，農業生産性の向上および農村における貧困問題の解消は不十分である。より効果的に農業・農村開発を進めるためには，被援助国，援助機関，研究教育機関，民間セクターを含めた協力枠組みの構築など，改善の余地が残されていると考えられる。また，NEPADの理念にも示されているように，課題を根本的に解決するためには，開発途上国が自らの責任において農業・農村開発を進めることが重要である。そのためには人材育成が必要不可欠な要素である。今後の農業国際協力においては，このようなソフトインフラの強化がますます重要になっている。一方，灌漑整備，農道，農産物の貯蔵施設などハードインフラの整備もまだまだ必要である。効果の高い農業国際協力を行うためには，両者をバランスよく組み合わせることが重要であろう。

参 考 文 献

菊池文雄・坂口進・宮崎尚時　1999.『熱帯の植物遺伝資源』（国際農林業協力協会編）
　　国際農林業協力協会（東京）
東京農業大学国際農業開発学科編　2017.『国際農業開発学入門——環境と調和した
　　食料増産をめざして——』筑波書房（東京）

本書を読むにあたっての
基本的な参考図書一覧

以下に，本書を読むにあたって参考になる基本的な参考図書等をあげておく．

- FAO STAT（http://www.fao.org/faostat/en/#data/QC）
- 稲村達也編著　2005.『栽培システム学』朝倉書店（東京）
- 今井勝・平沢正編　2013.『作物学』文永堂出版（東京）
- 大門弘幸編　2008.『作物学概論』朝倉書店（東京）
- 掛谷誠・伊谷樹一編著　2011.『アフリカ地域研究と農村開発』京都大学学術出版会（京都）
- 久馬一剛編　1997.『最新土壌学』朝倉書店（東京）
- 久馬一剛編　2001.『熱帯土壌学』名古屋大学出版会（名古屋）
- 佐々木高明編　1993.『農耕の技術と文化』集英社（東京）
- 佐藤庚ら共著　1983.『工芸作物学』文永堂出版（東京）
- 高橋久光・夏秋啓子・牛久保明邦編著　2006.『熱帯農業と国際協力』筑波書房（東京）．
- 高谷好一　1985.『東南アジアの自然と土地利用』勁草書房（東京）
- 高谷好一　1990.『東南アジアの自然』弘文堂（東京）
- 田中明編　1997.『熱帯農業概論』築地書館（東京）
- 中尾佐助　1966.『栽培植物と農耕の起源』岩波書店（東京）
- 長野敏英編　2004.『熱帯生態学』朝倉書店（東京）
- 日本作物学会編　2002.『作物学事典』朝倉書店（東京）
- 日本作物学会編　2010.『作物学用語辞典』農文協（東京）
- 日本熱帯農業学会編　2003.『熱帯農業事典』養賢堂（東京）

演習問題の解答例

1章

演習問題1 図1.1.1の図説を参照。なお、ケッペンの気候区分における乾燥限界量は石垣島で615 mm（1951～1980年），626 mm（1981～2010年），ダカールで764 mm（1951～1980年），767 mm（1981～2010年），ワガドゥグーで843 mm（1951～1980年），854 mm（1981～2010年）。

演習問題2 飽和水蒸気圧は温度の上昇とともに急激に上昇する。たとえば，30℃の大気の飽和水蒸気圧は25℃の1.3倍である。一方，大気の比重は同気圧ならば同量の体積に含まれる気体のモル数は同じであるため分子量から計算でき，分子量28の窒素や32の酸素に対して18の水蒸気が多く含まれるほど比重は軽くなる。さらに，温度が高いほど比重が軽くなる効果もともなうため，温暖化環境下の温かく湿った大気は，比重がいま以上に軽くなる。より軽い大気はより強い上昇気流を引き起こし，結果的に大気の循環が促進される。

2章

演習問題1 熱帯で広くみられる，湿潤で温度が高いという気候条件は，母材の化学的風化を早め，塩基類の溶脱を促し，活性の低い（CECの低い）1：1型鉱物が卓越する傾向を促進する。つまり，土壌生成因子のなかでは気候の影響が強いといえる。ただし，それ以外の生成因子，たとえば，母材や地形の影響が色濃い土壌も熱帯には広く分布しており，熱帯の土壌がすべて痩せていると断じるのは正確ではない。

演習問題2 アフリカや中・南米の赤道付近では安定陸塊の上に土壌が成立しており，鉱物は長期にわたる風化を受けている。さらに，広く分布している塩基性岩は，風化を受けると，鉄とアルミニウム以外の元素を失いやすい。そのため，鉄やアルミニウムの酸化物からなるフェラルソルが広く分布する。一方，東南アジアは，相対的に新しい地質と酸性岩が広く分布しているために，アクリソルが広く分布している。つまり両者の違いには，母材と時間の両方が影響を与えている。

演習問題3 カオリナイト（1：1型鉱物），ヘマタイトやゲータイト（酸化鉄），ギブサイト（酸化アルミニウム）など。土壌物質が高温湿潤な熱帯で長期間強い化学的風化を受けた結果，2：1型鉱物→1：1型鉱物→酸化鉄・酸化アルミニウムの順に進む土壌鉱物の風化過程において，序列の比較的あとのほうに位置する鉱物が多くなるため。

演習問題4 低地土壌。台地土壌は，風化履歴が長いことを反映し1：1型のカオリナイト質粘土や酸化鉄や酸化アルミニウムが粘土画分に卓越し，リン酸の固定や酸

性化さらには土壌侵食などの問題をかかえているのに対し，低地土壌は，地質的に比較的若い材料に由来した養分保持能の高いスメクタイト質2：1型鉱物を粘土画分にもち，還元にともなう有機物の分解抑制のため土壌有機物にも比較的富むため．

3章

演習問題1　熱帯雨林気候の地域では貧栄養な土壌が卓越し，無施肥で常畑による畑作を続けるのが困難であった．また，居住環境も良くなかったため人口圧もさほど大きくはなく，人口扶養力の小さい焼畑が主要な農業的土地利用であった．

演習問題2　地域差はあるにせよ，熱帯地域全域で経済発展により，急速な都市化と都市人口増加による非農業人口の急増，地域と都市部をつなぐインフラストラクチャーの整備，貨幣経済の地域への浸透などが進んだため．

演習問題3　表3.3.1を参照．

演習問題4　図を見ると，雨季のはじまりが遅かった年には作付け開始時期も遅れ，トウモロコシの二期作や雨季後半のソルガム栽培はみられなくなり，代わりに，作期の短いリョクトウや耐乾性の高いヒマワリなどがトウモロコシの収穫後に作付けされている．このことから，降水量がこの地域の作付けを強く決定づけていることがわかる．また，トウモロコシを中心としつつも，雨季後半の雨を利用した多様な作付体系が営まれており，限られた降雨期間を有効利用して農業生産の拡大につなげようとする各農家の巧みな経営戦略を理解することができる．

4章

演習問題1　島嶼部は，大陸部に比べ熱帯雨林気候(Aw)，すなわち年間を通じて湿潤多雨な地域が広く，パラゴムやアブラヤシといった樹木作物を主体とするプランテーション農業が発達している．また，火山島が連なり，そのなかにはジャワ島のように肥沃な火山性土壌に集約的な稲作農業が発達してきた．

演習問題2　東南アジア大陸部には盆地やデルタなどの沖積平野が広く，熱帯モンスーン気候(Am)の高温と豊富な雨という稲作の好条件がそろっている．大陸部では19世紀後半からはじまったデルタ開拓によってコメ生産が増大し，「緑の革命」を経て，現在ではタイは世界第1位，ベトナムは第3位のコメ輸出国であり，ミャンマー，カンボジアも主要な輸出国となっている．このように大陸部はコメの余剰生産とその輸出を特徴としている．植民地期に島嶼部で拡大していたサトウキビやパラゴムなどのプランテーション農業労働者の食料も大陸部からの米で補われていた．一方，島嶼部は多数の島が複雑な地形を展開し，熱帯雨林気候(Aw)で通年多雨な地域が広く，樹木作物を主体とするプランテーション農業が発達してきた．インドネシア・フィリピン・マレーシアなどは緑の革命において高収量イネ品種の導入に成功して，たとえば，インドネシアは中国とインドに次いで世界第3位のコメ生産国（年間3600万t）であるが，消費量（年間3800万t）が上回っているために，コメの輸入国となっている．

演習問題3　農業の多様性については，危険分散の観点から考えることができる．南アジアの農業は，干ばつや水害，病虫害，生産物の価格変動などの大きなリスクにさらされている．これらによる悪影響は，たとえば，耕種農耕と家畜飼養が複合されている場合，作柄が不良の年は，家畜の売却で収入が確保できる．このように，複数

の作物や生業の複合，異なる土地利用の組合せによりリスクを回避，あるいは軽減することができる。

演習問題4　アフリカでは，農業生産の総量が増加しても人口が急速に増加しており，一人当たりの農業生産が増えないという理由もあるが，農家世帯の現金取得に比して，化学肥料の価格が高く，その入手量が少なかったことも原因である。他の熱帯地域では化学肥料の使用量が増えるのに従って農業生産は増大し続けてきたが，アフリカでは化学肥料の消費量はいまだ少ない。アフリカの地質は古く，土壌が風化し，貧栄養の地域も多い。アフリカ大陸は概して農業の条件として恵まれず，化学肥料の使用だけで農業生産の問題を解決できるわけではないが，作物にどう養分を供給するのかが課題となっている。また，ツェツェバエの生息域ではウシの飼育が困難なこともあって，ウシを使った犂耕が行われない。そのため，鍬を使った人力による耕起が広く行われており，農地の開墾に限界があることも低い生産性の原因となっている。

演習問題5　熱帯島嶼環境で年間を通じて収穫可能な主食用作物の栽培が望ましい。たとえば，サトイモやヤムイモなどがあげられる。小さな島では農地も限定されるので，高さの異なる多くの作物を効率良く空間配置できるアグロフォレストリーのようなシステムが望ましい。季節性のある作物については，熱帯に適した加工と保存の方法を確立しておくことも望まれる。

5章

演習問題1　省略

演習問題2　省略

演習問題3　不良環境条件下のアフリカ稲作において，特に陸稲の高収量性を目標にした品種育成は容易ではなく，普及されてこなかった。開発された陸稲NERICA品種群は，これら不良環境条件に適応する特徴があると考えられている。特に，生育期間の短縮が乾燥回避等の点から普及拡大に大きく貢献していると考えられている。

演習問題4　アフリカイネは野性的な性質を強く残している。典型的なのは，脱粒性である。多くのイネは登熟後期には自然に籾が枝梗から脱する。軽度の脱粒性は脱穀の手間を大幅に軽減することが可能であるが，強度の脱粒性はハーベストロスが多く収量の低下につながる。また，倒伏しやすく，高施肥体系におけるイネとしては十分な効果を得ることはできない。さらに，アジアイネとの交雑後代は不稔発生が顕著なことから，種間交雑は育種上困難であると考えられていた。

6章

演習問題1　熱帯アジアのサツマイモ，ヤムイモ，タロイモはこれらの地域の根菜農耕文化を支えてきた作物であったが，「緑の革命」による近代的な穀物生産が拡大したことにより重要性が低下していったものと考えられる。

演習問題2　アメリカサトイモはポルトガルの奴隷貿易の重要な作物として，アフリカにもたらされた。アメリカサトイモは乾燥に強く，大きな葉をもつことからガーナなどではカカオの苗を強い日光から守るために間作として用いられた。

演習問題3　省略

演習問題4　省略

7章

演習問題1 （1）熱帯高地では温帯のように冷涼な気温であっても，気温の変化は温帯よりも少なく，また日長の変化も温帯ほど大きくない．そのため，温度変化や日長変化をきっかけとした発芽や肥大といった生理反応が熱帯高地では起こらない可能性がある．

（2）現地の病虫害に有効な農薬や対策がみあたらない可能性，現地の一般的な農作業と異なる管理作業が必要な場合には生産効率が低下する可能性，適切な農業機械や収穫後の保蔵施設が不十分な場合には生産性や品質が低下する可能性がある．

演習問題2 熱帯果樹は環境適応性のせまいものが多く，栽培の限界地付近でも商業栽培が成立している．限界地付近では，生育可能かどうかだけでなく結実可能かどうかが重要である．中国南部の山地のように熱帯果樹にとっての寒さの限界付近では耐寒性が問題となる．リュウガンはレイシよりも寒いところで生育可能であるから，より高地でも栽培可能となる．一方，東南アジアのように十分暖かい地域では，花芽分化に必要な低温が得られるかが問題になる．レイシはリュウガンよりも花芽分化に低い温度が必要であるから，より高地で栽培する必要がある．

8章

演習問題1 油ヤシの場合は，もともと原産地に近いナイジェリアなどの生産が多かったが，めだった乾季がないために単位土地面積当たり収量が多いマレーシアやインドネシアに生産国が移った．ゴマは，伝統的に食用としての利用があるアジアの国で生産が多かったが，最近では安く生産できるアフリカ諸国の生産が多くなっている．ダイズは，過去の価格高騰から輸入ができなくなったブラジルが熱帯地域でも栽培できるダイズ品種の開発に取り組み，その成功によって世界第2位の生産国および輸出国になった．

演習問題2 油料作物は近年原料からの油の抽出・精製・加工の技術が高度になっている．そのために，栽培が可能なのかを考えるだけでなく．どこで誰が加工するのか，加工設備が整っているのかを明確にしておかないと栽培が成立しない．そのことも含めて，誰がどこで栽培するのか，誰が集荷するのか，誰がどこで加工するのか，輸送は便利か，そのインフラは整っているのか，誰がどこで販売するのか，などのバリューチェーン全体に配慮する必要がある．

演習問題3 省略

9章

演習問題1 イネの主要病害防除を目的に行われる場合，播種直前に60～62℃で10分間浸漬した後，流水で冷却，浸種，催芽，播種することが有効である．しかし，大量に種子を投入した場合，湯温が低下することに注意が必要である．一方，湯温が上がりすぎると発芽率に影響がある．また，伝統的な手法として，ムギ類の病害防除のための風呂浸法があり，熱めの風呂（45℃）の残り湯に種子を浸漬，数cmを残して蓋を閉め，10時間後に引き上げることが行われてきた．

演習問題2 4-4式組成で1L調整する場合，ホーロー鍋や金属バケツに生石灰（CaO: quick lime）4gを入れ，少量の水を徐々に加えて消化させる．この際に非常

に高温となるので注意する。これを 200 mL になるよう水を加えて石灰乳とする。別のホーロー鍋や樹脂バケツに硫酸銅（$CuSO_4$：copper(II) sulfate）4 g を入れ，ぬるま湯 800 mL で溶解する。これを石灰乳へ少しずつつねにかき混ぜながら加える。必要量のみ調整し，直ちに使い切ること。
（注意：実際の防除にあたっては法令を遵守すること。農業改良普及員らの指導を得て，適用の可否を確認し，周辺環境，散布者自身の安全に配慮すること。）

10 章

演習問題 1　小さい葉や切れ込みの深い葉は，風通しがよい。気候閉鎖によって蒸散が低下すると日射による葉温上昇のリスクにさらされるが，風通しがよければまわりの空気によって効率的に冷やされ，葉温上昇を抑えることができる。

演習問題 2　(1) -2.7 MPa

(2) -0.1 MPa のサンプルと平衡状態にある空気の相対湿度は 99.9 % 以上であり，そのような高い湿度を精度良く測定する方法がないためである。

(3) pF 3

演習問題 3　ストレス環境における野生植物の生存戦略の要諦は，たいていの場合，いかにストレス環境を生き延びて次世代につなぐかである。そのため，極端に矮化しているものや，ほとんど成長せずに短期間で生活環を完結するものが多い。これは生存コストを最小限に抑えて限られた資源を有効に利用するための戦略であるが，このような戦略を農業生産の現場で展開しても，十分な収穫量に結びつかないからである。

演習問題 4　熱帯における洪水被害を深刻なものにしているのは，濁水による二次被害である。これが実験的な湛水とは決定的に異なる点である。洪水による湛水ストレスには，①根の酸素不足という直接的ストレスと，②微生物の活動による間接的ストレスがある。熱帯では，もともとの高温と，濁水に強光が当たることによる水温上昇という二重の高温要因による酸素不足が根を消耗させる。また，濁水には多くの微生物とその活動を促す基質が含まれており，高水温と相まって嫌気性微生物の活動を促進し，有害物質の蓄積や栄養塩類の損失をまねく。こうして，実験で得られるよりも被害は深刻なものになる。

演習問題 5　静止戦略とは短期間で急激な洪水に対する適応であり，冠水環境で成長を静止する反応である。栽培イネの場合，ほとんどの品種は冠水環境下で伸長成長が誘導され，そのためにエネルギー用い，洪水後に倒伏して，その後は正常な生育ができない。一方，冠水耐性イネ品種では，冠水時には静止戦略によりエネルギーを保存し，洪水後にはそのエネルギーを用いて倒伏することなく正常な生育を再開する。回避戦略とは長期的で穏やかな水位上昇をともなう洪水に対する適応であり，水没を回避するために茎葉が伸長成長する反応である。熱帯アジアやアフリカで栽培されている深水稲や浮稲品種は，水位上昇につれて茎葉を伸長させることにより水面上に葉を保持し，光合成を行うことで成長を続ける。

用 語 説 明

飽差　　飽差＝飽和水蒸気圧×(1－相対湿度/100)　大気の水蒸気圧と飽和水蒸気圧の差で，大気の乾きを示す指標。

ペンマン・モンティース式　　日射や気温などの気象値に植物の気孔などの影響を組み込んだ蒸発散量の推定式。植物(作物)の影響を定数とすることで，蒸発散量を気象値の関数とし，必要灌漑量の計算などに用いられる。

国際稲研究所(International Rice Research Institute：IRRI)　　フィリピン，ロスバニオスに1962年に設立されたコメの増産技術の開発研究を行う国際的な中核機関。イネ遺伝資源の保存や配布，多様なエコシステムの稲作改良計画，文献情報ネットワークの運用，各国の技術者研修などを行う。開設初期に育成した品種IR8などは稲作における「緑の革命」の主役となった。

プラントオパール　　植物の葉などに蓄積したケイ酸のこと。長期間分解されずに残ることから植物相の考古学的推定に用いられる。

ボウリング条約　　1855年にタイが英国と締結した修好通商条約。

FAO(Food and Agriculture Organization of the United Nations：国際食糧農業機関)　　1945年に設立された国連機関のひとつ。世界各国国民の栄養水準及び生活水準の向上，食料及び農産物の生産及び流通の改善及び農村住民の生活条件の改善を目的として活動。

WARDA(西アフリカ稲開発協会，現 アフリカライスセンター)　　1971年に設立された国際農業研究協議グループのひとつ。アフリカの貧困の緩和と食糧安全保障の貢献を行うことを目的として活動。

農民参加型手法　　種間雑種を含む多様なイネ品種を植え付けた展示圃において，農家の参加によるイネの成育と収量の評価結果に基づいて，導入品種を選択する方法。

国際ポテトセンター(CIP)　　ペルーに本部をおくジャガイモ，サツマイモの国際研究機関。

フランス農業開発研究国際協力センター(CIRAD)　　フランスの国際農業研究の実施機関。アフリカやラテンアメリカ各地に支所・試験場を有する。

タロイモ国際ネットワーク(International Network for Edible Aroid)　　CIRADが主導しており，プロジェクト本部はバヌアツ。

SDGs(Sustainable Development Goals)　　2015年の国連サミットで採択され「貧困をなくそう」など17の項目で示された開発目標。エスディージーズ。

ミレニアム開発目標(Millennium Development Goals：MDGs)　　2000年9月にニューヨークで開催された国連ミレニアム・サミットで採択された国連ミレニアム宣言と1990年代に開催された主要な国際会議やサミットで採択された国際開発目標を統合し，1つの共通の枠組としてまとめられたもの。2015年までに達成すべき8つの目標，21のターゲット，60の指標を掲げる。

経済協力開発機構(Organization for Economic Co-operation and Development：OECD)　　国際経済全般について協議し，世界中の人々の経済や社会福祉の向上に向けた政策を推進するために活動を行う国際機関。欧州経済協力機構(Organization for European Economic Cooperation：OEEC)が改組されて，1961年9月に発足。本部はフランスのパリ。

政府開発援助(Official Development Assistance：ODA)　　政府または政府の実施機関によって開発途上国または国際機関に供与されるもので，開発途上国の経済・社会の発展や福祉の向上に役立つために行う資金・技術提供による協力のこと。

用語説明

開発援助委員会(Development Assistance Committee：DAC)　経済協力開発機構(OECD)の委員会のひとつであり，先進国が開発途上国に対して行う援助や開発協力に関する情報交換および援助政策の調整などを行う。

アフリカ連合(Africa Union：AU)　アフリカ諸国の政治的・社会的・経済的統合の実現，紛争の予防・解決に向けた取組強化，貧困撲滅，債務削減，世界市場への接近などを目標とする地域機関。2002年7月にアフリカ統一機構(Organization of African Unity：OAU)を発展改組して発足。本部はエチオピアのアディスアベバ。

アフリカ開発のための新パートナーシップ(New Partnership for Africa's Development：NEPAD)　アフリカ自身の責任において，アフリカにおける貧困撲滅，持続可能な成長と開発，世界の政治経済との統合をめざし，国際社会にはアフリカの主体性(オーナーシップ)と自助努力を補完する形での支援(パートナーシップ)を求めるアフリカ諸国がまとめた開発計画。2001年にアフリカ統一機構(現在のアフリカ連合)によって定められた。

国別中期投資計画(National Medium-Term Investment Programmes：NMTIPs)　FAOの支援によって開発途上国の各国政府が策定する中期的な投資計画。

投融資可能計画(Bankable Investment Project Profiles：BIPPs)　国別中期投資計画(NMTIPs)に基づいて作成される投融資可能なプロジェクトの概要。

農業研究世界フォーラム(The Global Forum on Agricultural Research：GFAR)　農業研究機関の世界的な連携強化をめざして1996年に発足したフォーラム。貧困削減，食料増産，自然資源の持続的利用などの課題解決のため，世界主要地域のフォーラムと連携して各国農業研究機関の国際的な取組みを支援。事務局はイタリアのローマにある国連食糧農業機関(FAO)本部におく。

開発のための農業研究(Agricultural Research for Development：AR4D)　農業開発に関する特定の目標を達成するための具体的な計画の一環として実施される研究のこと。

アフリカ農業研究フォーラム(Forum for Agricultural Research in Africa：FARA)　アフリカにおける「開発のための農業研究(AR4D)」を推進し，農業研究・開発関係機関間の調整を行う機関。「アフリカ開発のための新パートナーシップ(NEPAD)」の技術的側面を担う。FARAを構成する地域機関として，東部および中部アフリカ地域を担当するASARECA(The Association for Strengthening Agricultural Research in East and Central Africa)，西部及び中部アフリカ地域を担当するCORAF/WECARD(West and Central African Council for Agricultural Research and Development)及び南部アフリカを担当するSADC/FANR(Southern African Development Community/Food Agriculture and Natural Resource Department)がある。

アジア太平洋農業研究機関協議会(Asia-Pacific Association of Agricultural Research Institutions：APAARI)　アジア太平洋地域の持続的開発に向けて，域内各国にある農業研究機関等のネットワーク強化に取り組む地域フォーラム。1990年に発足。事務局はタイのバンコク。

中央アジア・コーカサス農業研究機関協議会(Central Asia and the Caucasus Association of Agricultural Research Institutions：CAACARI)　中央アジア・コーカサス地域の開発のための農業研究における地域協力の推進を目的とした地域フォーラム。2000年に発足し，研究機関，大学，NGO，農民組織などがメンバーとして参加。本部はウズベキスタンのタシケント。

中近東・北アフリカ農業研究機関協議会(Association of Agricultural Research Institutions in the Near East and North Africa：AARINENA)　西アジア及び北アフリカ地域の農業及び農村開発に貢献するため，農業研究の成果や経験に関する情報の発信と共有を推進し，域内各国にある農業研究機関等のネットワーク強化に取り組む地域フォーラム。1985年に発足。

開発のための欧州農業研究フォーラム(European Forum on Agricultural Research for Development：EFARD)　欧州の農業研究機関による「開発のための農業研究(AR4D)」を推進し，開発途上国における貧困削減，食糧安全保障，栄養と持続可能な開発に貢献するため1998年に発足した地域フォーラム。事務局はオランダのワーゲニンゲン。

用 語 説 明   253

農業研究と技術開発のための地域フォーラム(Forum of the Americas for Agricultural Research and Technology Development：FORAGRO)　　環アメリカにおける持続的農業開発のための研究と技術革新の強化を目的として1997年に発足した地域フォーラム。事務局はコスタリカのサンホセにある米州農業協力協会(Iinter-American Institute for Cooperation on Agriculture：IICA)におく。

国際協力機構(Japan International Cooperation Agency：JICA)　　日本の政府開発援助(ODA)のうち，二国間援助(日本が二国間で実施するODA)を一元的に実施する総合的な開発援助機関。技術協力，有償資金協力(円借款)及び無償資金協力の3つの援助手法に加え，ボランティア派遣等の多様な方法によって開発途上国への国際協力を行う。

アフリカ開発会議(Tokyo International Conference on African Development：TICAD)　　日本政府が，国連(アフリカ特別調整室(OSAA)及び国連開発計画(UNDP))，アフリカのためのグローバル連合(GCA)ならびに世界銀行(ただし2001年の閣僚レベル会合以降)との共催で開催するアフリカ開発をテーマとする国際会議。

世界銀行(World Bank：WB)　　1946年に設立された国際連合の専門機関のひとつであり，第二次世界大戦後の関係各国の復興と発展途上国の開発を目的とした開発プロジェクトごとに長期資金の提供を行う機関。各国の中央政府から債務保証を受けた機関に対して融資を行う。本部は米国のワシントンD.C.。

国連開発計画(United Nations Development Programme：UNDP)　　世界の開発とそれに対する援助を主導・調整する中核的国連機関。持続可能な開発，民主的なガバナンスと平和構築，気候変動と災害に対する強靭性を重点分野として活動。1966年設立。本部は米国のニューヨーク。

アフリカ緑の革命のための同盟(Alliance for a Green Revolution in Africa：AGRA)　　ロックフェラー財団およびビル&メリンダ・ゲイツ財団により，零細農家の生産性向上と生活向上をめざし設立された国際NGO。

アフリカ稲作振興のための共同体(Coalition for African Rice Development：CARD)　　アフリカにおけるコメ生産拡大に向けた自助努力を支援するための戦略(イニシアティブ)であると同時に，関心あるコメ生産国と連携して活動することを目的としたドナーによる協議グループ。2008年に発足。

NERICA(New Rice for Africa)　　アジア起源の *Oryza sativa* L.(アジア稲)とアフリカ起源の *Oryza glaberrima* Steud.(アフリカ稲)をかけ合わせた種間交雑から育成されたイネ品種群の総称。1996年に西アフリカ稲開発協会(現アフリカライスセンター)のジョーンズ博士が開発に成功。2010年現在，陸稲18品種(NERICA 1～18)と水稲60品種(NERICA-L1～60)がアフリカライスセンターによって公開されている(5.2.2項参照)。

市場志向型農業振興(Smallholder Horticulture Empowerment & Promotion：SHEP)アプローチ　　2006年からはじまったケニア農業省とJICAの技術協力プロジェクトにおいて開発された小規模園芸農家支援のアプローチ。野菜や果物を生産する農家に対し，「作って売る」から「売るために作る」への意識変革を起こし，営農スキルや栽培スキル向上によって農家の園芸所得向上をめざす。

食と栄養のアフリカ・イニシアチブ(Initiative for Food and Nutrition Security in Africa：IFNA)　　2016年8月にケニアのナイロビで開催されたTICAD VIにおいて発足した，アフリカにおける栄養改善に向けた目標の達成を支援しようとするイニシアチブ。

国立研究開発法人科学技術振興機構(Japan Science and Technology Agency：JST)　　科学技術振興を目的として設立された文部科学省所管の国立研究開発法人。

地球規模課題対応国際科学技術協力プログラム(Science and Technology Research Partnership for Sustainable Development：SATREPS)　　開発途上国のニーズをもとに，地球規模課題の解決や科学技術水準の向上につながる新たな知見・技術の獲得と社会実装をめざして，開発途上国と日本の大学・研究機関が国際共同研究を行うための3～5年間のプログラム。JSTとJICAが共同で実施。

アフリカの若者のための産業人材育成イニシアチブ（African Business Education Initiative for Youth：ABE イニシアチブ）　アフリカの産業人材育成と日本企業のアフリカビジネスを現地でサポートする水先案内人の育成を目的として，アフリカの若者を日本に招き，日本の大学での修士号取得と日本企業でのインターン実施の機会を提供する JICA のプログラム。

未来への架け橋・中核人材育成プロジェクト（The Project for the Promotion and Enhancement of the Afghan Capacity for Effective Development：PEACE）　アフガニスタンにおけるインフラ開発，農業・農村開発，教育，保健分野に関連する省庁の計画・事業実施能力を強化するため，開発の中核となる行政官と大学教員を本邦大学に研修員として受け入れるとともに帰国した研修員のフォローアップを行う JICA のプロジェクト。

太平洋島嶼国リーダー教育支援プログラム（Pacific Leaders' Educational Assistance for Development of State：Pacific-LEADS）　大洋州諸国の開発課題の解決に必要となる専門知識を有し，かつ，親日派・知日派として日本との関係の深化に貢献する人材を育成するため，大洋州諸国の行政官等を外国人留学生として日本に受入れ，本邦大学の修士課程などでの教育に加え，本邦の省庁や地方自治体等において実務研修（インターンシップ）の機会を提供する JICA のプログラム。

開発政策・人材育成基金（Policy and Human Resources Development Fund：PHRD）　開発途上国の人材育成，適切な政策の立案・実施等をとおして開発途上国への資金協力の効果を高めることを目的として 1990 年に日本政府と世界銀行が共同で設置した基金。

西アフリカ農業生産性プログラム（West Africa Agricultural Productivity Program：WAAPP）　世界銀行が資金面で支援する西アフリカ諸国経済共同体（Economic Community of West African States：ECOWAS）の事業。農業研究及び農業普及の分野における域内協力を推進。

マノ川同盟（Mano River Union：MRU）　西アフリカの加盟国間で経済協力を行い，経済を発展させることを目的として 1971 年に設立された国際機関。

食料安全保障特別事業（Special Programme for Food Security：SPFS）　低所得食料不足国（Low-Income Food-Deficit Countries：LIFDC）における農業生産力の向上及び貧困・脆弱者層の食料へのアクセス状況の改善を目的とする FAO の事業。

南南協力（South-South Cooperation）　開発途上国どうしが政治，経済，社会，文化，環境，技術などの分野において幅広い枠組みのなかで協力すること。

世界農業遺産（Globally Important Agricultural Heritage Systems：GIAHS）事業　国際的に顕著な特色を有し遺産価値のある，次世代に引き継ぐべき農業生産システムを指定し，その保全を促すとともに，それらを取り巻く環境への適応やさらなる発展をめざす FAO の事業。

国連世界食糧計画（The United Nations World Food Programme：国連 WFP）　1961 年に設立された飢餓のない世界をめざして活動する国連の食糧支援機関。紛争や自然災害などの緊急時に食糧支援を届けるとともに，途上国の地域社会と協力して栄養状態の改善と社会開発に取り組む。本部はイタリアのローマ。

国際農業開発基金（International Fund for Agricultural Development：IFAD）　1977 年に設立された国連の専門機関のひとつであり，開発途上にある加盟国の農業開発のため追加的な資金を緩和された条件で提供。本部はイタリアのローマ。

アジア開発銀行（Asian Development Bank：ADB）　アジア・太平洋における経済成長及び経済協力を助長し，開発途上加盟国の経済発展に貢献することを目的とし，1966 年に設立された国際開発金融機関。本部はフィリピンのマニラ。

アフリカ開発銀行（African Development Bank：AfDB）　1964 年に設立された，アフリカ域内の加盟国の持続的な経済発展と社会的進歩を促進し，ひいては貧困削減に貢献することを目的とする国際開発金融機関。1973 年に設立されたアフリカ開発基金（African Development Fund：AfDF）とあわせ，アフリカ開発銀行グループとよぶ。

索　引

欧文・数字

2:1型鉱物　17, 21
ARICA　108
C₃植物　198, 211
C₄植物　199, 211
CAM植物　210
ECe　212
ESP　213
FAO　5
GAP　63, 194
IITA　107, 123
IPCC　6
IPM　62, 139, 193
IR系　103
IRRI　62, 103, 107
LAMP法　188
LER　52
NERICA　81, 103, 107, 235
NTFP　59, 134
pF　207
Q₁₀　199
ROL　226
SAR　213
SDGs　42, 232
SPAC　14, 204
SRI　62, 110
WARDA　103
WRB　20

あ行

アウス稲　74, 228
アクリソル　21
アグリビジネス　81
アグロフォレストリー　53, 60, 67, 88, 93
アジア開発銀行　237
アスティック　18
アッサム変種　169

後作物　51
亜熱帯　3
亜熱帯果樹　145
亜熱帯高圧帯　5
アブシジン酸（ABA）　209
アブラギリ　159
アブラヤシ　80, 155
アフリカ稲作振興のための共同体　235
アフリカイネ　104, 109
アフリカ開発会議　235
アフリカ開発銀行　237
アマ　159
アマランサス　119
アマン稲　74
アメリカサトイモ　124
アラビカ種　173
アリソル　21
アルカリ（塩性）土壌　28, 212
アルベド　14
アルミニウム過剰　34
アルミニウム過剰害　219
アルミニウム集積植物　221
アルミニウム毒性　220
アレノソル　24
アワ　118
暗反応系　198
一次鉱物　17, 29, 30
一毛作　50
萎凋点　208
一期作　50
遺伝の距離　165
遺伝の多様性　165
移動耕作　43
稲作文化圏　65
イネ黄斑ウイルス病　108

いもち病　184
インゲンマメ　130
インゼルベルグ（島状丘）　19
インディカ　65
インド型稲作　65
インドセンダン　136, 193
ウイルス　184
ウイロイド　184
浮稲　65, 101, 104, 229
浮稲性　230
雨緑林　11, 64
栄養（体）繁殖　161, 165
エステート　54
エチレン　209
エルニーニョ現象　6, 58
塩害　212
塩基飽和度　29
塩生植物　215
塩性土壌　212
塩素酸カリウム　147
園地　37
エンテーセ　80
エンドウ　128
塩類（集積）土壌　28, 212
オアシス農業　73
温帯果樹　137
温帯野菜　134, 137
温湯浸漬法　196
温度係数　199
温度補償点　200

か行

回帰線　1
開発政策・人材育成基金　236
開発のための農業研究　234

回避戦略　229
カオリナイト　18, 21, 30
カカオ　177
化学的防除　188, 193
果基魚塘　138
果菜類　135
家畜飼養　72
活性酸素　198, 199, 208
家庭菜園　133
カネフォラ種　173, 174
株出し栽培　50
刈り跡放牧　78
仮比重　26
カルシソル　23
灌漑　143
灌漑水田　40
　（稲作）　97, 99
　（水稲）　107, 127
灌漑農業（農地）　28, 73, 77
環境ストレス（耐性）　134, 197
換金作物　138
間作　51
感受性　184
感受性作物　226
冠水　223
冠水耐性品種　228
乾性落葉低木林　71
感染　185
乾燥延期　209
乾燥地農業　73
乾燥フタバガキ林　66
乾田直播　100
干ばつ　34
飢餓　82
気候変動に関する政府間パネル（IPCC）　6
季節風　90
キノア　120
キビ　119
ギブサイト　18, 31
キマメ　126
キャッサバ　78, 121
キャンビソル　23
休閑　43, 51
休閑期間　99

極相　12, 45
菌根菌　32
菌類　184
空間的配置　51, 140
グライソル　23
クロロフィル蛍光　198
経済協力開発機構（OECD）　233
ゲータイト　30
ケッペンの気候区分　1
原核生物　184
嫌気状態　223
堅密化　34
高温障害　200
交換性塩基　29
交換性陽イオン　29
工芸作物　154
高原野菜　134
交差防御　202
抗酸化物質　199
耕種の防除　187, 193
香辛料　136
洪水　222
香草類　135
孔辺細胞　208
香料野菜　135, 136
国際稲研究所　62, 216
国際協力機構（JICA）　232, 234
国際生物多様性センター　238
国際熱帯農業研究所（IITA）　123
国際農業開発基金　237
国連開発計画　235
国連世界食糧計画（国連WFP）　237
ココナッツミルク　156
ココヤシ　93, 156
コーヒー　173
コプラ　156
ゴマ　157
コリオリの力　5
根栽型農耕　64
根栽農耕文化　59, 72, 90, 120

根菜類　136
混作　51, 106
根粒菌　32

さ　行

採集　134
作付順序（方式）　48, 49
作付体系　8, 43, 48
作付様式　48, 51
サゴヤシ　59, 163
ササゲ　129
サッカー（吸枝）　165
雑穀栽培型農耕　64
サツマイモ　121, 123
サトイモ　124
サトウキビ　159
砂漠　11
砂漠気候　5
砂漠植生　71
サハラ砂漠　77
サバンナ　18
サバンナ農耕文化　72, 79
サバンナ気候　3, 58
サバンナ林　11
さび病（コーヒー）　183
サヘル地域　78
酸化的リン酸化　199
三期作　50
酸性化　34
酸性土壌　217
酸性硫酸塩土壌　27, 59, 218
三相分布　26
山地常緑林　64
散播　106
産米林　66, 102
三毛作　50
山地森林帯　71
直播　106
時間的配置　49
自給作物　44
自給農業　92
資源集中仮説　192
シコクビエ　79, 117
市場志向型農業振興

索引

(SHEP) 235
持続可能な開発目標
　(SDGs) 232
持続性 43
湿害 223
湿地稲作 60
ジャイアントスワンプタロ
　91, 93
ジャガイモ 84, 121
ジャガイモ疫病 183
シャカウ 91
ジャトロファ 158
ジャポニカ 65
周囲作 51
収穫後病害 187
集約農業 43
重力灌漑 99
重力屈性 230
宿主 184
主作物 51
種子伝染 185
種子繁殖 165
樹木野菜 136
準平原 19, 38
照合土壌群 20
焼土効果 99
常畑 37, 43
商品作物 46, 53
常緑季節林 64
植生 3
　──の劣化 12
植物遺伝資源 237
食料安全保障 232
食料安全保障特別事業
　(SPFS) 236
食料農業植物遺伝資源条約
　237
シルト 25
シロアリ 32
シロゴチョウ(セスバニア)
　136
真核生物 184
浸食面 19
深水稲→深水稲(ふかみず
　いね)
浸透調節 209, 211

侵入 185
新パナマ病 189
真比重 26
水色 170
水田 37
水田稲作 36, 43, 44
水田稲作型農耕 64
水稲 99
水媒伝染 185
水文環境 8
ステップ気候 3
ストレスホルモン 209
生業複合 72
静止戦略 228
政府開発援助(ODA)
　233
生物的防除 187, 193
石英 31
赤道収束帯(低圧帯) 5
セサミン 158
セラード 83, 84, 219, 234
遷移 45
先駆性樹種 67, 136
蘚苔林 64
線虫 184
剪定 142
総合的害虫管理 193
総合防除 62
疎開林 18
ソラマメ 128
ソルガム 79, 117

た 行

耐塩性 214
耐乾性 210
耐乾燥性 209, 211
ダイジョ 91, 122
ダイズ 125, 156
堆積面 19
大地溝帯 17, 78
耐肥性 103
タッピング 168
多毛作 50
タロイモ 91, 121, 124, 136
タロパッチ 91
単作 51

湛水 223
地形 8, 16
地中海農耕文化 72
窒素飢餓 33
チャ 169
虫害 189
中国型稲作 65
チューニョ 84
長期輪作 51
チョウジ 61
地力 43
通気組織 226
つなぎ作 52
低温ストレス 202
泥炭 25
泥炭湿地 59
泥炭湿地林 59, 219
鉄過剰害 221
テフ 79
テラローシャ 83
転換式農業 80
電子伝達系 198
天水稲作 40, 97
天水稲栽培 106
天水田 40, 66, 97, 106
天水農業 73
天水畑稲作 97
伝染 185
伝染環 185
天敵仮説 192
天然ゴム 167
伝搬 185
胴枯病 88
等高線畝間断灌漑方式
　86
トウジンビエ 78, 118
トウモロコシ 83, 116
土壌 8
　──の潜在生産力 34
土壌pH 27
土壌構造 25
土壌-植物-大気系(SPAC)
　204
土壌侵食 34, 74
土壌水分レジーム 18
土壌生成因子 16

土壌生物　31
土壌団粒　25
土壌伝染　185
土壌肥沃度　33
土壌分類　21
土壌保全　36
土性　25
土地等価比率　52
ドライスペル　65

　　　な　行
内発的発展　42
内陸低湿地　81
内陸デルタ　104
名古屋議定書　238
ナタネ　159
ナンヨウアブラギリ　158
ニーイング　230
二期作　41, 50, 99
西アフリカ農業生産性プログラム　236
二次鉱物　17, 30
ニティソル　22
ニーム→インドセンダン
二毛作　50
熱ショックタンパク質　202
熱帯　1, 3
熱帯雨林気候　3, 58
熱帯季節林　64
熱帯山地林　11
熱帯ジャポニカ　65
熱帯収束帯　5, 38, 79
熱帯草原　11
熱帯多雨林　11, 71
熱帯モンスーン林　64
熱帯モンスーン気候　3
熱帯落葉樹林　71
熱放散　198
粘土　25
農業気象　13
農業生産工程管理手法　63, 194
農業生態　13
農耕限界　80

農耕限界降水量　73
農法　48
農牧複合　78
農民参加型　107

　　　は　行
バイオディーゼル　159
バイオマス　17, 32
ハイドロプライミング　110
バクテリア　184
パクロブトラゾール(PBZ)　147
バーティソル　23, 40
ハドレー循環　5
バナナ　148
パナマ病　188
パパイア　152
バーミキュライト　18
パーム(核)油　155
パーユーディック　18
パラゴム　166
パンノキ　59, 91, 93
パンパ　83
半発酵茶　170
半落葉季節林　64
氾濫原　38
光化学系Ⅱ(PSII)　198
光呼吸　198
光障害　198
光阻害　198, 203, 208
非感光性　103
微気象　13
ヒストソル　24
ヒマ　158
ヒマワリ　159
非木材林産物　59, 134
病害　184
病気　184
病原　184
病原性　184
病原体　184
ヒヨコマメ　127
ヒラマメ　128
貧困　82, 232
ファイトプラズマ　184

ファゼンダ　54
風化　17
風媒伝染　185
フェラルソル　21
フォニオ　79
フォレストマージン　87
深水稲　65, 97, 105, 229
プカランガン　61
複作　51
副作物　51
袋掛け　143
プッシュ・プル農法　195
物理的防除　187, 193
不定根　224, 230
プラノソル　22
プランテイン　78, 80, 121, 149
プランテーション　40, 44, 53
プランテーション作物　154
プラントオパール　64
プリンサイト　22
プリンソソル　22
フルビソル　23
プロトン過剰害　222
ヘマタイト　30
ペンマン・モンティース式　5
貿易風　5, 90
飽差　3
ホウ素過剰害　216
母材　16
圃場衛生　187
圃場容水量　207
ポスト・モンスーン　71
ポストハーベスト・ロス　192
ポストハーベスト病害　187
保全農業　35, 50
ホームガーデン　51, 61, 133, 139, 140
ポリネシア　94
ボルドー液　196

索　引

ボロ稲　74
ホワイトギニアヤム　122

　　　ま　行
マイコトキシン　187
マウンド農耕　78
前作物　51
マノ川同盟　236
マンガン過剰害　221
マングローブ林　71
マンゴー　141, 150
ミクロネシア　93
水ストレス　203
水ポテンシャル　204
緑の革命　36, 62, 66, 68, 76, 127, 214
ミャンマー・シードバンク計画　238
民族変種　165
民族分類　127
メラネシア　93
綿実油　157
モチ稲栽培圏　65
モリンガ→ワサビノキ
モロコシ　79, 117
モンスーン　6, 71, 98

モンスーン林　11

　　　や　行
焼畑　37, 43, 66
焼畑稲作　99
焼畑農業　60
焼畑農耕　78
屋敷林(→ホームガーデン)　140
ヤシ油　156
ヤムイモ　91, 93, 120, 122, 136
有棘低木林　11
誘導耐熱性　202
輸出作物　154
ユーディック　18
油料作物　154
陽イオン交換容量　29
葉菜類　135
容積重　26
葉面境界層抵抗　206
葉面飽差　206

　　　ら　行
落葉季節林　64
ラッカセイ　129, 157

ラテライト　22
ラテンアメリカ　82
ラニーニャ現象　6, 58
ランドクラブ　82
リキシソル　22
陸稲　98, 106
リーチング　215
リベリカ種　173, 175
リャノ　83
リレークロッピング　131
リン欠乏　222
輪作　49
リン酸の固定　34
ルビソル　21
レゴソル　24
レプトソル　24
連作(障害)　49
レンズマメ　128
ロイヤルプロジェクト　138, 148
老化ホルモン　209

　　　わ
ワサビノキ　136
ワタ　157

編者略歴

江原　宏 (えはら　ひろし)

1990年	岡山大学大学院自然科学研究科博士後期課程単位取得退学
1991年	学術博士（岡山大学） 三重大学生物資源学部助手
2000年	三重大学生物資源学部助教授
2007年	三重大学大学院生物資源学研究科教授
2015年	名古屋大学農学国際教育協力研究センター教授
2017年	名古屋大学アジア共創教育研究機構教授

主要著書

Sago Palm: Multiple Contribution to Food Security and Sustainable Livelihoods
　　　　　　　　　　（編著，Springer，2018）
工芸作物の栽培と利用
　　　　　　　　　（分担執筆，朝倉書店，2017）
サゴヤシ—21世紀の資源植物
　　　　　　（編著，京都大学学術出版会，2012）
作物学概論（分担執筆，朝倉書店，2008）
栽培学—環境と持続的農業
　　　　　　　　　（分担執筆，朝倉書店，2006）

樋口　浩和 (ひぐち　ひろかず)

1997年	京都大学大学院農学研究科熱帯農学専攻博士後期課程単位取得退学
1997年	京都大学大学院農学研究科助手
1999年	博士（農学）（京都大学）
2007年	京都大学大学院農学研究科准教授

主要著書

アフリカ地域研究と農村開発
　　　　　　（分担執筆，京都大学学術出版会，2011）
果実の辞典（分担執筆，朝倉書店，2008）
熱帯農業事典（分担執筆，養賢堂，2003）

© 江原　宏・樋口浩和　2019

2019年1月31日　初版発行

熱帯農学概論

編者　江原　宏
　　　樋口浩和
発行者　山本　格

発行所　株式会社　培風館
東京都千代田区九段南4-3-12・郵便番号102-8260
電話（03）3262-5256（代表）・振替 00140-7-44725

寿 印刷・牧 製本

PRINTED IN JAPAN

ISBN 978-4-563-07826-3　C3045